NCS 자격검정을 위한 한식조리

한식 기초조리실무

한혜영 · 김경은 · 김경자
김현덕 · 김호경 · 이정기

백산출판사

머리말

과학기술의 발달은 사회 변동을 촉진하고 그 결과 사회는 점점 빠르게 변화되고 있다. 사회가 발달하고 경제상황이 좋아짐에 따라 식생활문화는 더욱 풍요로워졌고, 음식문화에 대한 인식변화를 가져오게 되었다.

음식은 단순한 영양섭취 목적보다는 건강을 지키고, 오감을 만족시켜 행복지수를 높이며, 음식커뮤니케이션의 기능과 함께 오락기능을 더하고 있는 실정이다.

이에 전문 조리사는 다양한 직업으로 분업화 · 세분화되어 활동하게 되는데, 그 인기도는 조리 전문 방송 프로그램이 많아진 것을 보면 쉽게 알 수 있다.

현재 우리나라는 국가직무능력표준(NCS: National Competency Standards)을 개발하여 산업현장에서 직무를 수행하기 위해 요구되는 지식, 기술, 소양 등의 내용을 국가가 산업부문별 · 수준별로 체계화하고, 산업현장의 직무를 성공적으로 수행하기 위해 필요한 능력(지식, 기술, 태도)을 국가적 차원에서 표준화하고 있다. 이 책은 조리의 기초적인 부분부터 조리사가 알아야 하는 전반적인 내용을 총 14권에 담고 있어 산업현장에 적합한 인적자원 양성에 도움이 되는 전문서가 될 것으로 생각하며, 조리능력 향상에 길잡이가 될 것으로 믿는다.

조리학문 발전을 위해 노력하신 많은 선배님들께 감사드리며, 늘 배려를 아끼지 않으시는 백산출판사 사장님 이하 직원분들께 머리 숙여 깊은 감사를 드린다.

조리인이여~

넓은 세상을 보고 많은 꿈을 꾸며, 희망을 가지고 남다른 노력을 하라. 그러면 소망과 꿈은 이루어지리라.

대표저자 한혜영

차례

✲ Chapter 4 한식 구매관리

✲ Chapter 5 한식 재료관리

✲ Chapter 6 한식 기초조리실무

Chapter 1

한식 위생관리

한식 위생관리(1301010115_16v3)

영역 (능력단위요소)	평가항목	평가수준				
		매우 미흡	미흡	보통	우수	매우 우수
개인위생 관리하기 (1301010115_16v3.1)	1.1 나는 위생관리기준에 따라 조리복, 조리모, 앞치마, 조리안전화 등을 착용할 수 있다.	①	②	③	④	⑤
	1.2 나는 두발, 손톱, 손 등 신체청결을 유지하고 작업수행 시 위생습관을 준수할 수 있다.	①	②	③	④	⑤
	1.3 나는 근무 중의 흡연, 음주, 취식 등에 대한 작업장 근무수칙을 준수할 수 있다.	①	②	③	④	⑤
	1.4 나는 위생관련법규에 따라 질병, 건강검진 등 건강상태를 관리하고 보고할 수 있다.	①	②	③	④	⑤
식품위생 관리하기 (1301010115_16v3.2)	2.1 나는 식품의 유통기한 · 품질 기준을 확인하여 위생적인 선택을 할 수 있다.	①	②	③	④	⑤
	2.2 나는 채소 · 과일의 농약 사용여부와 유해성을 인식하고 세척할 수 있다.	①	②	③	④	⑤
	2.3 나는 식품의 위생적 취급기준을 준수할 수 있다.	①	②	③	④	⑤
	2.4 나는 식품의 반입부터 저장, 조리과정에서 유독성, 유해물질의 혼입을 방지할 수 있다.	①	②	③	④	⑤
주방위생 관리하기 (1301010115_16v3.3)	3.1 나는 주방 내에서 교차오염 방지를 위해 조리생산 단계별 작업공간을 구분하여 사용할 수 있다.	①	②	③	④	⑤
	3.2 나는 주방위생에 있어 위해요소를 파악하고, 예방할 수 있다.	①	②	③	④	⑤
	3.3 나는 주방, 시설 및 도구의 세척, 살균, 해충 · 해서 방제작업을 정기적으로 수행할 수 있다.	①	②	③	④	⑤
	3.4 나는 시설 및 도구의 노후상태나 위생상태를 점검하고 관리할 수 있다.	①	②	③	④	⑤
	3.5 나는 식품이 조리되어 섭취되는 전 과정의 주방 위생상태를 점검하고 관리할 수 있다.	①	②	③	④	⑤
	3.6 나는 HACCP적용 업장의 경우 HACCP관리기준에 의해 관리할 수 있다.	①	②	③	④	⑤

진단영역	문항 수	점수	점수÷문항 수
개인위생 관리하기	4		
식품위생 관리하기	4		
주방위생 관리하기	6		
합 계	14		

☞자신의 점수를 문항 수로 나눈 값이 '3점' 이하에 해당하는 영역은 업무를 성공적으로 수행하는 데 요구되는 능력이 부족한 것으로 교육훈련이나 개인학습을 통한 개발이 필요함.

제1절 식품위생의 정의

우리나라 「식품위생법」의 목적은 "식품으로 인한 위생상의 위해를 방지하고 식품영양의 질적 향상을 도모하며 식품에 관한 올바른 정보를 제공함으로써 국민보건 증진에 이바지하는 것"이다. 식품위생은 우리나라 「식품위생법」 제2조 8항에서 "식품위생이라 함은 식품, 첨가물, 기구 또는 용기, 포장을 대상으로 하는 음식에 관한 위생"이라 정의 한다. WHO에서는 "Food hygiene means all measurey for ensuring the safety, wholesomeness, and soundness of food at all stages from its growth, production or manufacture until its final consumption." 즉 "식품위생이란 식품의 재배, 생산, 제조로부터 최종적으로 사람에 의해 섭취되기까지의 모든 단계에 걸친 식품의 안전성, 건전성 및 완전무결성을 확보하기 위해 필요한 모든 수단을 말한다"고 하였다. 이와 같이 식품위생의 범위를 원료의 생산으로부터 최종 소비까지를 대상으로 하였으며 소비자의 입장에서는 완전무결한 식품을 얻을 수 있는 조건을 제시했다는 측면에서 바람직하다. 그러나 정의에서 제시한 식품의 안전성, 건전성 및 완전무결성을 확보할 수 있는 수단은 현실적으로 찾기가 어렵고 완전성을 추구하는 노력 과정으로 이해해야 할 것이다. 식품위생의 범위를 식품의 재료로 사용하는 농산물, 축산물, 수산물 등의 재배, 수확, 저장, 가공, 수송, 수입, 유통, 판매, 조리, 섭취 등의 모든 단계뿐만 아니라 여기에 관련이 있는 생산자, 가공자, 조리자, 영업자, 판매자, 소비자 등을 포함하여 모든 단계에서 식품이 안전하고 완전하며 건전해야 함을 강조하였다.

제2절 미생물

1. 미생물의 분류와 특성

1) 세균

병원 미생물 중 대부분을 차지하고 있는 세균은 세포소기관인 엽록소와 미토콘드리아가 없이 세포막과 원형질만으로 간단하게 이루어진 단세포의 원핵생물로 분열에 의해 증식한다. 형태에 따라 구균(球菌, Coccus), 간균(桿菌, Bacillus), 나선균(螺旋菌, Spirillum) 등으로 구분한다.

식중독을 일으키는 세균의 특징

- 음식, 물, 흙, 사람, 벌레 등 다양한 방법을 통해 식품에 운반된다.
- 세균 성장의 최적 환경상태가 되면 기하급수적으로 증가한다.
- 어떤 균은 냉동상태에서도 생존한다.
- 생육조건이 나빠질 경우 어떤 것은 포자(spores)로 변형되어 생존한다.
- 독소를 생산하는 세균도 있으며 이 독소 중 일부는 가열에 의해 쉽게 파괴되지 않는다.

2) 바이러스

바이러스(virus)는 라틴어에서 온 말로 독소라는 뜻이고 세균보다 훨씬 작은 크기다. 독립적으로 대사활동을 할 수 없는 바이러스는 번식을 위해서 사람이나 동물과 같은 살아 있는 숙주가 필요하다. 세균과 달리 바이러스는 식품 내에서는 증식하지 못한다. 어떤 바이러스는 가열조리나 냉동환경에서도 생존할 수 있고, 사람과 사람, 사람에서 식품, 그리고 사람에서 식품접촉표면으로 전달된다. 또한 식품과 물 모두를 오염시킬 수 있다. 바이러스에 의한 질병을 예방하는 방법은 식품을 취급하는 사람의 개인위생을 철저히 유지하는 것이다.

바이러스는 크게 간염바이러스, AIDS(후천성면역결핍증, acquired immune deficiency syndrome)바이러스, 위소장염바이러스로 나누어진다. 위소장염바이러스는 소장과 위에 급성염증을 유발하는데 노로바이러스, 로타바이러스, 아스트로바이러스 등이 있다.

3) 곰팡이

진균류에 속하는 호기성미생물로 본체가 실처럼 길고 가는 모양의 균사로 된 사상균을 가리킨다. 곰팡이의 생육최적온도는 25~30℃이고 증식 pH 범위는 2.0~9.0으로 넓다. 세균보다 증식속도는 느리지만 세균이 증식하지 못하는 수분 13~15%의 건조식품에서도 적절한 온도만 유지되면 증식할 수 있고 당도는 식염 농도가 높은 식품에도 증식해서 식품을 변질시킨다.

4) 효모

효모(yeast)는 통성혐기성 미생물로서 곰팡이와 같은 진균류에 속하며 주로 출아법에 의해 증식한다. 형태는 구형, 난형, 타원형, 원통형 등이 있다.

pH, 온도, 수분활성도가 비교적 낮은 환경에서도 잘 자라는 생리적 특성은 곰팡이와 비슷하나 통성혐기성 균이기 때문에 혐기적인 조건에서도 잘 성장한다는 점이 다르다.

양조나 제빵에 이용하는 이로운 효모도 있으나 식품을 변패시켜 품질을 저하시키는 효모도 있다.

5) 원생동물

원생동물(protozoa)은 2.0~20nm 정도 크기의 단세포 생물이다. 엽록소를 갖지 않으며 활발한 운동성이 있고 영양분 섭취는 동물처럼 소화시키는 유형도 있고 용액상태의 유기화합물을 섭취하는 형태도 있다. 원생동물에는 편모충류, 근족충류, 포자충류, 섬모충류가 있다.

6) 미생물 생육에 영향을 주는 인자

(1) 미생물의 분열 및 성장곡선

세균들은 대부분 성장을 위한 최적환경에서 분열을 통해 증식하게 되며 보통 유도기 → 대수기 → 정지기 → 사멸기로 이루어진 성장곡선을 가진다.

유도기는 세균의 증가가 거의 일어나지 않고 크기만 증가하는 상태이고 대수기는 세균의 수가 시간과 비례하여 증가하는 시기로 매 15~30분마다 두 배로 증가한다. 정지기는 새로 생겨나는 세균의 수와 죽는 세균의 수가 동일해져 더 이상 세균의 수가 증가하지 않고 정점에 머무른 상태이며 사멸기는 영양성분의 고갈 및 자체 배설물에 의해 세균들이 사멸하는 단계이다.

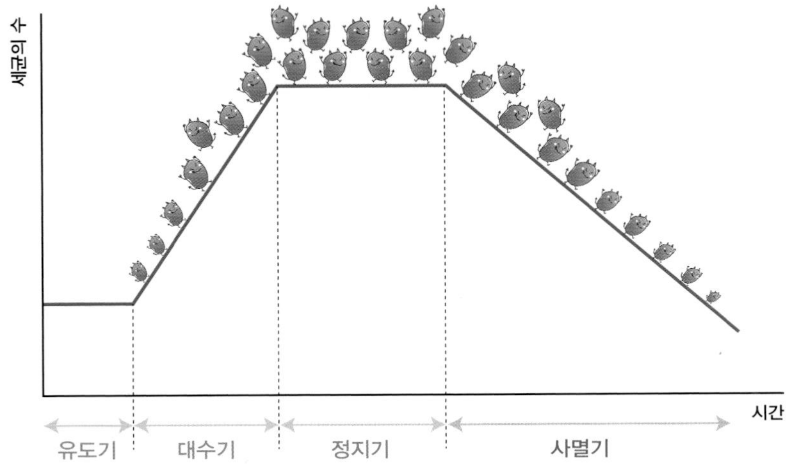

그림 1-1 세균의 성장곡선

그림 1-1은 세균의 성장곡선으로 시간에 따른 세균 수의 변화를 나타내고 있다.

⑵ 미생물 성장에 영향을 미치는 인자

미생물이 증식하기 위해서는 다음 6가지의 요소가 필요하며, 이는 F-A-T-T-O-M의 줄임말로 불린다.

① **Food(식품)** : 미생물에게 영양분을 공급해 주는 것은 식품으로 특히 미생물이 좋아하는 식품은 고단백, 고열량 식품이다. 주로 육류, 조류, 해산물, 유제품, 호화상태의 곡류 등이 포함된다.

② **Acid(산도)** : 대부분의 병원성 세균의 경우 약산성 또는 중성 범위(pH 4.6~7.5)에서 자라며 pH 6.5~7.2 사이에서 가장 잘 자라는데 이는 우리가 먹는 일상식품의 pH이다. 또한 세균은 pH 4.6 이하에서는 제대로 성장하지 못한다.

③ **Temperature(온도)** : 식중독을 일으키는 미생물의 생육 적온은 대부분 5~57℃이며 이 온도대를 위험온도범위라고 한다. 그러나 리스테리아균, 여시니아균 및 세균의 포자는 냉장온도에서도 증식이 가능하다.

④ **Time(시간)** : 최적조건이 갖추어진 경우 매 20분마다 세균의 개체 수가 2배로 증가된다. 따라서 잠재적 위해식품이 위험온도범위대에 4시간 이상 방치되었을 때 식중독을 발생시키기에 충분한 개체 수가 되기 때문에 위험온도범위에 식품이 노출되는 시간을 가급적 짧게 하는 것이 미생물 증식을 막는 방법이다.

⑤ **Oxygen(산소)** : 세균은 성장이나 활동을 위해 산소에 대한 요구조건이 다르며 산소를 필요로 하는 호기성 세균과 산소가 없는 상태를 요구하는 혐기성 세균, 산소의 유무에 관계없이 살 수 있는 통성혐기성 세균으로 나뉜다. 미호기성 세균은 3~6% 범위의 산소를 요구한다.

⑥ **Moisture(수분)** : 수분은 미생물의 성장에 꼭 필요한 요소로 미생물들이 성장하는 데 이용할 수 있는 식품에 함유된 수분의 양을 수분활성도(Water activity, Aw)로 나타낸다. 수분활성도는 0~1로 나타내는데 수분활성도 0.85 이상을 가진 식품에서 병원성 세균이 잘 자란다.

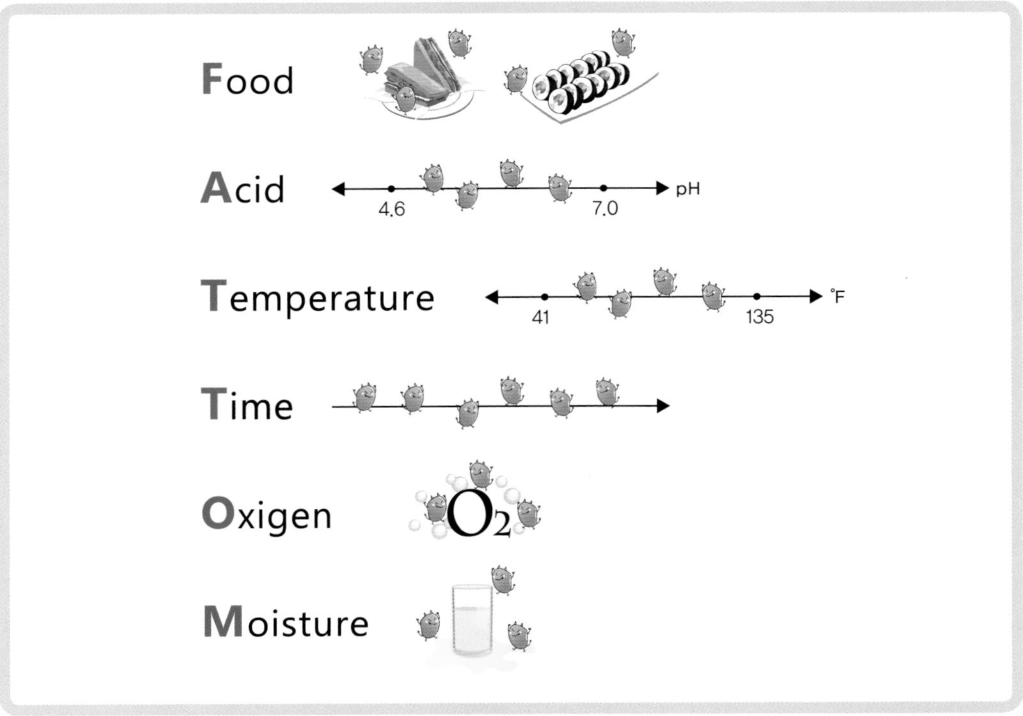

그림 1-2 세균 성장요인(F-A-T-T-O-M)

제3절 식중독

1. 식중독의 개념

「식품위생법」 제2조 제14항에 식중독은 “식품의 섭취로 인하여 인체에 유해한 미생물 또는 유독 물질에 의하여 발생하였거나 발생한 것으로 판단되는 감염성 또는 독소형 질환을 말한다.”라고 정의되었다. 또한 “집단식중독”이란 2명 이상의 사람이 동일한 식품을 섭취한 것과 관련되어 유사한 식중독 양상을 나타내는 것(WHO, Foodborne Disease Outbreaks Guidelines for Investigation and Control, 2008)을 말한다.

그 원인에 따라 세균에 의한 감염이나 세균에서 생성된 독소에 의해 중독증상을 일으키는 세균성 식중독, 자연계에 존재하는 동물성이나 식물성 독소에 의해서 일어나는 자연독 식중독, 인공적인 화학물질에 의해서 발생하는 화학적 식중독으로 구분된다.

2. 식중독의 분류

표 1-1 식중독의 분류

대분류	중분류	소분류	대표적 원인균
미생물 식중독 (30종)	세균성 (18종)	감염형(세균의 체내증식에 의한 것)	살모넬라, 장염비브리오, 콜레라, 비브리오 불니피쿠스, 리스테리아 모노사이토제네스, 병원성대장균(EPEC, EHEC, EIEC, ETEC, EAEC), 바실러스 세레우스, 쉬겔라, 여시니아, 엔테로콜리티카, 캠필로박터 제주니, 캠필로박터 콜리
		독소형(식품 내에서 균이 증식, 독소생성 후 섭취중독)	황색포도상구균, 클로스트리디움 퍼프린젠스, 클로스트리디움 보툴리눔
	바이러스성 (7종)	공기, 접촉, 물 등의 경로 전염	노로, 로타, 아스트로, 장관아데노, A형간염, E형간염, 사포 바이러스
	원충성 (5종)	–	이질아메바, 람블편모충, 작은와포자충, 원포자충, 쿠도아
자연독 식중독		동물성	복어독, 시가테라독 등
		식물성	감자독, 버섯독 등
		곰팡이	황변미독, 맥각독, 아플라톡신 등

대분류	중분류	소분류	대표적 원인균
화학적 식중독		고의 또는 오용으로 첨가되는 유해물질	식품첨가물
		본의 아니게 잔류, 혼입되는 유해물질	잔류농약, 유해성 금속화합물
		제조 · 가공 · 저장 중에 생성되는 유해물질	지질의 산화생성물, 니트로아민
		기타 물질에 의한 중독	메탄올 등
		조리기구 · 포장에 의한 중독	녹청(구리), 납, 비소 등

1) 미생물 식중독(세균성, 바이러스성, 원충성)

(1) 세균성 식중독

세균성 식중독은 발병기전에 따라 감염형과 독소형으로 구분한다.

세균은 영양분, pH, 온도, 시간, 산소, 수분이 적합하면 기하급수적으로 번식하므로 식중독균의 감염경로와 증식조건, 사멸조건을 충분히 이해하여 예방책을 강구해야 한다.

① 감염형 식중독의 예방책

- 식품의 안전보관, 저온조리, 가열처리
- 조리장의 쥐, 바퀴벌레, 파리 등을 구제
- 어패류 등의 생식과 보관, 2차 감염에 주의

② 독소형 식중독의 예방책

- 식품오염이나 2차 감염을 방지하고 오염의 가능성이 있는 식품은 즉시 폐기
- 조리장은 주기적으로 살균하며, 화농이 있는 자는 조리 금지
- 저온저장, 취사장 청결, 위생적 보관, 위생적 가공, 음식물 가열처리

식중독은 일반적으로 구토, 설사, 복통, 발열 등의 증상을 나타내며 원인물질에 따라 잠복기와 증상의 정도가 다르게 나타난다. 표 1-2에 주요 세균성 식중독의 원인 및 증상을 나타내었다.

표 1-2 주요 세균성 식중독의 원인 및 증상

병원체	잠복기	증상	2차 감염
바실러스 세레우스(Bacillus cereus)			
a. 구토독소	1~6시간	구토, 일부 설사, 간혹 발열	X
b. 설사독소	6~24시간	설사, 복통, 일부 구토, 간혹 발열	X
캠필로박터균 (Campylobacter)	2~7일	설사(가끔 혈변), 복통, 발열	X
클로스트리디움 퍼프린젠스 (Clostridium perfringens)	8~24시간	설사, 복통, 간혹 구토와 열	X
장출혈성대장균 (Enterohemorrhagic Escherichia coli, EHEC)	2~6일	수양성 설사(자주 혈변), 복통(가끔 심함), 발열은 거의 없음	X
장독소성대장균 (Enterotoxigenic Escherichia coli, ETEC)	6~48시간	정액성 설사, 복통, 오심 간혹 구토 · 발열	X
장병원성대장균 (Enteropathogenic Escherichia coli, EPEC)	일정치 않음	수양성 설사(자주 혈변), 복통, 발열	X
장침입성대장균 (Enteroinvasive Escherichia coli, EIEC)	일정치 않음	수양성 설사(자주 혈변), 발열, 복통	X
살모넬라균 (Salmonella)	12~36시간	설사, 발열 및 복통은 흔함	O
황색포도상구균 (Staphylococcus aureus)	1~6시간 (2~4시간)	심한 구토, 설사	X
장염비브리오균 (Vibrio parahaemolyticus)	4~30시간	설사, 복통, 구토, 발열	X
여시니아 엔테로콜리티카 (Yersinia enterocolitica)	1~10일 (통상 4~6일)	설사, 복통(가끔 심함)	X

(2) 바이러스성 식중독

표 1-3 바이러스성 식중독의 원인 및 증상

병원체	잠복기	증상		전파기전	2차 감염
		구토	열		
아스트로바이러스 (Astrovirus)	1~4일	가끔	가끔	식품, 물, 대변–구강전파	O
장관 아데노바이러스 (Adenovirus)	7~8일	통상적	통상적	물, 대변–구강전파	O

병원체	잠복기	증상		전파기전	2차 감염
		구토	열		
노로바이러스 (Norovirus)	24~48시간	통상적	드물거나 미약	식품, 물, 접촉감염, 대변-구강전파	O
로타바이러스 A군 (Rotavirus A)	1~3일	통상적	통상적	물, 비말감염, 병원감염, 대변-구강전파	O

※ 설사증세는 일반적으로 묽거나 수양성이며 위장관 감염 시 비출혈성 설사를 보임

표 1-4 세균과 바이러스의 차이

	세균	바이러스	비고
특성	균에 의한 것 또는 균이 생산하는 독소에 의하여 식중독 발병	크기가 작은 DNA 또는 RNA가 단백질 외피에 둘러싸여 있음	
증식	온도, 습도, 영양성분 등이 적정하면 자체 증식 가능	자체 증식이 불가능하며 숙주가 존재해야 증식 가능	
발병량	일정량(수백~수백만) 이상의 균이 존재해야 발병 가능	미량(10~100) 개체로도 발병 가능	
증상	설사, 구토, 복통, 메스꺼움, 발열, 두통 등	메스꺼움, 구토, 설사, 두통, 발열 등	증상은 유사함
치료	항생제 등을 사용하여 치료 가능하며 일부 균은 백신이 개발되었음	일반적 치료법이나 백신이 없음	
2차 감염	2차 감염되는 경우는 거의 없음	대부분 2차 감염됨	

(3) 원충성 식중독

원충에 감염된 원료를 익히지 않은 채로 섭취하면 걸리는 식중독으로 이질아메바, 람블편모충, 작은와포자충, 원포자충, 쿠도아 등이 있다.

2) 자연독 식중독

자연독 식중독은 자연산물에 의한 식중독으로 독버섯 · 원추리 · 박새풀 등에 의한 식물성 식중독과 복어 등에 의한 동물성 식중독으로 분류된다. 발생원인으로는 식물 또는 동물이 원래부터 가지는 성분이거나, 먹이사슬을 통해 동물의 체내에 축적되어 유독물질이 생기는 것으로 볼 수 있다. 이와 같이 식품섭취로 인하여 발생되는 자연독 식중독

을 예방하기 위해서는 독성이 있는 식품과 식용가능 식품을 구분, 감별할 수 있는 지식을 습득하고, 계절에 따라 유독화하는 시기를 피하여 섭취하도록 한다.

(1) 동물성 식중독

① 복어독

복어류가 가진 독의 총칭으로 이를 정제하여 결정화한 것을 테트로도톡신(tetrodotoxin)이라 한다. 신경을 마비시키는 신경독으로 중독증상은 식후 30분~4시간에서 시작하여 1~8시간 내에 사망한다. 치사율이 높아 50~60% 정도이며, 독성은 산란기 직전인 5~6월에 가장 강하다. 복어중독을 예방하기 위해서는 복어요리 자격증이 있는 전문가가 요리하여야 하며, 독성이 많은 알, 난소, 간장, 껍질 등은 식용하지 않도록 조심해야 한다.

② 시가테라독

열대나 아열대의 산호 주변에 서식하는 독어를 섭취함으로써 일어나는 치사율이 낮은 식중독을 총칭한다. 2~3일 후에 회복되며 사망에 이르지는 않는다.

③ 조개중독

조개류의 독성물질은 대부분 내장에 존재하며, 열에 대한 안정성이 있어서 조리 시 열에 의해 잘 파괴되지 않기 때문에 늦은 봄부터 초여름까지는 섭취를 피하는 것이 좋다.

삭시톡신(saxitoxin)은 섭조개, 진주담치, 홍합, 대합조개, 모시조개 등을 섭취함으로써 발생되는 마비성 조개중독이다.

베네루핀 중독은 바지락, 굴, 모시조개에 함유된 독성분을 섭취함으로써 발생한다. 베네루핀은 열에 안정하며 100℃에서 1시간 가열해도 파괴되지 않으나 pH 9 이상에서 오래 끓이면 파괴된다.

(2) 식물성 식중독

① 감자독

감자의 유독성분인 솔라닌(solanine)은 감자의 발아부위와 녹색부위에 생성된다. 따라서 이 부분을 제거하지 않고 섭취하면 용혈작용 및 운동중추에 마비작용을 일으킨다.

② 버섯독

독버섯을 식용버섯으로 잘못 채취하여 먹으면 식중독을 일으키게 되는데 독버섯과 식용버섯을 구별하는 방법은 다음과 같다.

- 버섯의 살이 세로로 쪼개지는 것은 무독하여 식용가능하다.
- 색이 아름답고 선명한 것은 유독하다.
- 악취가 나는 것은 유독하다.
- 쓴맛, 신맛을 가진 것은 유독하다.
- 유즙을 분비하거나 점성의 액이 나오거나 공기 중에 변색된 것은 유독하다.
- 버섯을 끓였을 때 나오는 증기를 은수저에 대봤을 때 검게 변하면 유독하다.

③ 목화

목화의 씨, 뿌리, 줄기에는 고시폴이 들어 있어 중독되면 피로, 위장장애, 식욕감퇴, 현기증, 구내건조 등이 발생하며 졸음, 정력감퇴, K 결핍 등도 수반된다.

(3) 곰팡이독 식중독

재배부터 소비에 이르는 모든 단계에 걸쳐 곰팡이 오염 방지대책을 강구해야 한다. 곰팡이독은 열에 안정한 것이 많아 식품가공의 열처리로 파괴하기 어렵기 때문에 곰팡이에 오염되지 않도록 예방하는 것이 최선의 방법이다.

- 농작물의 재배나 수확기에 곰팡이가 증식하지 않도록 한다.
- 곡류는 수분함량 13% 이하로 건조시켜 저온보관함으로써 곰팡이 증식을 억제한다.
- 곰팡이에 오염되지 않은 신선한 재료를 선별하여 식품으로 가공하며 곰팡이에 오염되지 않도록 안전한 장소에 보관한다.
- 가정에서도 생활환경을 청결히 유지하여 곰팡이가 증식하지 못하도록 한다.
- 곰팡이독 위험성이 높은 식품은 주기적으로 모니터링하여 오염이 파급되지 않도록

한다.

- 곰팡이독 취급자는 반드시 고무장갑을 착용하고 환기시설을 갖춘 곳에서 작업한다.

① 황변미독

Penicillium속(푸른곰팡이) 중 일부가 쌀에 기생하여 황변미를 만든다. 황변미독을 생성하는 곰팡이는 수분 14~15% 이상에서 생육이 가능하여 아플라톡신 생성 곰팡이보다 수분활성도가 낮아도 자랄 수 있다.

② 맥각독

보리에서 잘 번식하는 Claviceps purpurea라는 곰팡이에 오염된 보리는 흑청색으로 변색되고, 조직이 잘 부스러진다. 이런 보리에는 곰팡이 균핵이 존재하는데 이것을 맥각이라 한다.

③ 아플라톡신

간암을 유발하는 강력한 발암물질인 아플라톡신은 땅콩박에 번식하여 생산한 강한 형광성 독소이다.

3) 화학적 식중독

화학적 식중독은 식품의 제조, 가공, 유통과정 중 외부에서 유독물질이 첨가되거나, 식품성분에서 유도된 물질을 섭취하여 발생되는 식중독으로 계절에 무관하고 발생건수가 적지만 인체에 흡수되면 분해나 배설이 쉽지 않고 축적된다.

(1) 고의 또는 오용으로 첨가되는 유해물질(식품첨가물)

① 유해보존료

보존기간의 연장을 위해 유해 미생물의 발육을 억제하려는 목적으로 사용하는 보존료는 허용보존제(방부제)라 할지라도 과량 사용하면 안전에 문제가 된다.

유해보존료로는 붕산, 포름알데히드, 유로트로핀, 말라카이트 그린, 베타-나프롤, 로단초산에틸 에스테르 등이 있다.

② 유해착색료

합성착색료는 식품에 색을 첨가하거나 복원하는 역할을 하는데 주로 타르색소에서 중독사고를 일으킨다. 황색의 오라민, 파라-니트로아닐린과 적색의 로다민, 등적색의 실크 스칼렛 등이 있다. 기타 불허용 타르색소는 다음과 같다.

- 팥앙금 – 메틸바이올렛
- 마가린 – 버터옐로 또는 스피릿 옐로
- 고춧가루 – 수단 Ⅲ

③ 유해감미료

단맛을 추구하는 현대인의 식습관의 영향과 단순당의 건강상 폐해를 줄이고자 인체에 해가 적고 감미도가 높은 인공감미료의 첨가가 늘어나고 있지만 일부 가공식품류에서 여전히 불허용 인공감미료가 검출되고 있다. 둘신, 사이클라메이트, 파라니트로오르톨루이딘, 페릴라르틴 등이 그 예이다.

④ 유해표백제

식품의 색을 밝게 하는 표백제는 허용물질이라도 반드시 그 용량을 지켜야 한다. 론갈리트, 삼염화질소, 과산화수소, 아황산염 등은 반드시 『식품첨가물공전』의 기준에 따라 사용해야 한다.

⑤ 유해증량제

『식품첨가물공전』의 기준에 따라 전분, 향신료 등 분말식품의 증량제로 허용된 식품첨가물도 단독 또는 합계된 잔존량이 0.5% 이하여야 한다. 산성백토, 벤토나이트, 규조토 등이 그 예이다.

(2) 본의 아니게 잔류, 혼입되는 유해물질

① 잔류농약

우리나라는 「농약관리법」 제15조, 「동법 시행규칙」 제13조 제1항에 농약표시(농약명, 품목명, 유효성분 함유량, 적용해충명 등)를 구체적으로 규정하고 잔류농약을 충분히 제거하지 않은 과일이나 채소를 섭취하지 않도록 노력하고 있다. 때문에 농약을 사용하지 않거나 적게 사용하는 친환경 · 유기농 제품의 수요는 계속 증가하는 추세이다.

② PCB

일본과 대만에서 제조 중 PCB에 오염된 미강유나 식용유를 섭취한 사람들이 사망하거나 내분비장애 등을 일으키면서 우리나라에서도 1983년부터 변압기나 전기제품에 PCB의 사용을 금지하였다.

3. 감염병과 식중독

감염병이란 '제1군감염병, 제2군감염병, 제3군감염병, 제4군감염병, 제5군감염병, 지정감염병, 세계보건기구 감시대상 감염병, 생물테러감염병, 성매개감염병, 인수(人獸)공통감염병 및 의료관련감염병'을 말하며, 간단히 요약하면 질병 중 전염이 가능한 질병을 말한다. 특정 병원체나 병원체의 독성물질로 인하여 발생하는 질병으로 감염된 사람으로부터 감수성이 있는 숙주(사람)에게 감염되는 질환을 의미한다. 감염병 병원체의 종류로는 세균, 바이러스, 기생충, 곰팡이, 원생동물 등이 있으며, 임상특성으로는 호흡기계 질환, 위장관 질환, 간질환, 급성 열성 질환 등이 있다. 전파방법은 사람 간 접촉, 식품이나 식수, 곤충매개, 동물에서 사람으로 전파, 성적 접촉 등에 의한다. 이에 반하여 식중독이란 '식품의 섭취로 인하여 인체에 유해한 미생물 또는 유독물질에 의하여 발생하였거나 발생한 것으로 판단되는 감염성 질환 또는 독소형 질환'을 의미하며, 사람 간 감염성이 없는 경우가 일반적이나 노로바이러스와 같이 사람 간 감염성이 있는 경우도 있다.

감염병 발생은 병원체, 숙주, 환경 요인으로 구성되어 있으며, 숙주 요인이 약해지거나 병원체가 강해지거나, 환경 요인이 인간에게 해롭게 혹은 병원체에 이롭게 작용하면 발생하게 된다.

표 1-5 법정 감염병의 분류

구분	제1군감염병	제2군감염병	제3군감염병	제4군감염병	제5군감염병	지정감염병
특성	마시는 물 또는 식품을 매개로 발생하고 집단 발생의 우려가 커서 발생 또는 유행 즉시 방역대책을 수립	예방접종을 통하여 예방 및 관리가 가능하여 국가예방접종사업의 대상	간헐적으로 유행할 가능성이 있어 계속 그 발생을 감시하고 방역대책의 수립이 필요	국내에서 새롭게 발생하였거나 발생할 우려가 있는 감염병 또는 국내 유입이 우려되는 해외 유행감염병	기생충에 감염되어 발생하는 감염병으로 정기적인 조사를 통한 감시가 필요	제1군감염병부터 제5군감염병까지의 감염병 외에 유행여부를 조사하기 위하여 감시활동이 필요
질환	– 콜레라 – 장티푸스 – 파라티푸스 – 세균성이질 – 장출혈성대장균감염증 – A형간염	– 디프테리아 – 백일해 – 파상풍 – 홍역 – 유행성이하선염 – 풍진 – 폴리오 – B형간염 – 일본뇌염 – 수두(水痘) – B형헤모필루스 인플루엔자 – 폐렴구균	– 말라리아 – 결핵 – 한센병 – 성홍열 – 수막구균성 수막염 – 레지오넬라증 – 비브리오패혈증 – 발진티푸스 – 발진열 – 쯔쯔가무시증 – 렙토스피라증 – 브루셀라증 – 탄저 – 공수병 – 신증후군출혈열 – 인플루엔자 – 후천성면역결핍증(AIDS) – 매독 – 크로이츠펠트 – 야콥병(CJD) 및 변종크로이츠펠트 – 야콥병(vCJD)	– 페스트 – 황열 – 뎅기열 – 바이러스성출혈열 – 두창 – 보툴리눔독소증 – 중증 급성호흡기 증후군(SARS) – 동물인플루엔자 인체감염증 – 신종인플루엔자 – 야토병 – 큐열(Q熱) – 웨스트나일병 – 신종감염병증후군 – 라임병 – 진드기매개뇌염 – 유비저 – 치쿤구니야열 – 중증열성혈소판감소증후군(SFTS) – 동물인플루엔자 인체감염증 – 신종인플루엔자	– 회충증 – 편충증 – 요충증 – 간흡충증 – 폐흡충증 – 장흡충증	– C형간염 – 수족구병 – 임질 – 클라미디아 – 연성하감 – 성기단순포진 – 첨규콘딜롬 – 반코마이신내성 황색포도알균(VRSA)감염증 – 반코마이신내성장알균(VRE) 감염증 – 메티실린내성 황색포도알균(MRSA)감염증 – 다제 내성 녹농균(MRPA)감염증 – 다제내성아시네토박터바우마니균(MRAB)감염증 – 카바페넴내성장내세균속균종(CRE)감염증 – 장관감염증 – 급성호흡기감염증 – 해외유입 기생충감염증 – 엔테로바이러스 감염증

4. 식중독의 예방관리

식품의약품안전처에서는 안전한 식품섭취를 위한 5가지 방법으로 청결유지, 익히지 않은 음식과 익힌 음식의 분리, 완전히 익히기, 안전한 온도에서 보관하기, 안전한 물과 원재료 사용하기를 들고 있다.

그림 1-3 안전한 식품섭취를 위한 5가지 방법(식품의약품안전처)

1) 시간-온도 관리

5~57℃ 사이의 위험온도범위에 식품이 장시간 노출되면 식중독균의 증식가능성이 높아진다. 위험온도범위 이상의 온도에서는 식중독균이 대부분 사멸되지만 포자를 형성하는 일부 식중독은 일반적인 조리온도에서는 사멸되지 않는다. 또한 위험온도 이하의 저온에서는 미생물의 성장을 지연시킬 수 있다. 그러나 가열조리, 냉각, 재가열 등의 상황에서는 어쩔 수 없이 위험온도구간에 노출되나 노출시간을 최소화할 수 있도록 노력해야 한다.

입고 및 저장

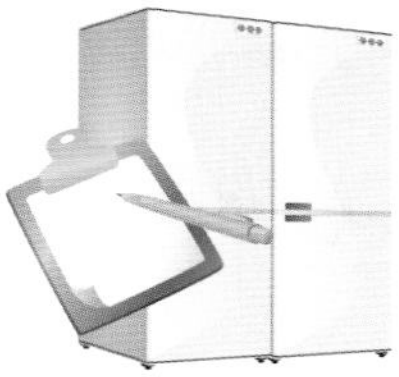

식품	내부온도	시간
냉동식품	-18℃	수주일~수개월
냉장식품	5℃	품질유지가 가능할 때까지
달걀	7℃	유통기한까지

해동

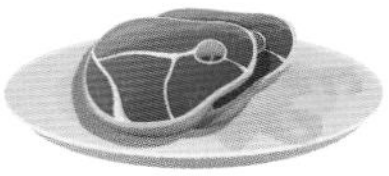

냉동된 식품을 해동할 때에는 위험온도대에 최소한으로 노출하도록 하며 즉석섭취식품은 항상 5℃ 이하가 되도록 한다.

방법	내부온도	시간
냉장고	5℃ 이하	수주일~수개월
21℃의 흐르는 물	5℃ 이하	4시간 이하

가열

식품	최소내부온도	시간
스테이크(약간 익힌 것)	54℃ 60℃	112분 12분
소고기, 돼지고기, 생선	63℃	15초
다진 육류	68℃	15초
스테이크(중간 정도 익힌 것)	63℃	4분
가금류, 속을 채우는 스터핑 요리	74℃	15초

그림 1-4 조리과정별 시간-온도 관리

보온

식품	내부온도	시간
보온이 필요한 모든 음식	57℃	5시간 이내

냉온

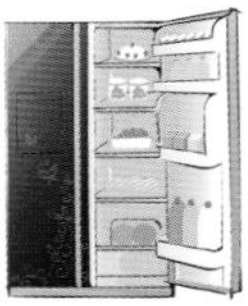

식품	내부온도	시간
냉온이 필요한 모든 음식	5℃ 이하	24시간 이내 또는 유통기한까지

냉각

단계	내부온도	시간
1단계	57~21℃ 이하	2시간 이하
2단계	57~5℃ 이하	6시간 이하

냉동

식품	내부온도	시간
냉동식품	−18℃	음식 품질 저하가 일어나지 않을 때까지

재가열

식품	내부온도	시간
재가열	74℃ 이상	2시간 이내

출처 Supplement to the 2009 FDA Food Code(2011).

2) 교차오염관리

교차오염이란 음식이 생산되는 가정 중 미생물에 오염된 식품으로 인해 다른 식품이 오염되는 것을 말한다. 교차오염을 방지하기 위해서는 다음과 같은 사항을 준수해야 한다.

- 생식품의 전처리와 조리된 음식을 다루는 도마와 칼은 분리하여 사용한다.
- 적절한 세척 · 소독을 거친 주방기기 및 기구를 사용한다.
- 조리된 음식을 먼저 준비한 후 생식품을 다룬다.
- 생식품과 조리된 음식은 분리 보관하며 냉장보관 시 조리된 음식은 생식품보다 위에 보관한다.
- 개인위생관리와 손세척을 철저히 한다.
- 조리된 음식을 취급할 때에는 맨손으로 작업하는 것은 피한다.

식품재료별 품질관리 요령

■ 육류

	잘못된 취급법 ✕	올바른 방법 ○
식중독균 증식 예방	• 상온 방치(실내에 방치)	• 신속히 냉장보관(5℃ 이하) • 신속히 조리
교차오염 방지	• 다른 식재료와 혼합 보관 • 육류 손질 후 손을 씻지 않음 • 육류 취급한 기구 · 용기를 세척 · 소독하지 않고 사용	• 전용용기 · 냉장고에 보관 • 육류 취급 후 철저한 손 세척 • 육류 사용한 용기 · 기구의 세척 · 소독 철저 • 전용 칼 · 도마 사용
가열 철저	• 중심온도가 75℃에 도달하지 않음	• 중심온도 75℃ 이상에서 1분 이상 가열

■ 어패류

	잘못된 취급법 ✕	올바른 방법 ○
식중독균 증식 예방	• 상온 방치(실내에 방치)	• 신속히 냉장보관(5℃ 이하) • 신속히 조리
교차오염 방지	• 다른 식재료와 혼합 보관 • 어패류를 세척하지 않음 • 어패류 취급 후 손을 씻지 않음 • 어패류 취급한 기구 · 용기를 세척 · 소독하지 않고 사용	• 전용용기 · 냉장고에 보관 • 어패류를 수돗물에 세척 • 어패류 취급 후 철저한 손 세척 • 어패류 사용한 용기 · 기구의 세척 · 소독 철저 • 전용 칼 · 도마 사용
가열 철저	• 중심온도가 85℃에 도달하지 않음	• 중심온도 85℃ 이상에서 1분 이상 가열

■ 난류

	잘못된 취급법 ✕	올바른 방법 ○
반입 금지 교차오염 방지	• 손상된 달걀 사용	• 손상된 달걀은 선별 · 제거 • 오염물이 묻은 달걀은 제거 • 달걀 만진 후 손 세척 필수
식중독균 증식 예방	• 상온 방치(실내에 방치)	• 신속히 냉장보관(5℃ 이하)
가열 철저	• 노른자가 덜 익음	• 충분히 가열조리(중심온도 75℃ 이상에서 1분 이상 가열)

■ 채소류

	잘못된 취급법 ✕	올바른 방법 ○
이물 방지	• 외피를 제거하지 않음	• 외피 제거
교차오염 방지	• 채소, 육류, 어패류 혼합 보관	• 다른 식재료와 구분 보관
식중독균 증식 예방	• 절단 후 실온 보관	• 신속하게 냉장보관(5℃ 이하)
가열 철저	• 세척 · 소독하지 않음	• 세척 · 소독 실시(염소살균소독 100ppm 5분간 침지)

■ 유지류

	잘못된 취급법 ✕	올바른 방법 ○
용기 확인	• 파손된 용기제품 사용	• 용기파손 여부 확인 및 파손 시 사용금지
산가 확인	• 기름을 재사용하는 경우 사용 전 산화도 측정하지 않음	• 기름을 재사용하는 경우 사용 전 산화도 측정(산가 3.0 이상 시 교환)
산화 방지	• 직사광선에 노출된 장소에 보관	• 빛이 통과되지 않는 용기에 담아 냉암소에 보관
이물 제거	• 튀김기름 사용 후 남은 찌꺼기 방치	• 조리 중 튀김 찌꺼기는 자주 제거 • 튀김기름 온도 180℃ 이상 가열금지 • 튀김기름 사용 후 남은 찌꺼기 제거

제4절 위생관리

1. 식품취급자의 위생관리

식품재료 · 식품제조시설 · 식품제조설비 및 기구 · 공기 · 용수 등의 위생관리가 철저히 이루어졌다고 해도 개인위생관리를 소홀히 한다면 식품위생에 문제가 발생할 수 있다. 외식업소의 식중독 방지를 위해 올바른 개인위생관리는 매우 중요하다고 하겠다. 식재료가 입고되고 조리되어 고객에게 전달되기까지 종사원은 식재료나 음식을 쉽게 오염시킬 수 있다. 철저한 개인위생관리를 통해 위생관련 위험을 예방해야 한다. 효과적인 개인위생관리를 실천하기 위해서는 개인위생관리를 위한 규칙을 설정하고, 개인위생관리를 효과적으로 수행할 수 있는 기구를 구비하고, 건강에 이상이 없는 종사원들에게 식품을 취급 및 조리하게 한다.

주방종사원들의 조리업무 시작 전이나 조리업무 진행 중에도 위생과 건강상태를 점검하기 위해서 다음과 같은 사항에 신경 써야 한다.

1) 효과적인 개인 위생관리

(1) 건강진단

「식품위생법」 40조, 「동법 시행규칙」 49조에 "식품 및 식품첨가물을 채취 · 제조 · 가공 · 조리 · 저장 · 운반 또는 판매하는데 직접 종사하는 자로 하는데(다만, 영업자 또는 직원 중 완전히 포장된 식품 또는 식품첨가물을 운반 또는 판매하는데 종사하는 자는 제외한다.)"라고 건강진단을 받아야 하는 자에 대해 명시하고 있으며 횟수는 연 1회이다. 또한 종업원의 건강을 매일 확인하여, 종업원에 의한 2차오염을 예방한다.

「식품위생법 시행규칙」 제50조에 의거한바 영업에 종사하지 못하는 질병의 종류는 다음과 같다.

① 제1군 전염병 : 콜레라, A형 간염, 장티푸스, 파라티푸스, 세균성이질, 장출혈성 대장균 감염증

② 제3군 전염병 : 결핵

③ 전염병 병원균 보균자인 경우

④ 피부병 및 기타 화농성질환이 있을 때

⑤ B형 간염 : 전염의 우려가 없는 비활동성 간염은 예외

⑥ 후천성면역결핍증 : 전염병에 대한 예방법 규정에 의한 건강진단을 받아 그 결과 유무에 의해 영업에 종사하는 자에 한함

(2) 개인 청결사항 준수

① 손 씻기

개인위생사항 중 가장 중요한 것이 손 씻기이다. 외식업소에서 반드시 손을 씻어야 하는 경우는 다음과 같다.

- 작업을 시작하기 전
- 조리실에 들어가기 전
- 외출에서 돌아왔을 때
- 화장실을 다녀온 후
- 취급하는 식재료가 바뀔 때마다
- 생선, 날고기 등을 만지고 난 후
- 코를 풀거나 재채기 등 신체의 일부를 만지고 나서
- 애완동물을 만지고 난 후
- 흡연 후
- 쓰레기 등 오물이나 청소도구를 만졌을 때
- 원재료를 다듬거나 세척작업 후
- 기타 손을 오염시킬 수 있는 것을 만졌을 경우
- 귀, 입, 코, 머리와 같은 신체부위를 만지거나 긁은 경우
- 청소나 기구 세척 후
- 음식 또는 음료 섭취 후

올바른 손의 세정 및 소독법은 다음과 같다.

- 팔꿈치 아래까지 비누로 씻고 오염물을 수시로 제거한다.
- 비누거품을 충분히 내어 씻고 흐르는 미지근하고 깨끗한 물로 헹군다.
- 손톱과 손가락 사이도 유의해서 깨끗이 씻어야 한다. 특히 손톱 밑 세정에 주의해야 하고 손톱용 브러시를 사용한다.
- 비누의 알칼리성이 남지 않도록 잘 헹군다.
- 일회용 종이타월이나 손 건조기를 이용하여 물기를 건조시켜야 한다.

올바른 손 씻기 절차는 그림과 같다.

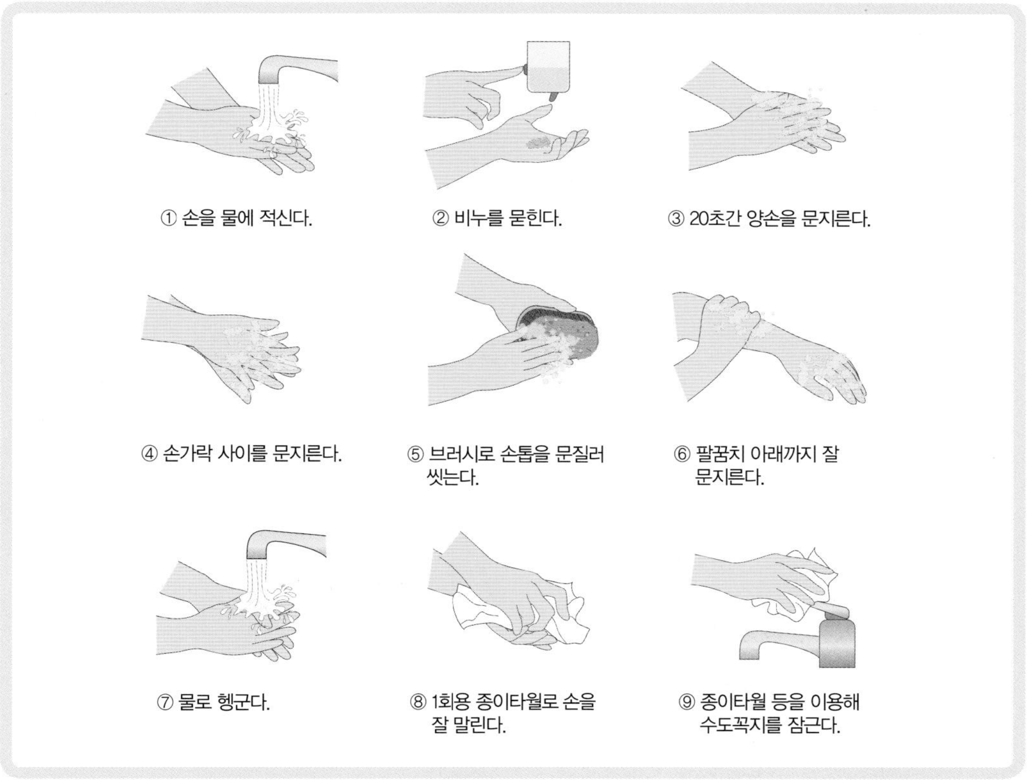

그림 1-5 올바른 손 씻기 절차

② 손 소독제

위생적인 손 관리를 위하여 액체형태의 손 소독제를 사용하는데 손 소독제는 손 씻기 대신 사용하면 안 되며 반드시 손 씻기 후에 병행되어야 한다.

③ 장갑

최근 들어 위생상의 이유로 여러 형태의 장갑이 많이 사용되고 있다. 대부분의 종사원들은 맨손으로 일하는 것보다 장갑을 사용하는 것이 위생적이라 믿고 있다. 그러나 사용부주의로 인해 장갑의 사용이 더욱 위험한 경우가 많이 발생하고 있다.

다음은 장갑 사용 시 주의사항이다.

- 장갑을 끼고 생식품을 만지고 조리가 끝난 다른 음식을 만져서는 안 된다.
- 손을 씻지 않기 위해 장갑을 사용하면 안 된다.
- 장갑을 끼고 한 가지 작업을 했으면 바로 장갑을 폐기한다.
- 같은 작업을 하더라도 적어도 4시간 이내에 바꿔서 착용한다.
- 장갑이 더러워지거나 찢어진 경우에는 교체해야 한다.
- 고무장갑이나 일회용 위생장갑의 경우 뜨거운 음식의 취급이나 열기가 있는 곳에서의 사용은 자제해야 한다.

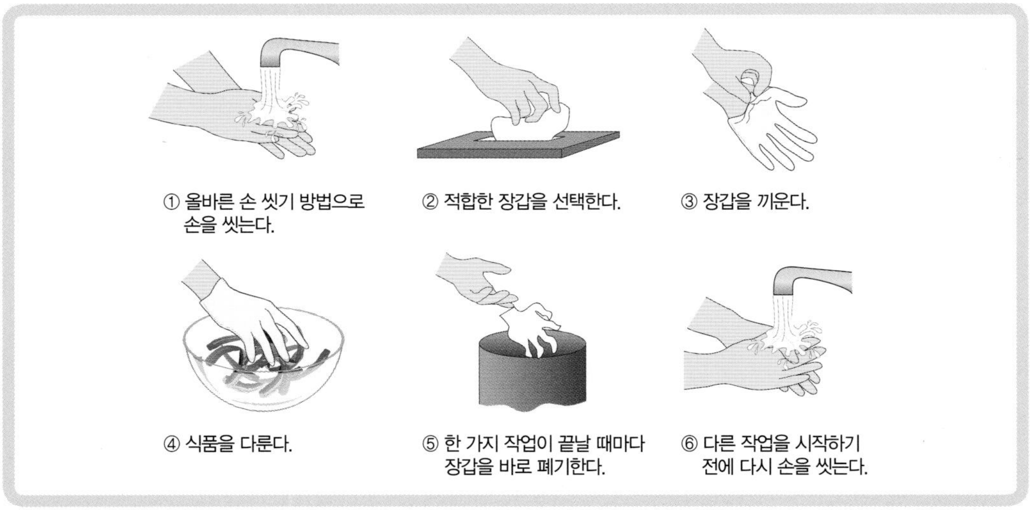

그림 1-6 일회용 장갑의 올바른 사용방법

④ 손톱

손톱은 항상 짧고 청결하게 유지하며 더러운 이물질이 끼지 않도록 주의해야 한다. 매니큐어를 바르는 것과 장신구는 피해야 한다.

⑤ 상처

손에 상처가 난 경우 치료한 후 밴드로 감싸고 고무골무를 착용한 후 일회용 장갑이나 장갑을 착용하고 작업에 임해야 한다. 가능하면 상처가 나을 때까지 음식 취급과 무관한 일을 하는 것이 안전하다.

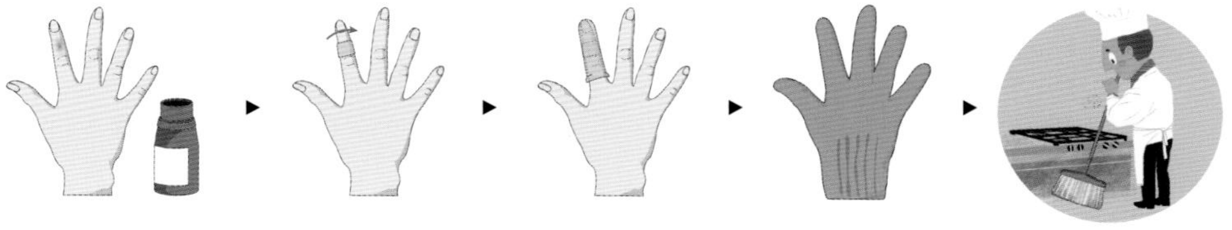

① 치료하기 ▸ ② 밴드로 감기 ▸ ③ 고무골무 착용 ▸ ④ 고무장갑 착용 ▸ ⑤ 식품 취급 제외

(3) 복장

조리업무 종사자들은 주방에 들어가기 전에 조리복, 앞치마, 조리모, 조리화를 착용한 후 업무에 임해야 한다. 조리복을 입은 상태로 외출하거나 화장실에 가면 안 되며 조리복은 자주 세탁해서 착용하고 조리모와 앞치마는 가급적 매일 교환하여 착용하도록 주의를 기울여야 한다.

그림 1-7 복장위생

(4) 식품취급자가 지켜야 할 위생의무사항

- 손톱을 짧게 깎고 손을 가능한 한 깨끗하게 유지한다.
- 보석류, 시계, 반지는 조리업무가 진행될 때는 착용하지 않는다.
- 종기나 화농이 있는 사람은 조리작업을 하지 않는다.

- 주방은 항상 정리정돈과 청결을 유지한다.
- 작업 중 화장실 출입을 하지 않으며 용변 후에는 반드시 손을 씻는다.
- 식품을 취급하는 기구나 기물 및 장비는 입과 귀, 머리 등에 접촉하지 않는다.
- 더러운 도구나 장비가 음식에 닿지 않도록 한다.
- 손가락으로 음식 맛을 보지 않는다.
- 향이 짙은 화장품은 사용하지 않는다.
- 규정된 조리복을 착용한다.
- 위생원칙과 식품오염의 원인을 숙지한다.
- 정기적인 위생 및 조리교육을 이수한다.
- 식품이나 식품용기 근처에서 기침, 침뱉기, 재채기 및 흡연을 하지 않는다.
- 조리업무에 지장을 초래할 정도로 병이 났을 때에는 집에서 쉰다.
- 항상 자신의 건강상태를 점검한다.

2. 메뉴생산 단계별 위생관리

식재료가 업소에 들어와 고객에게 음식으로 제공될 때까지 식품은 검수, 저장, 전처리, 조리, 냉각, 재가열, 서빙 등 다양한 단계를 거치게 된다. 각 단계별로 식품이 각종 위해에 노출되는 원인이 다르므로 안전하게 위생관리를 해야 한다.

1) 식재료의 구매와 검수

위생적인 식재료 구매부터 위생관리가 시작된다. 식재료는 다양한 단계를 거쳐 업소에 도달한다. 따라서 안전한 식재료를 공급하는 업체를 선정하는 것은 매우 중요한 업무이다. 하루에 사용하는 적절한 조리량, 조리시간 등을 정확히 산출하여 1회 식사량에 적합한 음식을 손님에게 제공하고, 사용 후 남은 음식을 최소화할 수 있도록 계획된 식자재 구매는 식품 안전관리를 위한 필수사항이라 할 수 있다.

올바른 식재료 검수는 품질의 최적 유지와 위생적인 저장, 오염 또는 세균의 감염으로 인한 식중독 발생 및 영양 손실의 방지를 위해 꼭 필요하다. 검수를 담당하는 직원은 적절한 검수절차와 식품에 대한 지식을 갖고 안전한 식품과 안전하지 못한 식품을 구분할 수 있어야 한다.

작업준비 — 반입금지
- 머리핀, 실핀, 단추 등
- 머리카락, 손톱, 일회용 밴드 등
- 소지품(연필, 동전, 커터칼 등)

입고, 검수 — 검수철저
- 농산물(껍질, 벌레, 돌, 모래 등)
- 수산물(조개껍데기, 모래, 해조류 등)
- 축산물(금속, 동물 털, 플라스틱 조각 등)
- 기타(비닐, 실조각, 나무조각, 고무조각 등)

전처리 — 세척, 소독
- 껍질, 벌레, 모래, 금속조각, 해초류, 동물 털 제거

※ 채소류 및 과일은 중성세제 세척, 소독

※ 전처리 시 이물이 혼입되지 않도록 주의

조리, 음식제공 — 혼입방지
- 기록관리도구는 연필 대신 볼펜 사용
- 레토르트제품 개봉 시 커터칼 대신 가위 사용
- 고무장갑 끝부분이 절단되었을 경우 절단된 조각과 함께 제거

작업후 정리 — 청소철저
- 조리시설, 기구 등에 찌꺼기가 쌓이지 않도록 함
- 조리작업 후 세척, 살균
- 청소계획을 세운 후 작업장 청결 유지

출처 식품의약품안전처(집단급식소 위생관리 매뉴얼)

그림 1-8 작업공정별 이물관리

(1) 공급업체의 선정

업체를 선정할 때에는 안전한 식재료를 제공하는 능력을 중심으로 다양한 요소들을 고려해야 한다. 이를 위해 공급업체의 모든 식재료가 신뢰할 수 있는 거래처로부터 구입되었는지 확인하고 공급업체가 업소의 위생품질기준을 충족시킬 수 있는지 평가해야 한다. 특히 식품안전관리인증(HACCP) 프로그램의 적용여부를 확인하고 공급업체 선정 전 공급업체의 창고를 방문하여 청결상태와 위생지침을 준수하여 관리되고 있는지 평가해야 한다. 식재료는 가급적 HACCP(식품안전관리인증기준), GAP(농산물우수관리인증) 인증제품을 구입하도록 한다.

다음은 식재료 공급업체 선정 및 관리기준을 나타낸 것이다.

표 1-6 식재료 공급업체 선정 및 관리기준

구분	평가항목	비고
업체의 위생관리 능력	1. 공급업체는 체계적인 위생기준 및 품질기준을 구비하고 이를 준수하고 있는가	
	2. 공급업체가 위치한 장소, 보유시설, 설비의 위생상태는 양호한가	
업체의 운영능력	3. 업소에서 요구하는 식재료 규격에 맞는 제품을 공급하는가	
	4. 반품처리 및 각종 서비스를 신속하게 제공하는가	
	5. 납품절차가 표준화되어 있고 관련문서가 구비되어 있는가	
	6. 신선한 양질의 식재료를 공급하는가	
	7. 업소에서 정한 시각에 식재료가 납품되는가	
	8. 식재료의 포장상태가 완벽한 식품인가	
운송위생	9. 운송 및 배달 담당자의 식품 취급방법이 위생적인가	
	10. 냉장 배송차량을 이용하여 식재료를 운반하고 냉장 · 냉동식품의 온도는 기준범위 이내인가	냉장 · 냉동식품용 배송차량에 타코메터 부착 권장

(2) 검수절차

식재료 공급업체가 공급한 식재료에 대하여 품질, 신선도, 크기, 중량, 수량, 유통기한, 위생상태 등이 외식업소의 요구기준에 부합되는지를 확인하는 과정을 검수라고 한다. 일반적으로 검수업무의 절차는 크게 납품된 물품에 대하여 주문한 물품을 인수한 후 확인 또는 검사한 다음 서명의 순서로 진행된다.

검수방법과 식재료 품질기준에 대해 훈련된 검수담당 직원은 검수에 임하기 전 발주서, 물품구매명세서, 검수일지 등 검수에 필요한 서류를 준비하고 배송시간은 업소가 바쁜 시간을 피해 가능한 하루에 한번만 배송이 이루어지도록 한다. 검수는 배송 즉시 이루어지도록 한다. 검수 순서는 냉장식품, 냉동식품, 채소, 공산품의 순서로 하고 검수일지에 식재료명, 품질, 이물질혼입, 포장상태, 유통기한, 수량 및 원산지 표시 등을 확인하여 기록한다. 또한 배달차량의 청결상태와 온도유지 여부를 확인하고 기록한다.

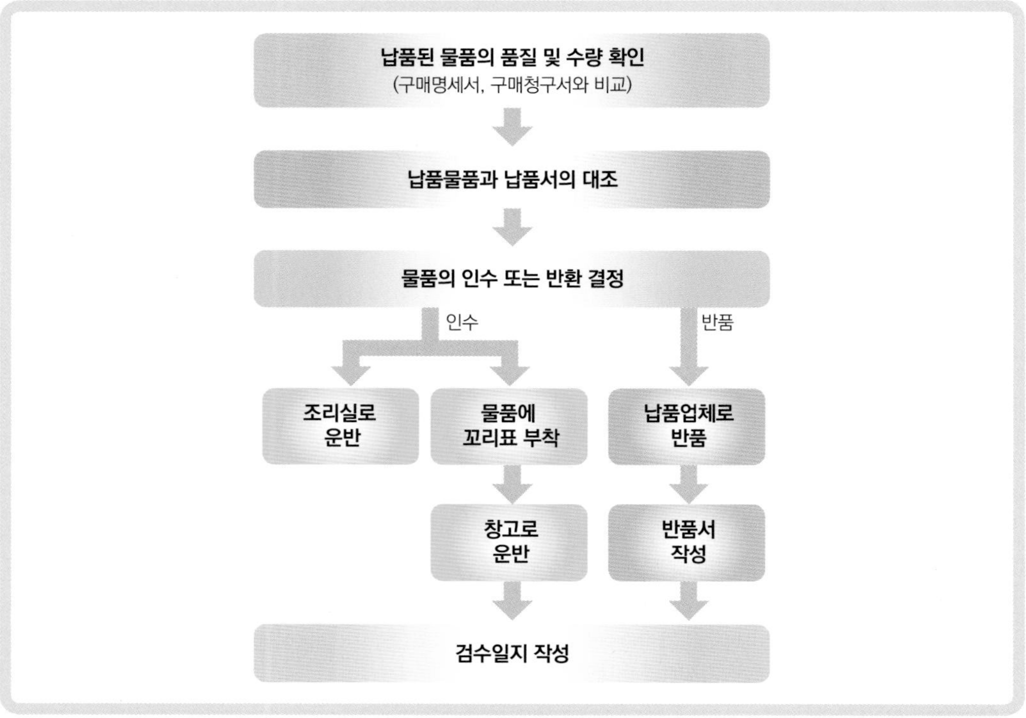

그림 1-9 검수절차

검수업무에 적합한 설비조건은 다음과 같다.

- 물품이 배달되고 저장시설 혹은 전처리장으로 이동하기에 적합한 검수장소의 위치
- 물건과 사람이 이동하는 데 충분한 공간

- 위생 및 안전성이 확보될 수 있는 장소
- 청소하기 쉬우며 배수가 잘 되는 시설
- 물품을 검사하기에 적절한 밝기의 조명시설(540Lux 이상)
- 물품검사를 위한 검수대(바닥에 물품을 놓지 않도록 주의)

(3) 올바른 식품의 검수방법

식품의 감별은 위생상 위해한 성분을 검출하여 식중독을 미연에 방지할 수 있으며, 검수자는 식품을 검수하는 데 있어 식품 감별에 관한 전반적인 사항을 숙지하고 있어야 한다. 식품의 감별법에는 관능검사법과 이화학적인 방법이 있으며, 일반적으로 급식소에서는 관능검사법이 많이 이용되고 있다.

검수 시 제품의 온도조건

- 냉장제품 : 5℃ 이하
- 냉동제품 : 언 상태 유지, 녹은 흔적이 없을 것
- 일반채소 : 상온, 신선도 확인
- 전처리된 채소 : 10℃ 이하

– 냉동 식재료 검수방법

변색 확인	장기간 냉동 보관과 부주의한 관리로 식재료의 색상이 변색
이취 전이	장기간 냉동 보관 및 부주의한 관리로 이취가 생성
결빙 확인	냉동보관이 일정하게 이루어지지 않아 결빙 발생 및 식재료의 손상 초래
분리 확인	장기간의 냉동 보관과 부주의한 관리로 식재료의 분리 발생

– 가공 식품 검수방법

외관 확인	용기가 손상되었거나 부풀어 오른 것
표시 확인	유통기한 확인 및 유통온도 확인
내용물 확인	본래의 색이 변질된 것. 분말제품의 경우 덩어리진 것은 습기가 차서 변질된 것임

(4) 보관 및 저장 시 위생관리

양질의 식품을 구매하여 철저한 검수를 거쳤다 해도, 검수 이후에 적정하게 보관·관리되지 않는다면 식재료가 오염될 수 있다. 따라서 신속하고 위생적인 식재료 보관은 최적의 품질을 유지하는 데 필수적이라 하겠다.

냉장·냉동고에 식품을 보관할 경우에는 제품의 표시사항을 반드시 확인하고, 표시사항의 보관방법에 따라 알맞게 보관한다. 해동된 식재료는 바로 사용하고 다시 냉동하면 안 된다. 온도계를 설치하여 냉동고는 －18℃ 이하로 유지시키고, 냉장온도는 0~5℃로 유지시키는 것이 바람직하다. 냉장·냉동고는 정기적으로 스케줄표를 만들어 청결하게 관리하고 냉동고의 경우 정기적인 성에 제거를 통해 식품의 안전과 품질을 유지할 수 있도록 한다. 또한 상하기 쉬운 채소·과일은 매일 신선상태를 확인한다.

상온창고에 물건을 저장할 때에는 식품과 식품 이외의 물품을 각각 다른 장소에 보관하며, 창고는 깨끗하고 건조하며 해충과 쥐 등으로 오염되지 않도록 방충망과 방서망 등으로 철저히 관리해야 한다. 온도는 10~20℃, 습도는 50~60%가 되도록 유지하며, 통풍과 채광조절이 용이하도록 한다.

위생적인 냉장·냉동 보관방법

- 보관 용량은 찬공기의 원활한 순환을 위해 70% 이하 유지
- 냉장온도 0~5℃, 냉동온도 －18℃ 이하 유지 및 내부 온도는 주기적으로 확인
- 박스 제거 후 보관
- 조리한 음식은 충분히 식힌 후 냉장·냉동 보관 및 덮개 사용
- 교차오염 방지를 위해 구분 보관
  - 날음식은 하단, 익힌 음식은 상단 보관
  - 생선, 육류는 하단, 채소, 가공식품은 상단 보관
- 외포장 비닐 등 교체 후 보관
- 문의 개폐는 신속하게 최소한으로 함
- 일주일에 한 번씩 성에 제거 및 수시로 안팎 청소

- 먼저 들어온 것 먼저 사용하기(선입선출)
- 해동한 음식은 재냉동 금지

출처 : 식품의약품안전처(집단급식소 위생관리 매뉴얼)

2) 전처리

전처리 과정에서의 위생관리는 세척과 소독을 통해 식재료를 안전하게 만드는 데 목적이 있다. 전처리 작업은 정해진 장소에서만 실시하고 전처리에 사용되는 기기 및 기구는 용도별, 식품별로 분류하여 교차오염을 방지하고 수시로 소독하여 사용한다. 식재료 작업은 바닥에서 60㎝ 이상의 높이에서 수행하여 바닥의 오물이 튀지 않고 오염되지 않게 한다.

칼, 도마, 고무장갑은 용도별(육류 · 어류 · 채소 등)로 구분하여 사용한다. 구분 사용이 어려운 경우 채소–육류–어류–가금류 순으로 하고 각각 처리 후 세척, 소독을 한다.

그림 1-10 칼 · 도마의 구분 사용(나무재질 칼 · 도마 사용 금지)

그림 1-11 재료별 세척순서

표 1-7 원재료별 세척방법

구분	세척방법	
육류	• 먹는 물로 충분히 세척 • 핏물(갈비, 사골, 잡뼈 등)을 충분히 제거 • 세척물이 튀지 않도록 함	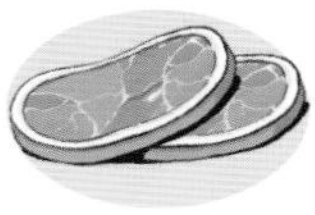
조개류	• 애벌 세척 후 소금물에 담가 모래 등 배출(해감) • 먹는 물로 충분히 세척	
어류	• 먹는 물로 충분히 세척 • 세척물이 튀지 않도록 주의	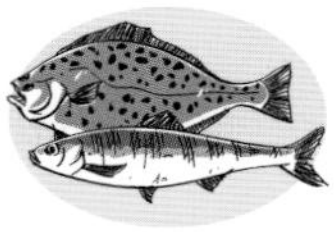
채소 · 과일류	• 잎채소류는 오염된 외피 제거 후 한 장씩 세척 • 흐르는 물에 3회 이상 세척 • 육안검사 후 깨끗하지 않을 경우 재세척 • 반드시 세척 후 절단	

세척수는 먹는 물을 사용하고 가열조리하지 않고 제공되는 채소 및 과일류는 반드시 흐르는 물로 세척하고 소독제(차아염소산나트륨)를 사용하여 유효 잔류염소 농도 100ppm 이상의 염소용액에 최소 5분간 침지한 후 먹는 물로 최소 3회 이상 헹군다. 전처리 과정은 25℃ 이하에서 2시간 이내에 수행하고 식재료 전처리는 내부온도가 15℃를 넘지 않도록 한다.

냉장해동은 5℃ 이하의 냉장고에서 하며 다른 식재료와의 교차오염에 주의하고 흐르는 물에 해동할 때에는 해동 전 용기나 싱크대의 세척, 소독 후 4시간 이내에 해동을 마친다. 해동된 제품은 5℃ 이하의 온도에 보관하고 한번 해동된 식품은 재냉동을 금지한다. 또한 상온이나 오븐을 이용하여 해동하지 말아야 하며 뜨거운 물을 이용한 해동도 금지한다.

육류의 핏물을 빼기 위해 담가둔 물에 다른 재료 또는 조리기구를 담그지 않도록 한다. 포장된 재료의 일부만 사용하여 조리하는 경우 유통기한이 표시되어 있지 않은 쪽을 먼저 사용하고 유통기한이 표시되어 있는 쪽을 나중에 사용하도록 한다.

생채소 및 과일의 세척 소독

● 100ppm 소독액 제조 예(4% 염소계 표백제 사용 시)

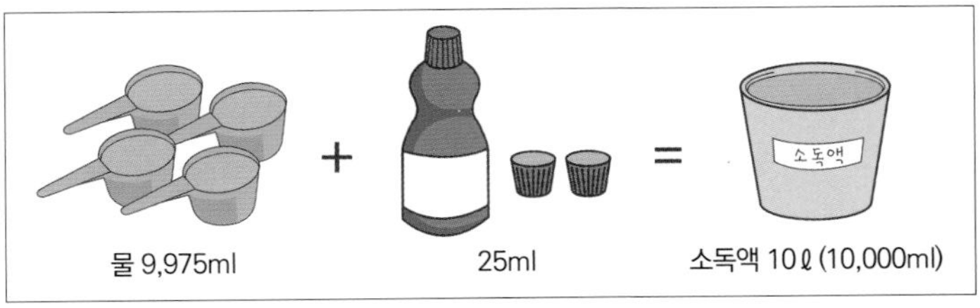

※식품의약품안전처에서 식품첨가물로 인정한 제품 사용(차아염소산나트륨, 오존수, 차아염소산수, 이산화염소수 등)

● 소독방법

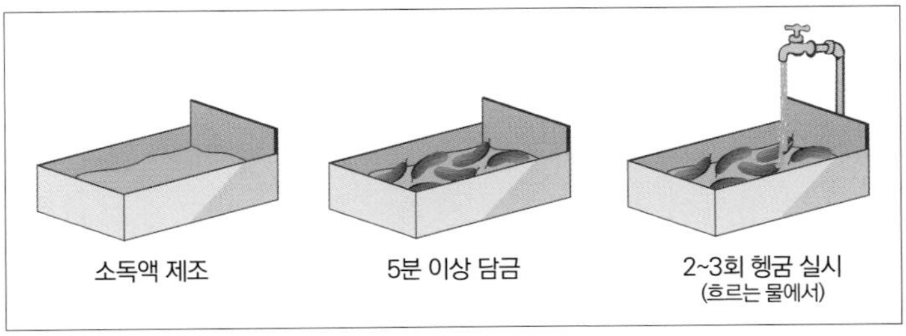

3) 조리

조리 시설 · 기구 등은 반드시 살균소독제 등으로 철저히 세척 · 소독하여 사용하고, 조리대는 요리, 식기 등을 놓고 사용하므로 조리 전에 조리대와 가스레인지 등을 한번 닦아낸 후 중성세제나 염소소독제를 200배 희석하여 소독하는 것이 바람직하다.

염소소독제(4%) 200배 희석방법(1,000ml 제조 시) : 물 995ml + 염소소독제 5ml

오염된 식품이나 기구와 접촉하여 발생하는 교차오염을 방지하기 위하여 채소, 어류, 육류는 도마와 칼을 별도로 지정하여 사용해야 한다. 또한 익힌 음식과 조리하지 않은 음식도 별도의 도마와 칼을 사용한다.

음식물 취급 시에는 손으로 직접 만지지 말고 위생장갑이나 젓가락, 집게, 숟가락 같은 기구를 이용한다. 또한 무치기 작업을 할 때에는 소독된 장갑을 사용하고 무치기용 조리도구는 알코올 등으로 소독한 뒤 반드시 휘발시켜 사용한다. 작업 시 맛을 볼 때에도 별도의 전용 그릇과 수저를 사용하고 조리 중 자주 사용하는 칼, 주걱, 국자 등은 수시로 소독하면서 작업한다. 조리과정 중 음식물이나 도구를 향해 기침이나 재채기를 하지 않는다.

일반적으로 식품은 '위험온도범위'라 하여 미생물이 증식하기 쉬운 온도구간(5~57℃)을 가지고 있다. 조리된 음식은 실온에서는 2시간 이내에 섭취하고, 필요한 경우 미생물 증식 위험온도범위인 5~57℃를 벗어난 5℃ 이하 또는 57℃ 이상에서 보관한다. 식품 가열은 중심부 온도 75℃(어패류는 85℃)에서 1분 이상 가열하여 제공한다. 가열 후 냉각시키는 경우에는 4시간 이내에 내부온도가 5℃ 이하가 되도록 한다. 음식은 가능한 소량씩 나누어 조리하며 자주 저어서 온도가 균일하게 되도록 해야 한다.

조리된 음식은 반드시 보관용기에 담아 덮개를 덮어 낙하세균에 의한 오염을 방지하고 조리 후 익힌 음식과 익히지 않은 음식은 따로 구분한다.

주문량 또는 철저한 조리계획에 따라 정확한 양만 가열조리하며 남은 음식은 전량 폐기하고 재사용을 금지한다. 잔반처리기나 남은 음식 수거통을 이용해 수거한다. 조리 후 남는 재료는 개별 포장하여 알맞은 온도가 유지되는 저장고에 보관한다.

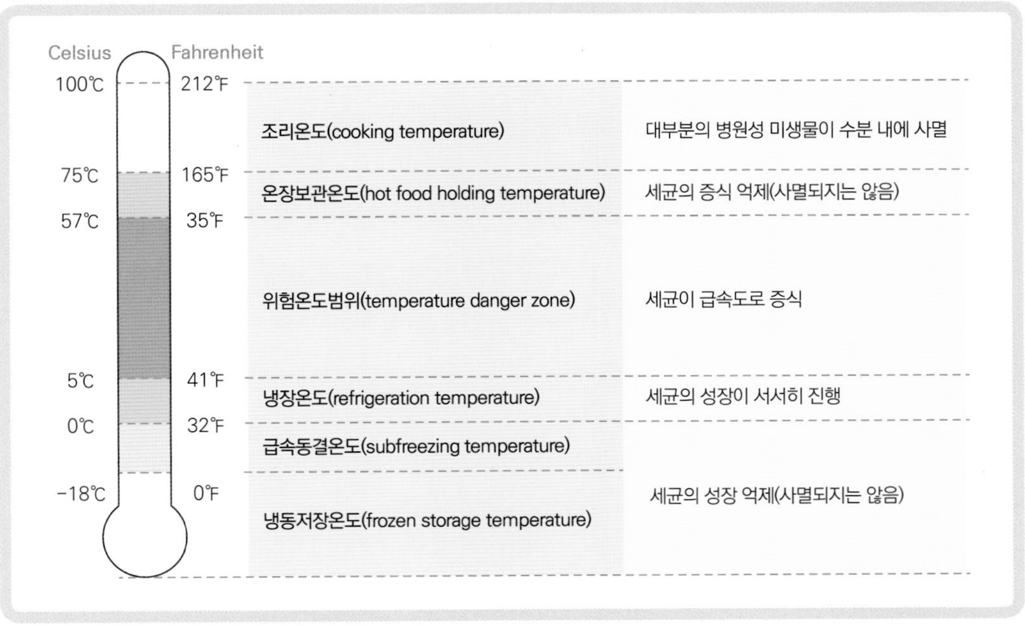

그림 1-12 위생관리에 필요한 중요 온도범위

4) 음식 제공

조리된 음식물은 빠른 시간 안에 손님에게 제공하고 음식을 제공하는 담당자는 위생복, 위생모 등을 착용하고 개인위생을 철저히 하여 서빙해야 한다. 또한 따뜻한 음식은 57℃ 이상, 차가운 음식은 5℃ 이하로 적정온도를 유지하여 고객에게 제공되어야 한다.

나눠 먹는 음식의 경우 개별 접시를 제공하여 음식을 덜어 먹게 한다.

5) 작업장의 위생관리

(1) 주방시설관리

① 바닥 및 배수로 관리

- 바닥은 내수처리가 되어 있고 가급적 미끄러지지 않는 재질이어야 한다.
- 물이 고이지 않도록 적당한 경사를 주어 배수가 잘 되도록 한다.
- 배수로는 역류나 퇴적물이 쌓이지 않도록 하고, 손쉽게 청소할 수 있도록 한다. 바닥은 오물이 끼지 않도록 매일 깨끗이 청소하며 청소 후 건조된 상태를 유지하도록

하며 정기적으로 소독한다.

- 바닥이 파손되었을 때에는 즉시 보수해야 한다.

② 내벽 및 창문

- 내벽은 내수처리를 하여야 하며, 미생물이 번식하지 않도록 청결하게 관리해야 한다.
- 조리장 내에 설치된 창문은 가급적 개방하지 않으며 창문을 열고 사용할 경우 위해 곤충의 침입을 막기 위하여 반드시 방충망을 설치해야 한다.

③ 출입문

- 원료 및 음식의 운반구와 종업원의 출입구는 별도로 구분 설치해야 한다.
- 식품 보관실의 문은 쥐가 침입할 수 없도록 설비해야 한다.
- 조리실 출입구에 신발소독을 위한 전용 발판시설과 수세시설을 갖추도록 한다.

④ 천장

- 천장은 먼지 또는 기름때가 잘 부착하지 않는 자재와 구조로 되어야 하며 곤충이나 미생물이 번식하지 않도록 청결히 관리해야 한다.
- 응축수가 떨어지지 않도록 단열재를 사용하는 것이 좋으며 천장을 통과하는 배관시설에 덮개를 설치하여 위생적으로 관리해야 한다.

⑤ 환기시설

- 수증기 열 및 냄새 등을 배기시키고 조리장의 적정 온도를 유지시킬 수 있는 환기시설이 갖추어져 있어야 한다.
- 기름기 많은 장소에 있는 후드는 부착된 기름기를 쉽게 청소할 수 있는 구조로 설치되어야 한다.
- 환기가 원활하게 이루어질 수 있도록 충분한 환기시설을 설치하여야 한다.

⑥ 조명

- 채광 및 조명은 모든 조리, 청소작업에 적합하도록 220럭스 이상을 유지해야 한다.

- 전기배선, 조명갓, 조명설비 등은 식품오염이 발생되지 않도록 설치되어야 한다.

⑦ 전처리실

- 원재료에 묻어 있는 흙이나 이물질을 제거하거나 재료를 다듬을 수 있도록 충분한 공간을 확보하여야 한다.
- 가능하면 전처리실과 조리실은 따로 구분하여 원재료에 의한 교차오염이 발생하지 않도록 하여야 한다.

⑧ 조리실 및 조리설비

- 조리실은 조리에 불편함이 없도록 충분한 공간을 확보하고 매장에서 조리실을 볼 수 있도록 한다. 이때 조리장이 다른 곳과의 연결통로에 있으면 안 된다.
- 식품과 식기류의 보관설비는 모두 바닥에서 50㎝ 이상의 위치에 설치하고 조리대와 조리시설은 부식성이 없는 스테인리스 스틸로 제작하여 녹슬지 않도록 한다.
- 세척시설과 종업원 개인위생을 위한 수세시설을 따로 갖추어야 한다.
- 조리실에는 조리종사자 이외의 외부인이 함부로 들어가면 안 되며 흡연이나 음식을 먹는 등의 행위를 하면 안 된다.
- 조리실 내에 개, 고양이 및 새 등의 애완동물을 사육하면 안 된다.
- 종업원이 탈의할 수 있는 전용시설을 설치하여야 한다.

⑨ 방충, 방서 시설

- 조리장에는 쥐, 곤충 등이 들어오지 못하도록 방충 및 방서시설(방충문, 포충등, 에어커튼 등)을 갖추어야 한다.
- 방충망은 2개월에 1회 이상 물로 먼지를 제거하고 쥐나 곤충의 흔적이 발견될 때에는 관리책임자에게 즉시 보고하여 필요한 조치를 취하도록 한다.

표 1-8 방충 · 방서

안전기준	설명
• 정기적인 해충과 설치류의 침입 여부 확인	해충(파리, 나방, 바퀴벌레, 개미 등)과 설치류(쥐)는 음식물을 통해 사람에게 직접 또는 간접적으로 기생충이나 병원균을 전파하는 중요한 매개체이다.
• 식재료 검수 시 갉아먹거나 벌레의 흔적 여부 철저히 확인	해충이 식재료 등을 통해 조리장으로 들어올 수 있음
• 벌레, 쥐 등이 들어오지 않도록 벽, 천장, 바닥, 출입문, 창문 등에 틈새가 없도록 함	쥐는 0.6~0.7cm의 틈새만 있어도 침입할 수 있음
• 고객용 출입문 관리 필요	개방형 주방의 경우, 고객의 출입문을 통해 해충의 침입 가능성이 큼

⑩ 청소, 소독 시설

- 모든 주방설비 및 기구는 정기적으로 청소 및 소독을 하여야 하며 관리대장을 만들어 매일의 청소상태를 점검 · 기록하여야 한다.
- 70%의 에틸알코올 등 소독액을 조리장 입구에 비치하여 화장실이나 조리장 밖으로 이동하였다가 들어왔을 경우, 손등에 골고루 분무하여 소독하도록 한다.

(2) 조리장 위생관리

① 조리장의 청소요령

- 음식물의 기름기나 찌꺼기가 남지 않도록 중성세제로 문질러 깨끗이 세척한다. 세척이 종료된 후 70%의 에틸알코올이나 살균제를 분무한다.
- 빈 상자, 포장지, 쓰레기를 방치하지 않고 수시로 치우며 오전과 오후로 나누어 하루 2회 이상 청소한다.
- 청소 후 깨끗한 대걸레를 이용하여 바닥의 물기를 제거하며 환기와 통풍을 시켜 빨리 건조되도록 한다.

조리기구의 위생관리

- 기구, 용구, 칼 등을 사용한 후에는 흐르는 물(음용수로 적합한 것)로 깨끗이 세척하고 건조시켜 청결한 장소에서 위생적으로 보관한다. 칼은 전용칼집에 넣어 위생적

으로 관리하며 자외선 살균기에 넣어 보관하는 방법도 좋다. 이때, 조사(radiation) 시간을 충분히 한다.

- 식기와 각종 기물은 사용 후 뜨거운 물로 깨끗이 씻어내고 세제를 묻힌 스펀지로 더러움을 제거한 후 흐르는 물로 세제를 씻어내고 완전히 건조시킨다. 물을 사용하지 못하는 기물들은 더러움을 제거한 후 청결한 행주로 닦고 소독용 알코올로 분무한다. 기물을 사용하기 전에 소독용 알코올을 분무한다.
- 도마, 조리대 등 작업대 옆에는 소독세제와 살균효과가 있는 소독비누를 비치한다.
- 도마, 조리용 목제기구는 세균이 잔존할 가능성이 높으므로 충분히 건조하여 위생적으로 사용한다. 항균기능을 가진 제품이라도 반드시 살균하여 사용해야 한다.
- 마른행주와 젖은 행주를 구분하여 사용하며 행주는 사용 후 반드시 열탕 소독하거나, 염소 소독한 뒤 건조하여 사용한다. 행주는 많이 준비하여 조리 중 반복 사용하지 않도록 한다.
- 식품절단기, 채소절단기 등의 조리기구는 자주 분해하여 세척 · 살균 후 사용하여야 한다.

② 급 · 배수 시설의 위생관리

- 물탱크를 이용한 급수시설이나 지하수인 경우, 정기적으로 수질검사를 받아 오염 여부를 확인한다.
- 배수라인과 배수구에 쌓인 음식물찌꺼기를 수시로 제거하고 틈새에 낀 이물질을 완전히 제거한다.
- 배수라인과 배수구는 덮개시설을 설치하여야 한다.

③ 쓰레기 관리

- 쓰레기는 반드시 주방용 쓰레기통, 잔반수거통, 일반쓰레기통으로 분리 사용한다.
- 쓰레기통 및 잔반수거통은 반드시 뚜껑을 사용하며 발로써 자동 개폐되는 구조(페달식)로 하여야 한다.
- 곤충이 침입할 수 없는 내수성 자재로 하여야 하며 역겨운 냄새가 나거나 액체가 새지 않도록 파손된 부분이 없는지 관리한다.

1. 주방 내 시설

– 천장, 바닥, 벽 등의 청결상태

- 매일 청소 · 소독 및 파손 시 즉시 보수

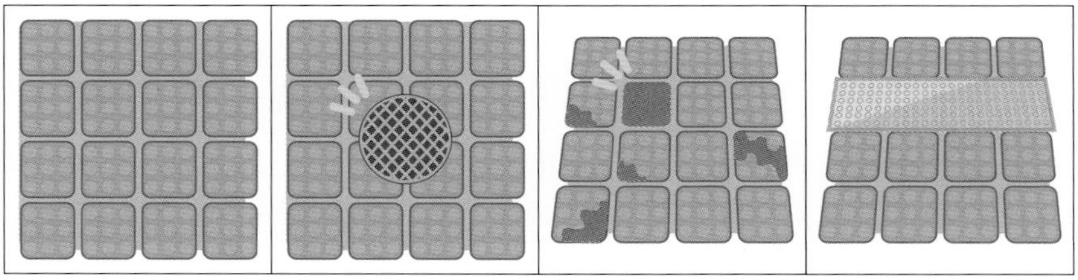

내수성 재질 사용 / 배수구 덮개 설치 / 파손 시 즉시 보수관리 / 배수시설(트렌치 설치)

※하수도는 배수구 및 주변 청소로 배수구가 막히지 않도록 관리
※손상된 바닥 균열에 음식물 및 호수가 끼어 있다가 미생물 등의 번식 가능

– 환기시설

- 환기시설은 정상적으로 작동해야 하고 먼지나 거미줄, 이물질이 없도록 청결하게 관리

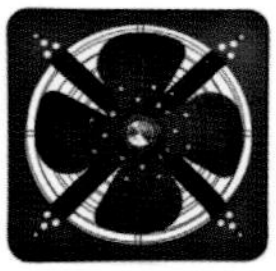

환기팬 세척 · 소독

충분한 환기시설

– 냉동 · 냉장고

- 적정온도(냉장고 0℃ 이하, 냉동고 –1℃ 이하)를 유지
- 냉동 · 냉장고에는 성에 및 응결수가 없도록 청결하게 관리
- 보관된 식품에서 유래한 오염 흔적이 없음

– 조리장 내 조명장치 청결상태

- 조명장치(전기배선, 조명설비 등)는 식품오염을 발생시키지 않도록 설치하고 깨질 경우 파편이 식품에 떨어지지 않도록 안전커버가 있음. 주변 청소가 잘되어 청결하고 밝아야 함

– 음식물 쓰레기통과 일반 쓰레기통의 구분

○ 잘된 예	× 잘못된 예
 일반 음식물 청결한 쓰레기통 주변 환경과 뚜껑 구비	 음식물 쓰레기를 뚜껑 없이 방치하여 식중독 발생의 위험이 있음

2. 기타 시설

– 방충, 방서 관리

● 방충문 설치 ● 포충등 설치 ● 정기적 방역 ● 에어커튼

– 화장실 청결관리

① 화장실에는 손 씻는 시설을 갖추고 비누, 화장지 등을 비치
- 고체비누, 액상비누, 살균제 중 1종 이상 제공
- 전기(에어)손건조기, 1회용 종이타월 중 1종 이상 제공

② 세면기와 주변 화장실 내부(바닥 등 포함) 청결히 유지

③ 악취제거, 쥐 및 파리, 모기 등 해충의 발생 · 번식을 방지
- 화장실 내 · 외부 정기소독(4~9월 : 주 3회 이상, 10월~이듬해 3월 : 주 1회 이상)

④ 변기 및 쓰레기통 청결 유지

– 정수기 관리

- 전용솔을 이용하여 식수꼭지 소독
- 정수기업체에 정기적인 필터 교체 및 내부 청소 의뢰
- 정수기 추출구, 주변바닥, 용수병 등에 얼룩이나 이물이 없도록 청결하게 관리

● 쓰레기가 놓였던 장소는 수거한 후에 세척 및 소독을 실시한다.

● 쓰레기통 및 잔반은 지정된 장소에 보관하며, 2/3 이상 채워지지 않도록 수시로 비운다.

표 1-9 청소 프로그램

안전기준	설명
• 청소 프로그램 대상 : 식재료의 보관 및 운반, 조리에 사용되는 모든 기구 및 시설 • 청소계획서를 지정된 장소에 비치하고 시행여부 체크	• 청소계획을 정하는 것은 식품에서 이행될 수 있는 위해요소로부터 효과적으로 작업장을 관리할 수 있는 방법임 • 정해진 계획표에 따라 실시하면 청소의 중복 · 누락을 방지할 수 있고 담당자 지정은 책임감을 부여하여 관리하는 데 효율적임 • 청소는 자칫 소홀할 수 있는 부분이므로 지속적인 모니터링이 필요함
• 청소프로그램 내용 : 각 대상별 청소방법, 시기, 소독제의 종류, 담당자 등 포함	
• 정기적인 청소계획표 검토와 이행 여부 확인	
• 청소도구 사용 및 취급 시 주의사항 – 나무재질 사용 금지 – 주방용과 홀용 구분 사용	

구분	세척 또는 살균소독 방법	사용도구	주기
바닥	• 빗자루로 쓰레기 제거 • 세척제 뿌린 뒤 대걸레나 솔로 바닥 구석구석 문지르기 • 대걸레로 세척액 제거 • 기구 등을 살균소독제로 소독하고 자연건조	빗자루, 대걸레, 세제, 소독수	1회/일
배수구	• 배수구 덮개 걷어내기 • 배수로 덮개는 세척하여 깨끗한 물로 씻어낸 후 기구 등을 살균소독제로 소독 • 호스의 분사력을 이용하여 배수로 내 찌꺼기 제거 • 솔을 이용하여 닦은 후 물로 씻어내기 • 배수구 뚜껑을 열고 거름망을 꺼내어 이물 제거 • 거름망과 뚜껑 내부를 세척제로 세척 후 물로 헹구기 • 거름망 소독 후 배수로 덮개 덮기	청소솔, 세제, 스펀지, 소독수	1회/일
쓰레기통	• 쓰레기통 비우기 • 쓰레기통 및 뚜껑을 세척제로 세척 • 흐르는 물로 헹군 후 뒤집어서 건조	청소솔, 세제, 소독수, 분무기	1회/일
내벽	• 세제를 묻힌 면걸레로 이물질을 제거 • 젖은 면걸레로 세제 닦아내기 • 소독된 면걸레로 살균 소독하기	면걸레, 세제, 소독수	1회/주

구분	세척 또는 살균소독 방법	사용도구	주기
천장	• 전기함 차단 및 조리도구 비닐 등으로 덮기 • 솔 등을 사용하여 먼지 및 이물 제거 • 청소용 수건을 세척제/깨끗한 물에 적셔 닦은 후 자연건조	청소솔, 세제, 청소용 수건	1회/주
배기후드	• 청소 전 후드 아래의 조리기구는 비닐로 덮기 • 후드 내 거름망 떼어내기 • 거름망은 세척제를 불린 후 세척 헹굼 • 스펀지에 세척제를 묻혀 후드 내 · 외부 닦기	세제, 스펀지, 청소용 수건	1회/주
유리창틀	• 세척제에 적신 스펀지로 유리창 및 창틀 닦기 • 청소용 수건을 깨끗한 물로 적셔 닦은 후 자연건조 • 여분의 물기나 얼룩을 제거하려면 청소용 마른 수건 이용	세제, 스펀지, 청소용 수건	1회/월
작업대	• 스펀지를 이용하여 세척제로 세척 • 흐르는 물에 헹굼 • 소독수 분무	세제, 스펀지, 소독수, 분무기	사용 시마다
싱크대	• 거름망 찌꺼기 제거 및 세척 • 개수대 내 · 외부 세척제로 세척 • 흐르는 물에 헹군 후 소독	세제, 스펀지, 소독수	사용 시마다
식기세척기	• 세척기 작동 정지 • 오물 여과받침, 커튼 등을 분리해 세척제로 세척 • 찌꺼기가 남기 쉬운 세척기 내 · 외부를 호스 이용하여 청소 • 커튼은 세척 후 '기구 등의 살균소독제'를 용법에 맞게 소독 • 스케일 제거 : 스케일 제거제를 넣어 1시간 가동(공회전) • 건조 환기를 위해 옆면은 열어두기	세제, 스펀지, 소독수, 스케일 제거제	1회/일
냉장 · 냉동고	• 전원 차단 • 식재료 제거 • 선반을 분리하여 세척제로 세척, 헹굼 • 흐르는 물로 내부 세척 • 성에 등 제거 • 스펀지에 세척제를 묻혀 냉장고 내벽, 문을 닦은 후 젖은 행주로 세제를 닦아냄 • 마른행주로 닦아 건조시킴 • 선반을 넣은 후 소독제로 소독	세제, 스펀지, 소독수, 분무기, 행주	1회/일
가스기기류	• 가스 밸브 잠그기 • 상판과 외장은 사용할 때마다 세척 • 버너 밑의 물 받침대 등 분리가능한 것은 모두 분리하여 세척제를 사용하여 세척 • 가스호스, 콕, 가스 개폐손잡이 등에는 세척제를 분무하여 불린 다음 세척 후 건조 • 버너는 불구멍이 막히지 않도록 솔을 사용하여 가볍게 닦기 • 물이 들어가지 않도록 주의	세제, 스펀지	1회/일

구분	세척 또는 살균소독 방법	사용도구	주기
보온밥통	• 전원차단 • 내부 밥통은 분리하여 세척제로 세척 후 분무소독, 자연건조 • 특히 뚜껑에 부착된 내부 뚜껑을 분리하여 세척제로 세척 후 분무소독	세척제, 소독수	1회/일
자외선 소독고	• 전원차단 • 내부, 외부 세척제로 세척 • 내부는 분무소독하여 자연건조	세척제, 스펀지, 행주	1회/일
냉온 정수기	• 전원차단 및 급수밸브 잠금 • 물탱크 내 저장된 물 배출 • 정수기 물탱크는 세척제로 세척 후 각 토출구로 소독수를 토출하여 소독 • 물탱크에 물을 받아 물탱크 및 토출구 헹굼(3회 반복) • 정수필터 정기 교체	세척제, 스펀지, 소독수	1회/일

표 1-10 폐기물 처리

안전기준		설명
• 음식물 쓰레기통, 재활용 쓰레기통, 일반 쓰레기통으로 분리 사용 • 뚜껑은 발로 개폐 가능 구조 • 용량은 2/3 이상 채워지지 않도록 수시로 비워야 함		• 쓰레기 관리가 적절하지 않으면, 파리, 해충 등을 유인할 수 있고 악취나 오물이 작업창과 홀을 오염시킬 수 있음 ※ **「식품위생법 시행규칙」 제36조**

영업이 끝난 후에는 모든 기기 · 도구 및 공간이 청결하게 유지되도록 소독 및 세척을 하여야 한다.

식기세척기는 바닥에서 최소한 15cm 이상 위에 설치하고, 온도, 수압을 알리는 계기판을 잘 보이는 장소나 기계 가까이에 부착하여 쉽게 확인할 수 있어야 한다.

식기와 각종 기구의 소독방법에는 자비소독(열탕소독), 건열소독, 자외선소독, 화학소독 등의 네 가지가 있으며 그 내용은 표 1-11과 같다.

표 1-11 살균소독의 종류 및 방법

종류	대상	소독방법
열탕소독	행주, 식기	100℃에서 30초 이상 충분히 삶음
건열소독	식기	100℃ 이상으로 2시간 이상 충분히 건조
자외선소독	칼, 도마, 기타 식기류	포개거나 뒤집어 놓지 말고 자외선이 바로 닿도록 30~60분간 소독
화학소독	작업대, 기기, 도마, 생채소, 과일, 손(장갑)	• 염소용액 소독 : 채소 및 과일을 100ppm에서 5분간 담근 후 흐르는 물에 3회 이상 충분히 세척 • 70% 에틸알코올 소독 : 손 및 용기에 분무한 후 건조될 때까지 문지름

손님에게 제공되는 먹는 물 관리

수돗물이 아닌 물을 음용수로 사용하는 경우 「먹는물관리법」의 먹는물 수질기준에 적합한 것이어야 한다. 수질검사 결과, 음용하기에 부적합하다고 판정된 때에는 바로 해당 시 · 군 · 구의 지시를 받아 적절한 조치를 강구하여야 한다. 또한 자외선 소독기를 사용하여 컵을 소독하는 경우 컵을 뒤집어서 사용하면 살균효과가 없기 때문에 컵은 반드시 세워서 사용해야 한다.

① 정수기

정수기 관리는 필터교환이 아주 중요하다. 필터를 관리해 주지 않으면 더 해로운 물을 마시는 결과를 초래하므로 정수기 기종, 필터의 모양과 규격을 파악하여 정기적으로 필터를 교환하여야 한다. 또 정수된 물이라도 기온이 올라가는 여름철에는 일반세균이 번식할 우려가 높으므로 1달에 2~3회 청소 및 소독을 반드시 해주는 것이 좋다.

② 지하수

지하수는 수돗물과는 달리 정기적인 수질검사가 어렵고, 소독도 잘 이루어지지 않고 있어 세균들에 의한 수인성 질병의 가능성이 높아, 지하수의 관리는 위생상 매우 중요하다. 그러므로 정기 수질검사를 통한 관리와 반드시 물을 끓여서 제공하는 것이 좋다.

1. 세척소독방법

① 기구 등 표면에 있는 식품 및 먼지 등이 막을 형성하고 있는 경우 소독제의 효과가 떨어짐

② 물과 세척을 통하여 막을 제거한 뒤

③ 염소살균소독제(200ppm)로 소독 후 자연건조

– 소규모 기구류(집게, 수저, 국자, 가위 등)

- 음식찌꺼기 제거
- 1일 1회 이상 세척
- 수저는 구분하여 살균세척
- 금속 소재는 열탕소독
  ※100℃에서 30초 이상
- 플라스틱, 고무소재는 '기구 등의 살균소독제'를 용법 · 용량에 맞게 사용
- 지정된 보관함 또는 소독고에 청결하게 보관

– 행주

- 행주는 용도별로 세척소독
  ※용도 : 배식용, 조리용, 청소용
- 흐르는 물에 세척
- 100℃에서 30초 이상 열탕소독
  ※반드시 세척 후 열탕소독하기
    – 동시에 실시하지 않기
- 헹군 후 짜기
- 살균세척제로 세탁 후 헹굼
- 청결한 장소(일광, 바람이 잘 통하는 곳)에서 건조 후 보관

– 칼, 도마

- 흐르는 물에 세척
- 세제(살균제)를 이용하여 수세미로 문질러 세척
- 칼, 도마(자외선)보관함에 보관
  ※도마 표면이 과도하게 손상된 경우에는 교체
- 소독제(알코올을 뿌리거나, 염소소독제를 침지)로 소독

2. 올바른 자외선 소독기 사용

- 컵을 세워서 사용(컵을 뒤집어서 사용 시 살균효과 없음)
- 소독기의 문이 훼손되면 안 됨

제5절 HACCP

Hazard Analysis Critical Control Points의 약자로 해썹이라 발음하며 식품안전관리인증기준으로 통칭하고 있다. HACCP은 위해요소 분석(HA)과 중요관리점(CCP)으로 구성되는데 위해요소분석이란 "어떤 위해를 미리 예측하여 그 위해요인을 사전에 파악하는 것"을 의미하며, 중요관리점이란 "반드시 필수적으로 관리하여야 할 항목"이란 뜻을 내포하고 있다.

위해요소 분석은 원료와 공정에서 발생가능한 병원성미생물 등 생물학적, 화학적, 물리적 위해요소분석을 말하며, 중요관리점은 위해요소를 예방, 제거 또는 허용수준으로 감소시킬 수 있는 공정이나 단계를 중점관리하는 것을 말한다. 즉 해썹(HACCP)은 위해방지를 위한 사전 예방적 식품안전관리체계를 말한다.

결론적으로 해썹(HACCP)이란 식품의 원재료부터 제조, 가공, 보존, 유통, 조리단계를 거쳐 최종소비자가 섭취하기 전까지의 각 단계에서 발생할 우려가 있는 위해요소를 규명하고, 이를 중점적으로 관리하기 위한 중요관리점을 결정하여 자율적 · 체계적 · 효율적인 관리로 식품의 안전성을 확보하기 위한 과학적인 위생관리체계라고 할 수 있다.

해썹(HACCP)은 전 세계적으로 가장 효과적이고 효율적인 식품안전관리체계로 인정받고 있으며, 미국, 일본, 유럽연합, 국제기구(Codex, WHO, FAO) 등에서도 모든 식품에 해썹을 적용할 것을 적극 권장하고 있다.

1) HACCP의 7원칙 12절차

HACCP 관리는 7원칙 12절차에 의한 체계적인 접근방식을 적용하고 있다. HACCP 12절차란 준비단계 5절차와 본 단계인 HACCP 7원칙을 포함한 총 12단계의 절차로 구성되며, HACCP 관리체계 구축절차를 의미한다.

HACCP 관리기준	
팀 구성	식품 취급과 관련된 담당자(모니터링 담당자 및 위생관리 담당자)의 지정 및 업무분장 • 팀 조직도, 팀원별 업무분장, 인수인계 내용 등
제품설명서	영업장에서 취급되는 제품의 상세 내용 • 제품설명서(원 · 부재료, 제품규격, 포장단위, 제품용도, 섭취방법 등 포함)
제조공정도	식품을 취급하는 전체 과정(주요 취급 기준 및 방법 포함) • 제조공정도, 공정별 가공방법
작업장 평면도	작업장 내 · 외부의 전체적인 평면도 • 작업장 평면도, 작업장 동선도, 시설 · 설비 배치도, 위생설비 배치도, 검사 측정부위 등
위해요소 분석	원 · 부재료, 작업자, 작업환경 등에서 기인할 수 있는 식품위해(생물학적, 화학적, 물리적)를 규명하는 과정 • 심각성 평가기준, 발생가능성 평가기준, 위해분석 목록표 등
중요관리점 결정	중요관리점 결정도 및 전문가 의견에 따른 식품위해요소를 제어, 예방하는 데 주요하게 관리되어야 할 공정 또는 방법(요소) 등 • 중요관리점 결정도, 중요관리점 결정표
한계기준 설정	식품 위해를 규격 내로 관리하기 위한 공정기준(또는 관리기준) • 한계기준 설정 근거
모니터링 방법 설정	한계기준의 준수사항을 확인할 수 있는 방법 기준
개선조치 방법 설정	중요관리점의 한계기준 이탈 시 올바른 상태로 돌릴 수 있는 방법 기준
검증	수립된 선행요건, HACCP 관리기준의 유효성, 적합성을 확인하는 기준 • 검증계획서, 검증 실시 보고서 등
문서화 및 기록 유지	선행요건 관리기준, HACCP 관리기준 양식, 점검표 양식 등의 내용 및 보관에 관한 기준
교육 · 훈련	전체 작업자, HACCP 팀원, 모니터링 담당자 등의 교육 · 훈련 계획 및 실시 내용에 관한 기준

원칙 1. 위해요소 분석

HACCP 관리계획의 개발을 위한 첫 번째 원칙은 위해요소분석을 수행하는 것이다. 위해요소(Hazard)분석은 HACCP팀이 수행하며, 이는 제품설명서에서 파악된 원 · 부재료별로, 그리고 공정흐름도에서 파악된 공정/단계별로 구분하여 실시한다. 이 과정을 통해 원 · 부재료별 또는 공정/단계별로 발생 가능한 모든 위해요소를 파악하여 목록을 작성하고, 각 위해요소의 유입경로와 이들을 제어할 수 있는 수단(예방수단)을 파악하여 기술하며, 이러한 유입경로와 제어수단을 고려하여 위해요소의 발생 가능성과 발생 시 그 결과의 심각성을 감안하여 위해(Risk)를 평가한다. 위해요소분석을 위한 첫 번째 단계는 원료별 · 공정별로 생물학적 · 화학적 · 물리적 위해요소와 발생원인을 모두 파악하여 목록화하는 것이 도움이 된다. 위해요소분석을 수행하기 위한 두 번째 단계는 파악된 잠재적 위해요소(Hazard)에 대한 위해(Risk)를 평가하는 것이다. 파악된 잠재적 위해요소에 대한 위해평가는 위해 평가기준을 이용하여 수행할 수 있다. 위해요소분석을 수행하기 위한 마지막 단계는 파악된 잠재적 위해요소의 발생원인과 각 위해요소를 안전한 수준으로 예방하거나 완전히 제거, 또는 허용 가능한 수준까지 감소시킬 수 있는 예방조치방법이 있는 지를 확인하여 기재하는 것이다. 이러한 예방조치방법에는 한 가지 이상의 방법이 필요할 수 있으며, 어떤 한 가지 예방조치방법으로 여러 가지 위해요소가 통제될 수도 있다. 예방조치방법은 현재 작업장에서 시행되고 있는 것만을 기재한다.

– 위해요소 분석 절차

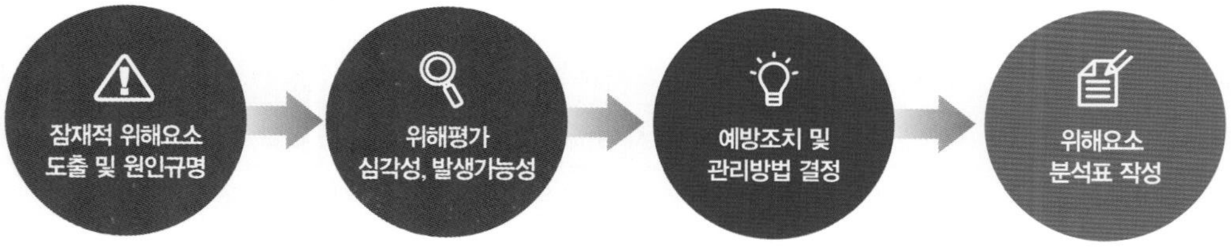

– 위해요소 분석표

일련번호	원부자재명/공정명	구분	위해요소		위험도평가			예방조치 및 관리방법
			명칭	발생원인	심각성	발생가능성	종합평가	
1		B						
		C						
		P						

– B(Biological Hazards) : 생물학적 위해요소

제품명은 식품제조 · 가공업체의 경우 해당관청에 보고한 해당품목의 "품목 제조(변경)보고서"에 명시된 제품명과 일치하여야 한다.

– C(Chemical Hazards) : 화학적 위해요소

제품에 내재하면서 인체의 건강을 해할 우려가 있는 중금속, 농약, 항생물질, 항균물질, 사용 기준초과 또는 사용 금지된 식품 첨가물 등 화학적 원인물질

– P(Physical Hazards) : 물리적 위해요소

원료와 제품에 내재하면서 인체의 건강을 해할 우려가 있는 인자 중에서 돌조각, 유리조각, 쇳조각, 플라스틱조각 등의 위해요소 분석표

원칙 2. 중요관리점(CCP) 결정

위해요소분석이 끝나면 해당 제품의 원료나 공정에 존재하는 잠재적인 위해요소를 관리하기 위한 중요관리점을 결정해야 한다. 중요관리점이란 원칙 1에서 파악된 위해요소를 예방, 제거 또는 허용 가능한 수준까지 감소시킬 수 있는 최종 단계 또는 공정을 말한다.

식품의 제조 · 가공 · 조리공정에서 중요관리점이 될 수 있는 사례는 다음과 같으며, 동일한 식품을 생산하는 경우에도 제조 · 설비 등 작업장 환경이 다를 경우에는 서로 상이할 수 있다.

- 미생물 성장을 최소화할 수 있는 냉각공정
- 병원성 미생물을 사멸시키기 위하여 특정 시간 및 온도에서 가열처리
- pH 및 수분활성도의 조절 또는 배지 첨가 같은 제품성분 배합
- 캔의 충전 및 밀봉 같은 가공처리
- 금속검출기에 의한 금속이물 검출공정 등

CCP를 결정하는 하나의 좋은 방법은 중요관리점 결정도를 이용하는 것으로 이 결정도는 원칙 1의 위해 평가 결과 중요위해(확인대상)로 선정된 위해요소에 대하여 적용한다.

원칙 3. CCP 한계기준 설정

세 번째 원칙은 HACCP팀이 각 CCP에서 취해져야 할 예방조치에 대한 한계기준을 설정하는 것이다. 한계기준은 CCP에서 관리되어야 할 생물학적, 화학적 또는 물리적 위해

요소를 예방, 제거 또는 허용 가능한 안전한 수준까지 감소시킬 수 있는 최대치 또는 최소치를 말하며, 안전성을 보장할 수 있는 과학적 근거에 기초하여 설정되어야 한다.

한계기준은 현장에서 쉽게 확인할 수 있도록 가급적 육안관찰이나 간단한 측정으로 확인할 수 있는 수치 또는 특정지표로 나타내야 한다.

식품의 제조 · 가공 · 조리공정에서 중요관리점이 될 수 있는 사례는 다음과 같으며, 동일한 식품을 생산하는 경우에도 제조 · 설비 등 작업장 환경이 다를 경우에는 서로 상이할 수 있다.

- 온도 및 시간
- 수분활성도(Aw) 같은 제품 특성
- pH
- 습도(수분)
- 염소, 염분농도 같은 화학적 특성
- 금속검출기 감도
- 관련서류 확인 등

한계기준을 결정할 때에는 법적 요구조건과 연구 논문이나 식품관련 전문서적, 전문가 조언, 생산공정의 기본자료 등 여러 가지 조건을 고려해야 한다. 예를 들면 제품 가열 시 중심부의 최저온도, 특정온도까지 냉각시키는 데 소요되는 최소시간, 제품에서 발견될 수 있는 금속조각(이물질)의 크기 등이 한계기준으로 설정될 수 있으며, 이들 한계기준은 식품의 안전성을 보장할 수 있어야 한다. 한계기준은 초과되서는 안 되며 양 또는 수준이 상한기준과 안전한 식품을 취급하는 데 필요한 최소량인 하한기준을 단독으로 설정할 수 있다.

예) 상한기준의 예 : 금속파편 크기 1.0mm 이하
하한기준의 예 : 주정의 양을 일정량 이상으로 설정

① 한계기준 설정방법

한계기준은 다음 절차에 따라 설정한다.

- 결정된 CCP별로 해당식품의 안전성을 보증하기 위하여 어떤 법적 한계기준이 있는지를 확인한다.(법적인 기준 및 규격 확인)
- 법적인 한계기준이 없을 경우, 업체에서 위해요소를 관리하기에 적합한 한계기준

을 자체적으로 설정하며, 필요시 외부전문가의 조언을 구한다.

- 설정한 한계기준에 관한 과학적 문헌 등의 근거자료를 유지 보관한다.

② 한계기준 설정 근거자료

- CCP공정의 가공조건(시간, 온도, 횟수, 자력, 크기 등의 조건)별 실제 생산라인에서 반제품, 완제품을 대상으로 하는 시험자료
- 설정된 한계기준을 뒷받침할 수 있는 과학적 근거(문헌, 논문 등) 자료 등

원칙 4. 각 중요관리점(CCP)에 대한 모니터링 체계 확립

네 번째 원칙은 중요관리점을 효율적으로 관리하기 위한 모니터링 체계를 수립하는 것이다. 모니터링이란 CCP에 해당되는 공정이 한계기준을 벗어나지 않고 안정적으로 운영되도록 관리하기 위하여 종업원 또는 기계적인 방법으로 수행하는 일련의 관찰 또는 측정수단이다. 모니터링 체계를 수립하여 시행하게 되면 첫째, 작업과정에서 발생되는 위해요소의 추적이 용이하며 둘째, 작업공정 중 CCP에서 발생한 기준 이탈 시점을 확인할 수 있으며 셋째, 문서화된 기록을 제공하여 검증 및 식품사고 발생시 증빙자료로 활용할 수 있다. HACCP팀은 모니터링 활동을 수행함에 있어 연속적인 모니터링을 실시해야 한다. 연속적인 모니터링이 불가능한 경우 비연속적인 모니터링의 절차와 주기(빈도수)는 CCP가 한계기준 범위 내에서 관리될 수 있도록 정확하게 설정되어야 한다. 모니터링 주기 설정 시 작업공정관리에 대한 통계학적 지식이 적용되면 더욱 효과적인 결과를 얻을 수 있다.

모니터링 결과는 개선조치를 취할 수 있는 지식과 경험 그리고 권한을 가진 지정된 자에 의해서 평가되어야 한다. 한계기준을 이탈한 경우에는 신속하고 정확한 판단에 의하여 개선조치가 취해져야 하는데, 일반적으로 물리적 · 화학적 모니터링이 미생물학적 모니터링 방법보다 신속한 결과를 얻을 수 있으므로 우선적으로 적용된다.

CCP를 모니터링하는 종업원은 해당 CCP에서의 모니터링 항목과 모니터링 방법을 효과적으로 올바르게 수행할 수 있도록 기술적으로 충분히 교육 · 훈련되어 있어야 한다. 또한 모니터링 결과에 대한 기록은 예/아니오 또는 적합/부적합 등이 아니라 실제

로 모니터링한 결과를 정확한 수치로 기록해야 한다.

원칙 5. 개선조치 확립

HACCP 계획은 식품으로 인한 위해요소가 발생하기 이전에 문제점을 미리 파악하고 시정하는 예방체계이므로, 모니터링 결과 한계기준을 벗어날 경우 취해야 할 개선조치 방법을 사전에 설정하여 신속한 대응조치가 이루어지도록 해야 한다.

일반적으로 취해야 할 개선조치사항에는 공정상태의 원상복귀, 한계기준 이탈의 영향을 받은 관련식품에 대한 조치사항, 이탈에 대한 원인규명 및 재발방지 조치, HACCP 계획의 변경 등이 포함된다.

원칙 6. 검증절차 확립

여섯 번째 원칙은 HACCP 시스템이 적절하게 운영되고 있는지를 확인하기 위한 검증절차를 설정하는 것이다. HACCP 팀은 HACCP 시스템이 설정한 안전성 목표를 달성하는 데 효과적인지, HACCP 관리계획에 따라 제대로 실행되는지, HACCP 관리계획의 변경 필요성이 있는지를 확인하기 위한 검증절차를 설정해야 한다.

검증내용은 크게 두가지로 나뉜다. 즉 ① HACCP 계획에 대한 유효성 평가(Validation), ② HACCP 계획의 실행성 검증이다. HACCP 계획의 유효성 평가라 함은 HACCP 계획이 올바르게 수립되어 있는지 확인하는 것으로 발생가능한 모든 위해요소를 확인 · 분석하고 있는지, CCP가 적절하게 설정되었는지, 한계기준이 안전성을 확보하는 데 충분

개선조치 방법 설정 시 체크사항

① 이탈된 제품을 관리하는 책임자는 누구이며, 기준 이탈 시 모니터링 담당자는 누구에게 보고하여야 하는가?
② 이탈의 원인이 무엇인지 어떻게 결정할 것인가?
③ 이탈의 원인이 확인되면 어떤 방법을 통하여 원래의 관리상태로 복원시킬 것인가?
④ 한계기준이 이탈된 식품(반제품 또는 완제품)은 어떻게 조치할 것인가?
⑤ 한계기준 이탈 시 조치해야 할 모든 작업에 대한 기록 · 유지 책임자는 누구인가?
⑥ 개선조치 계획에 책임 있는 사람이 없을 경우 누가 대신할 것인가?
⑦ 개선조치는 언제든지 실행가능한가?

한지, 모니터링 방법이 올바르게 설정되어 있는지 등을 과학적 · 기술적 자료의 수집과 평가를 통해 확인하는 검증의 한 요소이다. HACCP 계획의 실행성 검증은 HACCP 계획이 설계된 대로 이행되고 있는지를 확인하는 것으로 작업자가 정해진 주기로 모니터링을 올바르게 수행하고 있는지, 기준 이탈 시 개선조치를 적절하게 취하고 있는지, 검사 · 모니터링 장비를 정해진 주기에 따라 검 · 교정하고 있는지 등을 확인하는 것이다. 이러한 검증활동은 선행요건프로그램의 검증활동과 병행 또는 분리하여 실시할 수 있다.

① 검증의 종류

– 검증주체에 따른 분류

- 내부검증 : 사내에서 자체적으로 검증원을 구성하여 실시하는 검증
- 외부검증 : 정부 또는 적격한 제3자가 검증을 실시하는 경우로 식품의약품안전처에서 HACCP 적용업체에 대하여 연 1회 실시하는 사후 조사 · 평가가 이에 포함됨

– 검증주기에 따른 분류

- 최초검증 : HACCP 계획을 수립하여 최초로 현장에 적용할 때 실시하는 HACCP 계획의 유효성 평가(Validation)
- 일상검증 : 일상적으로 발생되는 HACCP 기록문서 등에 대하여 검토 · 확인하는 것
- 특별검증 : 새로운 위해정보 발생 시, 해당식품의 특성 변경 시, 원료 · 제조공정 등의 변동 시, HACCP 계획의 문제점 발생 시 실시하는 검증
- 정기검증 : 정기적으로 HACCP 시스템의 적절성을 재평가하는 검증

② 검증의 실시 시기

HACCP 관리계획의 최초 실행과정, 즉 해당 계획서가 작성된 이후 현장에 적용하면서 실제로 해당 계획이 효과가 있는지 확인하기 위하여 최초검증(유효성 평가)을 반드시 실시하고 문제점을 개선 · 보완한 이후 본격적으로 HACCP 관리계획을 적용하여야 한다. HACCP 관리계획은 식품이나 공정상에 실질적인 변경사항이 있는 경우, 또는 기존 계획서가 충분히 효과적이지 못할 수 있음을 나타내는 경우마다 특별검증(재평가)을 실시하여야 하며, 이러한 이유 중 하나에 해당되지 않는 경우에 적어도 연 1회 이상 정기 검증을 실시하여야 한다.

– 특별검증(재평가)을 실시하여야 하는 경우

- 해당 식품과 관련된 새로운 안전성 정보가 있을 때
- 해당 식품이 식중독, 질병 등과 관련될 때
- 설정된 한계기준이 맞지 않을 때
- HACCP 계획의 변경 시(신규원료 사용 및 변경, 원료 공급업체의 변경, 제조 · 조리 공정의 변경, 신규 또는 대체 장비 도입, 작업량의 큰 변동, 섭취대상의 변경, 공급체계의 변경, 종업원의 대폭 교체)

또한, 일상적으로 발생되는 HACCP 관련 기록들에 대한 일상검증을 주기를 정하여 실시하여야 한다. 즉 위해를 제거 또는 감소시키기 위한 공정이 제대로 이행되었는지 확인하는 CCP 모니터링 기록 등을 해당제품이 출고되기 이전에 반드시 확인하여야 한다. 이외에 HACCP 계획의 유효성 및 실행성을 확인하기 위하여 필요한 경우 특정부분에 대하여 주, 월, 반기 등 주기를 정하여 검증을 실시할 수 있다.

③ 검증 내용

– 유효성 평가

수립된 HACCP 계획이 해당식품이나 제조 · 조리 라인에 적합한지, 즉 HACCP 계획이 올바르게 수립되어 있어 충분한 효과를 가지는지를 확인하는 것으로

- 발생가능한 모든 위해요소를 확인 · 분석하였는지 여부
- 제품설명서, 공정흐름도의 현장 일치 여부
- CP, CCP 결정의 적절성 여부
- 한계기준이 안전성을 확보하는 데 충분한지 여부
- 모니터링 체계가 올바르게 설정되어 있는지의 여부 등이 해당된다.

HACCP 계획의 유효성 평가에서는 설정한 CCP 및 한계기준이 적절한지, HACCP 계획이 효과적인지 확인하기 위한 수단으로 미생물 또는 잔류 화학물질 검사 등이 이용된다.

– HACCP 계획의 실행성 검증

HACCP 계획이 수립된 대로 효과적으로 이행되고 있는지 여부를 확인하는 것으로

- 작업자가 CCP공정에서 정해진 주기로 측정이나 관찰을 수행하는지 확인하기 위한 현장 관찰 활동
- 한계기준 이탈 시 개선조치를 취하고 있으며, 개선조치가 적절한지 확인하기 위한 기록의 검토
- 개선조치 실제 실행여부와 개선조치의 적절성 확인을 위하여 기록의 완전성 · 정확성 등을 자격 있는 사람이 검토하고 있는지 여부
- 검사 · 모니터링 장비의 주기적인 검 · 교정 실시 여부 등이 해당된다.

④ 검증의 실행

– 검증 주체

HACCP 시스템의 검증은 사내 자체적으로 검증원의 자격요건 등을 정하고 검증팀을 구성하여 실시하거나 검증의 객관성을 유지하기 위해 제3자인 외부 전문가를 통하여 검증을 실시할 수 있다.

– 검증계획의 수립

HACCP 팀은 연간 검증계획을 수립하고 이를 근거로 검증 실시 이전에 검증종류, 검증원, 검증항목, 검증일정 등을 포함한 검증실시계획을 수립하여야 한다.

⑤ 검증활동

검증활동은 크게 ① 기록의 검토 ② 현장조사 ③ 시험 · 검사로 구분할 수 있다.

– 기록의 검토

검토되어야 할 기록은 ① 현행 HACCP 계획, ② 이전 HACCP 검증보고서(선행요건프로그램 포함), ③ 모니터링 활동(검 · 교정기록 포함), ④ 개선조치 사항 등이 있다. HACCP 계획의 검토는 위해요소 분석 결과, CCP, 한계기준, 모니터링 방법, 개선 조치 방법이 적절하게 설정되어 있으며 충분한 효과를 가지고 있는지 평가하는 것이다. 이전에 실시된 검증보고서를 검토하는 것은 만성적인 문제점을 파악하는 데 도움이 되며, 이전 감사에서의 지적사항은 보다 집중적으로 검토되어야 한다. 모니터링 활동 기록 중 일상적인 기록들은 일상검증을 통해 제대로 모니터링되고 기록유지 및 개선조치가 이루어지고 있는지 검토되어야 한다. 따라서 정기 · 특별검증 시에는 모든 기록을 광범위하게 검토하기보다는 업체의 특성을 고려하여 특히 중요한 부분에 해당되는 모니터링 활동 및 CCP 기록만을 검토하는 것이 효율적이다. 모니터링 활동이 누락되었거나, 모니터링 결과 한계기준을 벗어난 모든 사항에 대해서는 즉시 개선조치가 이루어지고 기록되어 있는지 확인해야 하며, 이에 상응하는 개선조치가 적절했는지 검토해야 한다.

– 현장조사

현장조사는 검증의 한 부분인 실행성을 확인할 수 있는 활동일 뿐만 아니라 이를 통하여 HACCP 계획이 효과적으로 운영될 수 있는 수준으로 선행요건프로그램이 유지되고 있음을 확인할 수 있다. 현장조사의 핵심은 제조 · 가공 · 조리공정흐름도, 작업장 평면도 등이 작성된 기준서와 일치하는지를 확인하고, 모니터링 담당자와의 면담 및 기록확인을 통하여 모니터링 활동을 제대로 수행하고 있는지를 평가하는 것이다. 검증자는 현장조사 시 다음 사항을 반드시 확인해야 한다.

- 설정된 CCP의 유효성
- 담당자의 CCP 운영, 한계기준, 감시활동 및 기록관리활동에 대한 이해
- 한계기준 이탈 시 담당자가 취해야 할 조치사항에 대한 숙지상태
- 모니터링 담당 종업원의 업무 수행상태 관찰

- 공정 중인 모니터링 활동 기록의 일부 확인

– 시험 · 검사

HACCP 계획의 효율적 운영여부를 검증하는 방법의 하나는 미생물실험, 이화학적 검사 등을 통한 확인검증이다. 모니터링 활동을 통해 CCP 관리가 완벽하게 수행되었음을 확인하기 위함이다. 따라서 CCP가 적절하게 관리되고 있는지 검증하기 위하여 주기적으로 시료를 채취하여 실험분석을 실시할 필요가 있다. 이는 모니터링 방법이 위해요소의 제어에 간접적인 수단이 되는 경우에 특히 필요하다.

이를 위한 시료채취 및 시험의 빈도는 HACCP 계획에 규정되어야 하며, CCP 관리방법, 한계기준 및 감시활동이 CCP를 연속적으로 관리하기에 적절한지를 검증할 수 있어야 한다. 특히, HACCP 계획이 처음 개발되거나 중요한 변경이 이루어진 경우에는 CCP 관리가 적절히 이루어지고 있음을 입증할 수 있도록 시험 · 검사를 실시하는 것이 바람직하다.

⑥ HACCP 검증 보고서 작성

HACCP 검증결과는 반드시 문서화되어 영업자에 의해 검토 또는 승인되어야 하며, 해당문서에는 검증종류, 검증원, 검증일자, 검증결과, 개선 · 보완내용 및 조치결과를 포함하여야 한다.

⑦ HACCP 계획의 검증방법

HACCP 계획의 검증은 현행 계획의 운영현황을 파악하고 개선의 필요성을 구체적으로 제시하기 위한 것으로, 위해요소 분석결과와 관리방법, CCP의 선정, 모니터링 활동, 개선조치 및 기록관리의 검토를 포함한다. 주요 항목의 검증 시 고려해야 할 사항은 다음과 같다.

– 위해요소 분석결과의 검증

- 선행요건 프로그램은 최종 위해요소분석 수행 시와 동일한 신뢰수준을 유지하면서 운영 · 관리되고 있는가?
- 제품 설명서, 유통경로, 용도와 소비자 등이 정확히 기술되어 있으며, 작업장평면

도, 공조시설계통도, 용수 및 배수처리계통도 등이 현장과 일치하는가?

- 예비단계에서 수집된 위해관련 정보가 충분하며, 정확한가?
- 원료, 공정별 발생가능한 위해요소를 모두 단위물질로 도출하였는가?
- 도출된 위해요소를 원료, 실제 공정별로 가공된 반제품, 완제품을 대상으로 시험한 통계자료를 바탕으로 발생가능성 기준이 수립되었는가?
- 현장 공정평가자료(원료, 공정별 위해요소 시험자료)를 바탕으로 발생가능성을 평가하였는가?
- 원료별, 공정별 발생가능성과 심각성을 고려하여 평가한 위해평가결과가 동일한 수준으로 판단되는가?
- 위해요소를 관리하기 위한 예방조치방법이 이 식품 및 공정에 가장 적합한 현실성 있는 방법인가?
- 관리방법이 신뢰할 수 없거나 또는 효과적이지 않다는 것을 나타내는 모니터링 기록이나 개선조치 기록이 있는가?
- 보다 효과적으로 관리할 수 있는 새로운 정보가 있는가?

– CCP의 검증

- 현행 CCP가 위해요소 관리를 위한 공정상의 최적의 선택인가?
- 실제 생산라인에서 도출된 위해요소별로 분류하여 원료, 반제품, 완제품 등을 대상으로 하는 공정 평가자료를 바탕으로 CCP를 설정하였는가?
- 생산제품, 제조 · 조리공정, 작업장 환경 변화 등으로 인하여 현행 CCP가 위해를 관리하기에 충분하지 않은가?
- CCP에서 관리되는 위해요소가 더 이상 심각한 위해가 아니거나 또는 다른 CCP에서 보다 효과적으로 관리되고 있는가?

– 한계기준의 평가

- 설정된 한계기준이 과학적인 근거를 충분히 가지고 있는지, 관련된 새로운 위해관련 정보가 있는지, 이러한 정보가 기존의 한계기준을 변경하도록 요구하는지를 판단하여야 한다. 한계기준 변경 시 생산 · 조리제품에 대한 응용연구결과, 문헌보고

내용, 식품안전 관련 관계법령 변경 등의 모든 정보 · 자료를 근거로 한계기준에 대한 재평가를 수행하고 변경여부를 결정해야 한다.

- 실제 생산라인에서 도출된 위해요소별로 나누어 원료, 반제품, 완제품 등을 대상으로 하는 공정 평가자료를 바탕으로 한계기준을 설정하였는가?
- CCP공정에서 가공조건별(가열시간, 온도, 세척시간, 횟수, 가수량 등)로 위해요소 제어 또는 제거효과 시험자료를 바탕으로 유효성 평가를 하였는가?

– 모니터링 활동의 재평가

- 개별 CCP에서의 감시활동 내용이 정확한가?
- 모니터링은 해당 공정이 한계기준 이내에서 운영되고 있는지를 판정할 수 있는가?
- 모니터링은 관리활동이 보증될 수 있는 충분한 빈도로 실시되고 있는가?
- 안정적인 관리상태 유지를 위해서 공정조정 혹은 개선조치가 얼마나 자주 요구되는가?
- 보다 좋은 감시방법이 있는가?
- 모니터링 도구 및 장비가 제대로 기능을 발휘하고 있으며, 교정된 상태를 유지하는가?
- 빈번한 일탈현상이 자동화된 감시체계에 따른 문제점으로 밝혀진 경우에는 수동감시체계로 변환하도록 요구될 수도 있다.

– 개선조치의 평가

현행 개선조치가 모니터링 활동 내지는 한계기준 이탈현상을 개선하고 관리하는 데 적절한가를 평가하는 것으로, 대부분 개선조치 보고서와 개선조치에 관한 HACCP 모니터링 보고서에서 관련자료를 얻을 수 있다. 재평가과정에서 이루어진 HACCP 계획의 모든 개정사항 역시 개선조치를 검토할 때 고려되어야 한다.

- 한계기준에서 설정된 기준 이탈에 대하여 모두 개선조치 가능한 방법인가?
- 선조치 후보고 체계를 바탕으로 육하원칙에 따라 모니터링 담당자가 이해가능하도록 구체적으로 수립되었는가?

원칙 7. 문서화 및 기록유지

일곱 번째 원칙은 HACCP 체계를 문서화하는 효율적인 기록유지 방법을 설정하는 것이다. 기록유지는 HACCP 체계의 필수적인 요소이며, 기록유지가 없는 HACCP 체계의 운영은 비효율적이며 운영근거를 확보할 수 없기 때문에 HACCP 계획의 운영에 대한 기록의 개발 및 유지가 요구된다. HACCP 체계에 대한 기록유지 방법 개발에 접근하는 방법 중 하나는 이전에 유지 관리하고 있는 기록을 검토하는 것이다. 가장 좋은 기록유지 체계는 필요한 기록내용을 알기 쉽게 단순하게 통합한 것이다. 즉 기록유지 방법을 개발할 때에는 최적의 기록담당자 및 검토자, 기록시점 및 주기, 기록의 보관기간 및 장소 등을 고려하여 가장 이해하기 쉬운 단순한 기록서식을 개발하여야 한다. HACCP 체계의 운영과 관련된 기록목록의 예는 다음과 같다. 이 기록들은 제품을 유통시키기 전에 해당 작업장에서 HACCP 관리계획을 준수하였음을 보증하는 것이다.

① 원료

- 규격에 적합함을 증빙하는 원료공급업체의 시험증명서
- 공급업체의 시험성적서를 검증한 업체의 지도 · 감독 기록
- 온도에 민감하거나 유통기한이 설정된 원료에 대한 보관온도 및 기간 기록

② 공정관리

- CCP와 관련된 모든 모니터링 기록
- 식품 취급과정이 적절하게 지속적으로 운영하는지를 검증한 기록

③ 완제품

- 식품의 안전한 생산을 보장할 수 있는 자료 및 기록
- 제품의 안전한 유통기한을 입증할 수 있는 자료 및 기록
- HACCP 계획의 적합성을 인정한 문서

④ 보관 및 유통

- 보관 및 유통온도 기록

- 유통기간이 경과된 제품이 출고되지 않음을 보여주는 기록

⑤ 한계기준 일탈 및 개선조치

- CCP의 한계기준 이탈 시 취해진 공정이나 제품에 대한 모든 개선조치 기록

⑥ 검증

- HACCP 계획의 설정, 변경 및 재평가 기록

⑦ 종업원 교육

- 식품위생 및 HACCP 수행에 관한 교육훈련 기록

7원칙 12절차에 따라 HACCP 관리계획이 수립되면 해당계획을 HACCP 계획 일람표 양식에 따라 일목요연하게 도표화하여 기록 · 관리한다. 이렇게 HACCP 관리계획이 작성되면 HACCP 팀원 및 현장 종업원들에 대한 교육을 통하여 해당내용을 주지시킨 후 현장에 시범적용토록 하여 실제 현장에 적용하였을 경우 효과가 있는지, 종사자들에 의해 실행함에 있어 문제점은 없는지 등을 확인하여야 한다. 이러한 과정을 "최초검증"이라 하는데, HACCP 관리계획이 수립되면 반드시 이 과정을 거쳐야 한다. 최초검증 결과 미흡사항 또는 문제점 등에 대하여는 반드시 해결책을 찾아 HACCP 관리계획에 반영 · 개선한 후 HACCP 시스템을 본격적으로 운영하여야 한다.

제6절 식품위생법규

1. 음식점 위생등급제

제47조(위생등급) ① 식품의약품안전처장 또는 특별자치시장 · 특별자치도지사 · 시장 · 군수 · 구청장은 총리령으로 정하는 위생등급 기준에 따라 위생관리 상태 등이 우수한 식품등의 제조 · 가공업소, 식품접객업소 또는 집단급식소를 우수업소 또는 모범업소로 지정할 수 있다. 〈개정 2010.1.18., 2013.3.23., 2016.2.3.〉

② 식품의약품안전처장(대통령령으로 정하는 그 소속 기관의 장을 포함한다), 시·도지사 또는 시장·군수·구청장은 제1항에 따라 지정한 우수업소 또는 모범업소에 대하여 관계 공무원으로 하여금 총리령으로 정하는 일정 기간 동안 제22조에 따른 출입·검사·수거 등을 하지 아니하게 할 수 있으며, 시·도지사 또는 시장·군수·구청장은 제89조제3항제1호에 따른 영업자의 위생관리시설 및 위생설비시설 개선을 위한 융자 사업과 같은 항 제6호에 따른 음식문화 개선과 좋은 식단 실천을 위한 사업에 대하여 우선 지원 등을 할 수 있다. 〈개정 2010.1.18., 2013.3.23.〉

③ 식품의약품안전처장 또는 특별자치시장·특별자치도지사·시장·군수·구청장은 제1항에 따라 우수업소 또는 모범업소로 지정된 업소가 그 지정기준에 미치지 못하거나 영업정지 이상의 행정처분을 받게 되면 지체 없이 그 지정을 취소하여야 한다. 〈개정 2013.3.23., 2016.2.3.〉

④ 제1항 및 제3항에 따른 우수업소 또는 모범업소의 지정 및 그 취소에 관한 사항은 총리령으로 정한다. 〈개정 2010.1.18., 2013.3.23.〉

[시행일 : 2016.8.4.] 제47조

제47조의2(식품접객업소의 위생등급 지정 등) ① 식품의약품안전처장, 시·도지사 또는 시장·군수·구청장은 식품접객업소의 위생 수준을 높이기 위하여 식품접객영업자의 신청을 받아 식품접객업소의 위생상태를 평가하여 위생등급을 지정할 수 있다.

② 식품의약품안전처장은 제1항에 따른 식품접객업소의 위생상태 평가 및 위생등급 지정에 필요한 기준 및 방법 등을 정하여 고시하여야 한다.

③ 식품의약품안전처장, 시·도지사 또는 시장·군수·구청장은 제1항에 따른 위생등급 지정 결과를 공표할 수 있다.

④ 위생등급을 지정받은 식품접객영업자는 그 위생등급을 표시하여야 하며, 광고할 수 있다.

⑤ 위생등급의 유효기간은 위생등급을 지정한 날부터 2년으로 한다. 다만, 총리령으로 정하는 바에 따라 그 기간을 연장할 수 있다.

⑥ 식품의약품안전처장, 시·도지사 또는 시장·군수·구청장은 제1항에 따라 위생등급을 지정받은 식품접객영업자가 다음 각 호의 어느 하나에 해당하는 경우 그 지정을 취소하거나 시정을 명할 수 있다.

1. 위생등급을 지정받은 후 그 기준에 미달하게 된 경우
2. 위생등급을 표시하지 아니하거나 허위로 표시·광고하는 경우
3. 제75조에 따라 영업정지 이상의 행정처분을 받은 경우
4. 그 밖에 제1호부터 제3호까지에 준하는 사항으로서 총리령으로 정하는 사항을 지키지 아니한 경우

⑦ 식품의약품안전처장, 시 · 도지사 또는 시장 · 군수 · 구청장은 위생등급 지정을 받았거나 받으려는 식품접객영업자에게 필요한 기술적 지원을 할 수 있다.

⑧ 식품의약품안전처장, 시 · 도지사 또는 시장 · 군수 · 구청장은 제1항에 따라 위생등급을 지정한 식품접객업소에 대하여 제22조에 따른 출입 · 검사 · 수거 등을 총리령으로 정하는 기간 동안 하지 아니하게 할 수 있다.

⑨ 시 · 도지사 또는 시장 · 군수 · 구청장은 제89조의 식품진흥기금을 같은 조 제3항 제1호에 따른 영업자의 위생관리시설 및 위생설비시설 개선을 위한 융자 사업과 같은 항 제7호의2에 따른 식품접객업소의 위생등급 지정 사업에 우선 지원할 수 있다.

⑩ 식품의약품안전처장, 시 · 도지사 또는 시장 · 군수 · 구청장은 위생등급 지정에 관한 업무를 대통령령으로 정하는 관계 전문기관이나 단체에 위탁할 수 있다. 이 경우 필요한 예산을 지원할 수 있다.

⑪ 제1항에 따른 위생등급과 그 지정 절차, 제3항에 따른 위생등급 지정 결과 공표 및 제7항에 따른 기술적 지원 등에 필요한 사항은 총리령으로 정한다.

[본조신설 2015.5.18.]

[시행일 : 2017.5.19.] 제47조의2

–「식품위생법」 시행규칙

제61조의2(위생등급의 지정절차 및 위생등급 공표 · 표시의 방법 등) ① 법 제47조의2제1항에 따라 위생등급을 지정받으려는 식품접객영업자(영 제21조제8호나목에 따른 일반음식점영업자로 한정한다)는 별지 제51호의2서식의 위생등급 지정신청서에 영업신고증을 첨부하여 식품의약품안전처장, 시 · 도지사 또는 시장 · 군수 · 구청장에게 제출하여야 한다.

② 제1항에 따른 신청을 받은 식품의약품안전처장, 시 · 도지사 또는 시장 · 군수 · 구청장은 신청을 받은 날부터 60일 이내에 식품의약품안전처장이 정하여 고시하는 절차와 방법에 따라 위생등급을 지정하고 별지 제51호의3서식의 위생등급 지정서를 발급하여야 한다.

③ 법 제47조의2제3항에 따른 공표는 식품의약품안전처, 시 · 도 또는 시 · 군 · 구의 인터넷 홈페이지에 게재하는 방법으로 한다.

④ 법 제47조의2제4항에 따라 위생등급을 표시할 때에는 위생등급 표지판을 그 영업장의 주된 출입구 또는 소비자가 잘 볼 수 있는 장소에 부착하는 방법으로 한다.

⑤ 제3항에 따른 공표 및 제4항에 따른 위생등급 표지판의 도안 · 규격 등에 필요한 세부 사항은 식품의약품안전처장이 정하여 고시한다.

[본조신설 2015.12.31.] [시행일 : 2017.5.19.] 제61조의2

제61조의3(위생등급 유효기간의 연장 등) ① 법 제47조의2제5항 단서에 따라 위생등급의 유효기간을 연장하려는 자는 별지 제51호의4서식의 위생등급 유효기간 연장신청서에 위생등급 지정서를 첨부하여 위생등급의 유효기간이 끝나기 60일 전까지 식품의약품안전처장, 시 · 도지사 또는 시장 · 군수 · 구청장에 신청하여야 한다.

② 제1항에 따라 유효기간의 연장신청을 받은 식품의약품안전처장, 시 · 도지사 또는 시장 · 군수구청장은 식품의약품안전처장이 정하여 고시하는 절차와 방법에 따라 위생등급을 지정하고, 별지 제51호의3서식의 위생등급 지정서를 발급하여야 한다.

③ 법 제47조의2제6항제4호에서 "총리령으로 정하는 사항을 지키지 아니한 경우"란 거짓 또는 그 밖의 부정한 방법으로 위생등급을 지정받은 경우를 말한다.

④ 법 제47조의2제7항에 따른 기술적 지원의 구체적 내용은 다음 각 호와 같다.

1. 위생등급 지정에 관한 교육
2. 위생등급 지정 등에 필요한 검사

⑤ 법 제47조의2제8항에서"총리령으로 정하는 기간"이란 2년을 말한다.

[본조신설 2015.12.31.]

[시행일 : 2017.5.19.] 제61조의3

– 「식품위생법」 시행령

제32조(위생등급) 법 제47조제2항에서"대통령령으로 정하는 그 소속 기관의 장"이란 지방식품의약품안전청장을 말한다.

제32조의2(위생등급 지정에 관한 업무의 위탁) 식품의약품안전처장, 시 · 도지사 또는 시장 · 군수 · 구청장은 법 제47조의2제10항에 따라 위생등급 지정에 관한 업무 중 다음 각 호의 업무를법 제70조의2에 따른 한국식품안전관리인증원에 위탁한다.

1. 위생등급 지정을 받았거나 받으려는 식품접객영업자에 대한 기술지원
2. 위생등급 지정을 위한 식품접객업소의 위생상태 평가
3. 위생등급 지정과 관련된 전문인력의 양성 및 교육 · 훈련
4. 위생등급 지정에 관한 정보의 수집 · 제공 및 홍보
5. 위생등급 지정에 관한 조사 · 연구 사업
6. 그 밖에 위생등급 지정 활성화를 위하여 필요하다고 식품의약품안전처장, 시 · 도지사 또는 시장 · 군수 · 구청장이 인정하는 사업

[본조신설 2015.12.30.]

[시행일 : 2017.5.19.] 제32조의2

2. 식품접객업의 시설기준

「식품위생법」 시행규칙 별표 14 〈개정 2014.3.6〉

가. 공통시설기준

1) 영업장

가) 독립된 건물이거나 식품접객업의 영업허가 또는 영업신고를 한 업종 외의 용도로 사용되는 시설과 분리되어야 한다. 다만, 다음의 어느 하나에 해당하는 경우에는 그러하지 아니하다.

(1) 일반음식점에서 「축산물가공처리법 시행령」 제21조제6호가목의 식육판매업을 하려는 경우

(2) 휴게음식점에서 「음악산업진흥에 관한 법률」 제2조제10호에 따른 음반 · 음악영상물판매업을 하는 경우

(3) 관할세무서장의 의제 주류판매 면허를 받고 제과점에서 영업을 하는 경우

나) 영업장은 연기 · 유해가스등의 환기가 잘 되도록 하여야 한다.

다) 음향 및 반주시설을 설치하는 영업자는 「소음 · 진동관리법」 제21조에 따른 생활소음 · 진동이 규제기준에 적합한 방음장치 등을 갖추어야 한다.

라) 공연을 하려는 휴게음식점 · 일반음식점 및 단란주점의 영업자는 무대시설을 영업장 안에 객석과 구분되게 설치하되, 객실 안에 설치하여서는 아니 된다.

2) 조리장

가) 조리장은 손님이 그 내부를 볼 수 있는 구조로 되어 있어야한다. 다만, 영 제21조제8호바목에 따른 제과점영업소로서 같은 건물 안에 조리장을 설치하는 경우와 「관광진흥법 시행령」 제2조제1항제2호가목 및 같은 항 제3호마목에 따른 관광호텔업 및 관광공연장업의 조리장의 경우에는 그러하지 아니하다.

나) 조리장 바닥에 배수구가 있는 경우에는 덮개를 설치하여야 한다.

다) 조리장 안에는 취급하는 음식을 위생적으로 조리하기 위하여 필요한 조리시설 · 세척시설 · 폐기물용기 및 손 씻는 시설을 각각 설치하여야 하고, 폐기물용기는 오물 · 악취 등이 누출되지 아니하도록 뚜껑이 있고 내수성 재질로 된 것이어야 한다.

라) 1명의 영업자가 하나의 조리장을 둘 이상의 영업에 공동으로 사용할 수 있는 경우는 다음과 같다.

(1) 같은 건물 안의 같은 통로를 출입구로 사용하여 휴게음식점 · 제과점영업 및 일반음식점영업을 하려는 경우

(2) 「관광진흥법 시행령」에 따른 전문휴양업, 종합휴양업 및 유원시설업 시설 안의 같은 장소에서 휴게음식점 · 제과점영업 또는 일반음식점영업 중 둘 이상의 영업을 하려는 경우

(3) 일반음식점 영업자가 일반음식점의 영업장과 직접 접한 장소에서 도시락류를 제조하는 즉석판매제조 · 가공업을 하려는 경우

(4) 제과점 영업자가 식품제조 · 가공업의 제과 · 제빵류 품목을 제조 · 가공하려는 경우

(5) 제과점영업자가 기존 제과점의 영업신고관청과 같은 관할 구역에서 5킬로미터 이내에 둘 이상의 제과점을 운영하려는 경우

마) 조리장에는 주방용 식기류를 소독하기 위한 자외선 또는 전기살균소독기를 설치하거나 열탕세척소독시설(식중독을 일으키는 병원성 미생물 등이 살균될 수 있는 시설이어야 한다. 이하 같다)을 갖추어야 한다.

바) 충분한 환기를 시킬 수 있는 시설을 갖추어야 한다. 다만, 자연적으로 통풍이 가능한 구조의 경우에는 그러하지 아니하다.

사) 식품등의 기준 및 규격 중 식품별 보존 및 유통기준에 적합한 온도가 유지될 수 있는 냉장시설 또는 냉동시설을 갖추어야 한다.

3) 급수시설

가) 수돗물이나 「먹는물관리법」 제5조에 따른 먹는 물의 수질기준에 적합한 지하수등을 공급할 수 있는 시설을 갖추어야 한다.

나) 지하수를 사용하는 경우 취수원은 화장실 · 폐기물처리시설 · 동물사육장, 그 밖에 지하수가 오염될 우려가 있는 장소로부터 영향을 받지 아니하는 곳에 위치하여야 한다.

4) 화장실

가) 화장실은 콘크리트 등으로 내수처리를 하여야 한다. 다만, 공중화장실이 설치되어 있는 역 · 터미널 · 유원지 등에 위치하는 업소, 공동화장실이 설치된 건물 안에 있는 업소 및 인근에 사용하기 편리한 화장실이 있는 경우에는 따로 화장실을 설치하지 아니할 수 있다.

나) 화장실은 조리장에 영향을 미치지 아니하는 장소에 설치하여야 한다.

다) 정화조를 갖춘 수세식 화장실을 설치하여야 한다. 다만, 상 · 하수도가 설치되지 아니한 지역에서는 수세식이 아닌 화장실을 설치할 수 있다.

라) 다)단서에 따라 수세식이 아닌 화장실을 설치하는 경우에는 변기의 뚜껑과 환기시설을 갖추어야 한다.

마) 화장실에는 손을 씻는 시설을 갖추어야 한다.

5) 공통시설기준의 적용특례

가) 공통시설기준에도 불구하고 다음의 경우에는 특별자치도지사 · 시장 · 군수 구청장(시 · 도에서 음식물의 조리 · 판매행위를 하는 경우에는 시 · 도지사)이 시설기준을 따로 정할 수 있다.

(1) 「재래시장 및 상점가 육성을 위한 특별법」 제2조제1호에 따른 재래시장에서 음식점영업을 하는 경우
(2) 해수욕장 등에서 계절적으로 음식점영업을 하는 경우
(3) 고속도로 · 자동차전용도로 · 공원 · 유원시설 등의 휴게장소에서 영업을 하는 경우
(4) 건설공사현장에서 영업을 하는 경우
(5) 지방자치단체 및 농림축산식품부장관이 인정한 생산자단체 등에서 국내산 농수 · 축산물의 판매촉진 및 소비홍보 등을 위하여 14일 이내의 기간에 한하여 특정 장소에서 음식물의 조리 · 판매행위를 하려는 경우

나) 「도시와 농어촌 간의 교류촉진에 관한 법률」 제10조에 따라 농어촌체험 휴양마을 사업자가 농어촌체험 · 휴양프로그램에 부수하여 음식을 제공하는 경우로서 그 영업시설기준을 따로 정한 경우에는 그 시설기준에 따른다.

다) 백화점, 슈퍼마켓 등에서 휴게음식점영업 또는 제과점영업을 하려는 경우와 음식물을 전문으로 조리하여 판매하는 백화점 등의 일정장소(식당가를 말한다)에서 휴게음식점영업 · 일반음식점영업 또는 제과점영업을 하려는 경우로서 위생상 위해발생의 우려가 없다고 인정되는 경우에는 각 영업소와 영업소 사이를 분리 또는 구획하는 별도의 차단벽이나 칸막이 등을 설치하지 아니할 수 있다.

라) 「관광진흥법」 제70조에 따라 시 · 도지사가 지정한 관광특구에서 휴게음식점영업, 일반음식점영업 또는 제과점영업을 하는 경우에는 영업장 신고면적에 포함되어 있지 아니한 옥외시설에서 해당 영업별 식품을 제공할 수 있다. 이 경우 옥외시설의 기준에 관한 사항은 시장 · 군수 또는 구청장이 따로 정하여야 한다.

마) 「관광진흥법」 제3조제1항제2호가목의 호텔업을 영위하는 장소 또는 시 · 도지사 또는 시장 · 군수 · 구청장이 별도로 지정하는 장소에서 휴게음식점영업, 일반음식점영업 또는 제과점영업을 하는 경우에는 공통시설기준에도 불구하고 시장 · 군수 또는 구청장이 시설기준 등을 따로 정하여 영업장 신고면적 외 옥외 등에서 음식을 제공할 수 있다.

나. 업종별 시설기준

1) 휴게음식점영업 · 일반음식점영업 및 제과점영업

가) 일반음식점에 객실(투명한 칸막이 또는 투명한 차단벽을 설치하여 내부가 전체적으로 보이는 경우는 제외한다)을 설치하는 경우 객실에는 잠금장치를 설치할 수 없다.

나) 휴게음식점 또는 제과점에는 객실(투명한 칸막이 또는 투명한 차단벽을 설치하여 내부가 전체적으로 보이는 경우는 제외한다)을 둘 수 없으며, 객석을 설치하는 경우 객석에는 높이 1.5미터 미만의 칸막이(이동식 또는 고정식)를 설치할 수 있다. 이 경우 2면 이상을 완전히 차단하지 아니하여야 하고, 다른 객석에서 내부가 서

로 보이도록 하여야 한다.

다) 기차 · 자동차 · 선박 또는 수상구조물로 된 유선장(遊船場) · 도선장(渡船場) 또는 수상레저사업장을 이용하는 경우 다음 시설을 갖추어야 한다.

(1) 1일의 영업시간에 사용할 수 있는 충분한 양의 물을 저장할 수 있는 내구성이 있는 식수탱크

(2) 1일의 영업시간에 발생할 수 있는 음식물 찌꺼기 등을 처리하기에 충분한 크기의 오물통 및 폐수탱크

(3) 음식물의 재료(원료)를 위생적으로 보관할 수 있는 시설

라) 영업장으로 사용하는 바닥면적(「건축법 시행령」 제119조제1항제3호에 따라 산정한 면적을 말한다)의 합계가 100제곱미터(영업장이 지하층에 설치된 경우에는 그 영업장의 바닥면적 합계가 66제곱미터) 이상인 경우에는 「다중이용업소의 안전관리에 관한 특별법」 제9조제1항에 따른 소방시설등 및 영업장 내부 피난통로 그 밖의 안전시설을 갖추어야 한다. 다만, 영업장(내부계단으로 연결된 복층구조의 영업장을 제외한다)이 지상 1층 또는 지상과 직접 접하는 층에 설치되고 그 영업장의 주된 출입구가 건축물 외부의 지면과 직접 연결되는 곳에서 하는 영업을 제외한다.

마) 휴게음식점 · 일반음식점 또는 제과점의 영업장에는 손님이 이용할 수 있는자막용 영상장치 또는 자동반주장치를 설치하여서는 아니 된다. 다만, 연회석을 보유한 일반음식점에서 회갑연, 칠순연 등 가정의 의례로서 행하는경우에는 그러하지 아니하다.

바) 일반음식점의 객실 안에는 무대장치, 음향 및 반주시설, 우주볼 등의 특수조명시설을 설치하여서는 아니 된다.

사) 삭제 〈2012.12.17〉

3. 식품접객업자의 준수사항

「식품위생법」 시행규칙 별표 17 〈개정 2014.5.9.〉

가. 물수건, 숟가락, 젓가락, 식기, 찬기, 도마, 칼, 행주, 그 밖의 주방용구는 기구등의 살균 · 소독제 또는 열탕의 방법으로 소독한 것을 사용하여야 한다.

나. 「축산물위생관리법」 제12조에 따라 검사를 받지 아니한 축산물 또는 실험 등의 용도로 사용한 동물은 음식물의 조리에 사용하여서는 아니 된다.

다. 업소 안에서는 도박이나 그 밖의 사행행위 또는 풍기문란행위를 방지하여야 하며, 배달판매 등의 영업행위 중 종업원의 이러한 행위를 조장하거나 묵인하여서는 아니 된다.

라. 삭제 〈2011.8.19〉

마. 삭제 〈2011.8.19〉

바. 제과점영업자가 별표 14 제8호가목2)라)(5)에 따라 조리장을 공동 사용하는 경우 빵류를 실제 제조한 업소명과 소재지를 소비자가 알아볼 수 있도록 별도로 표시하여야 한다. 이 경우 게시판, 팻말 등 다양한 방법으로 표시할 수 있다.

사. 간판에는 영 제21조에 따른 해당업종명과 허가를 받거나 신고한 상호를 표시하여야 한다. 이 경우 상호와 함께 외국어를 병행하여 표시할 수 있으나 업종구분에 혼동을 줄 수 있는 사항은 표시하여서는 아니 된다.

아. 손님이 보기 쉽도록 영업소의 외부 또는 내부에 가격표(부가가치세 등이 포함된 것으로서 손님이 실제로 내야 하는 가격이 표시된 가격표를 말한다)를 붙이거나 게시하되, 신고한 영업장 면적이 150제곱미터 이상인 휴게음식점 및 일반음식점은 영업소의 외부와 내부에 가격표를 붙이거나 게시하여야 하고, 가격표대로 요금을 받아야 한다.

자. 영업허가증 · 영업신고증 · 조리사면허증(조리사를 두어야 하는 영업에만 해당한다)을 영업소 안에 보관하고, 허가관청 또는 신고관청이 식품위생 · 식생활개선 등을 위하여 게시할 것을 요청하는 사항을 손님이 보기 쉬운 곳에게시하여야 한다.

차. 식품의약품안전처장 또는 시 · 도지사가 국민에게 혐오감을 준다고 인정하는 식품을 조리 · 판매하여서는 아니 되며, 「멸종위기에 처한 야생동식물종의 국제거래에 관한 협약」에 위반하여 포획 · 채취한 야생동물 · 식물을 사용하여 조리 · 판매하여서는 아니 된다.

카. 유통기한이 경과된 원료 또는 완제품을 조리 · 판매의 목적으로 보관하거나 이를 음식물의 조리에 사용하여서는 아니 된다.

타. 허가를 받거나 신고한 영업 외의 다른 영업시설을 설치하거나 다음에 해당하는 영업행위를 하여서는 아니 된다.

1) 휴게음식점영업자 · 일반음식점영업자 또는 단란주점영업자가 유흥접객원을 고용하여 유흥접객행위를 하게 하거나 종업원의 이러한 행위를 조장하거나 묵인하는 행위
2) 휴게음식점영업자 · 일반음식점영업자가 음향 및 반주시설을 갖추고 손님이 노래를 부르도록 허용하는 행위. 다만, 연회석을 보유한 일반음식점에서 회갑연, 칠순연 등 가정의 의례로서 행하는 경우에는 그러하지 아니하다.
3) 일반음식점영업자가 주류만을 판매하거나 주로 다류를 조리 · 판매하는 다방형태의 영업을 하는 행위
4) 휴게음식점영업자가 손님에게 음주를 허용하는 행위
5) 식품접객업소의 영업자 또는 종업원이 영업장을 벗어나 시간적 소요의 대가로 금품을 수수하거나, 영업자가 종업원의 이러한 행위를 조장하거나 묵인하는 행위

6) 휴게음식점영업 중 주로 다류 등을 조리 · 판매하는 영업소에서「청소년보호법」제2조제1호에 따른 청소년인 종업원에게 영업소를 벗어나 다류 등을 배달하게 하여 판매하는 행위

파. 유흥주점영업자는 성명, 주민등록번호, 취업일, 이직일, 종사분야를 기록한 종업원(유흥접객원만 해당한다)명부를 비치하여 기록 · 관리하여야 한다.

하. 손님을 꾀어서 끌어들이는 행위를 하여서는 아니 된다.

거. 업소 안에서 선량한 미풍양속을 해치는 공연, 영화, 비디오 또는 음반을 상영하거나 사용하여서는 아니 된다.

너. 수돗물이 아닌 지하수 등을 먹는 물 또는 식품의 조리 · 세척 등에 사용하는 경우에는「먹는물관리법」제43조에 따른 먹는 물 수질검사기관에서 다음의 검사를 받아 마시기에 적합하다고 인정된 물을 사용하여야 한다. 다만, 둘 이상의 업소가 같은 건물에서 같은 수원을 사용하는 경우에는 하나의 업소에 대한 시험결과로 해당 업소에 대한 검사에 갈음할 수 있다.

1) 일부항목 검사 : 1년(모든 항목 검사를 하는 마을상수도의 검사기준에 따른 검사(잔류염소검사는 제외한다)를 하여야 한다. 다만, 시 · 도지사가 오염의 염려가 있다고 판단하여 지정한 지역에서는 같은 규칙 제2조에 따른 먹는 물의 수질기준에 따른 검사를 하여야 한다.

2) 모든 항목 검사 : 2년마다「먹는물 수질기준 및 검사 등에 관한 규칙」제2조에 따른 먹는 물의 수질기준에 따른 검사

더. 동물의 내장을 조리한 경우에는 이에 사용한 기계 · 기구류 등을 세척하여 살균하여야 한다.

러. 식품접객업자는 손님이 먹고 남은 음식물을 다시 사용하거나 조리하거나 또는 보관(폐기용이라는 표시를 명확하게 하여 보관하는 경우는 제외한다)하여서는 아니 된다.

머. 식품접객업자는 공통찬통, 소형찬기 또는 복합찬기를 사용하거나, 손님이 남은 음식물을 싸서 가지고 갈 수 있도록 포장용기를 비치하고 이를 손님에게 알리는 등 음식문화개선을 위해 노력하여야 한다.

버. 휴게음식점영업자 · 일반음식점영업자 또는 단란주점영업자는 영업장 안에 설치된 무대시설 외의 장소에서 공연을 하거나 공연을 하는 행위를 조장 · 묵인하여서는 아니 된다. 다만, 일반음식점영업자가 손님의 요구에 따라 회갑연, 칠순연 등 가정의 의례로서 행하는 경우에는 그러하지 아니하다.

서.「야생동 · 식물보호법」을 위반하여 포획한 야생동물을 사용한 식품을 조리 · 판매하여서는 아니 된다.

어. 법 제15조제2항에 따른 위해평가가 완료되기 전까지 일시적으로 금지된 식품등을 사용 · 조리하여서는 아니 된다.

저. 조리 · 가공한 음식을 진열하고, 진열된 음식을 손님이 선택하여 먹을 수 있도록 제공하는 형태(이하 "뷔페"라 한다)로 영업을 하는 일반음식점영업자는 제과점영업자에게 당일 제조 · 판매하는 빵류를 구입하여 구입 당일 이를 손님에게 제공할 수 있다. 이 경우 당일 구입하였다는 증명서(거래명세서나 영수증 등을 말한다)를 6개월간 보관하여야 한다.

처. 법 제47조제1항에 따른 모범업소가 아닌 업소의 영업자는 모범업소로 오인 · 혼동할 우려가 있는 표시를 하여서는 아니 된다.

커. 손님에게 조리하여 제공하는 식품의 주재료, 중량 등이 아목에 따른 가격표에 표시된 내용과 달라서는 아니 된다.

터. 아목에 따른 가격표에는 불고기, 갈비 등 식육의 가격을 100그램당 가격으로 표시하여야 하며, 조리하여 제공하는 경우에는 조리하기 이전의 중량을 표시할 수 있다. 100그램당 가격과 함께 1인분의 가격도 표시하려는 경우에는 다음의 예와 같이 1인분의 중량과 가격을 함께 표시하여야 한다.

예) 불고기 100그램 ○○원(1인분 120그램 △△원)
갈비 100그램 ○○원(1인분 150그램 △△원)

4. 식품접객업소의 조리식품 등에 대 기준 및 규격

식품의 기준 및 규격 〈개정 2014.5.26.〉

1. 정의

'식품접객업소(집단급식소 포함)의 조리식품'이란 유통판매를 목적으로 하지 아니하고 조리 등의 방법으로 손님에게 직접 제공하는 모든 음식물(음료수, 생맥주 등 포함)을 말한다.

2. 원료 기준

1) 원료의 구비요건

(1) 원료는 선도가 양호한 것으로서 부패 · 변질되었거나 유독 · 유해물질 등에 오염되지 아니한 것이어야 한다.

(2) 원료 및 기구 등의 세척, 식품의 조리, 먹는물 등으로 사용되는 물은「먹는물 관리법」의 수질기준에 적합한 것이어야 하며, 노로바이러스가 검출되어서는 아니 된다(수돗물은 제외).

(3) 식품접객업소에서 사용하는 얼음은 세균수가 1 ml당 1,000이하, 대장균 및 살모넬라가 250 ml당 음성이어야 하며, 기타 이화학적 규격은 제5. 식품별 기준 및 규격 29-17 얼음류의 기준 및 규격에 적합한 것이어야 한다.

(4) 식용을 목적으로 채취, 취급, 가공, 제조 또는 관리되지 아니한 동.식물성 원재료는 식품의 조리용으로 사용하여서는 아니 된다.

2) 원료의 보관 및 저장

가) 공통

(1) 모든 식품등은 위생적으로 취급하여야 하며 쥐, 바퀴벌레 등 위해생물에 의하여 오염되지 않도록 보관하여야 한다.

(2) 식품등은 세척제나 인체에 유해한 화학물질, 농약, 독극물 등과 함께 보관하여서는 아니 된다.

(3) 기준규격이 정해진 식품등은 정해진 기준에 따라 보관.저장하여야 하며, 농 · 임 · 축 · 수산물 중 선도를 유지해야 하는 원료의 경우에는 냉장 또는 냉동 보관하여야 한다.

(4) 세척 등 전처리를 거쳐 식품에 바로 사용할 수 있는 식품이나 가공식품은 바닥으로부터 오염되지 않도록 용기 등에 담아서 청결한 장소에 보관하여야 한다.

(5) 개별표시된 식품등을 제외하고, 냉장으로 보관하여야 하는 경우에는 10℃이하, 냉동으로 보관하여야 하는 경우에는 −18℃ 이하에서 보관하여야 한다.

(6) 냉동식품의 해동

① 냉동식품의 해동은 위생적으로 실시하여야 한다.

② 해동 후 바로 사용하지 않는 경우 조리 시까지 냉장 보관하여야 한다.

③ 한 번 해동한 식품의 경우 다시 냉동하여서는 아니 된다.

나) 식품별

(1) 곡류(쌀, 보리, 밀가루 등)

(2) 유지류(참기름, 들기름, 현미유, 옥수수기름, 콩기름 등) 및 유지함유량이 많은 견과류 등은 직사광선을 받지 아니하는 서늘한 곳에 보관하거나, 냉장 또는 냉동 보관하여야 한다.

① 건조하고 서늘한 곳에 위생적으로 보관하여야 한다.

② 곰팡이가 피거나 색깔이 변하지 않도록 보관하여야 한다.

(3) 축.수산물(쇠고기, 돼지고기, 생선 등)은 각각 위생적으로 포장하여 다른 식품과 용기, 포장 등으로 구분하여 냉장 또는 냉동 보관하여야 한다.

(4) 과일 및 채소류(사과, 배, 복숭아, 포도, 배추, 무, 양파, 오이, 양배추, 시금치 등)는 세척한 채소와 세척하지 않은 채소가 섞이지 않도록 따로 보관하여야 한다.

(5) 기타식품

① 조미식품은 이물의 혼입이나 오염방지를 위하여 마개나 덮개를 닫아 보관하여야 한다.

② 두부는 냉장 보관하여야 한다.

3. 조리 및 관리기준

(1) 사용 중인 튀김용 유지는 산가 3.0 이하이어야 한다.

(2) 식품의 조리에 직접 접촉하는 기구류는 부식 등으로 인한 오염이 되지 않도록 관리하여야 한다.

(3) 조리한 식품은 위생적인 용기 등에 넣어 조리하지 않은 식품과 교차오염 되지 않도록 관리하여야 한다.

(4) 가능한 한 조리한 식품 중 냉면육수 등 찬 음식의 보관은 10℃ 이하에서, 따뜻한 음식의 보관은 60℃ 이상에서 보관하여야 한다.

(5) 수산물을 보관하기 위한 수족관 물은 위생적으로 관리되어야 한다. 다만, 불가피하게 수족관의 거품제거, 정수 등의 목적으로 사용되는 물질은 식품원료로 사용가능한 것이거나, 식품첨가물 중 이산화염소, 이산화규소 및 규소수지의 성분규격에 적합한 것이어야 한다.

(6) 채소 또는 과실의 세척에 세척제를 사용하는 경우에는 「위생용품의 규격 및 기준」(보건복지부 고시)에 따른 채소 또는 과실용 세척제의 규격에 적합한 것을 사용하여야 하며, 채소 또는 과실 이외에는 세척제를 사용하여서는 아니 된다.

4. 규격

가) 조리식품 등

(1) 성상 : 고유의 색택과 향미를 가지고 이미 · 이취가 없어야 한다.

(2) 이물 : 식품은 원료의 처리과정에서 그 이상 제거되지 아니하는 정도 이상의 이물과 오염된 비위생적인 이물을 함유하여서는 아니 된다. 다만 다른 식품이나 원료식물의 표피 또는 토사 등과 같이 실제에 있어 정상적인 조리과정 중 완전히 제거되지 아니하고 잔존하는 경우의 이물로서 그 양이 적고 일반적으로 인체의 건강을 해할 우려가 없는 정도는 제외한다.

(3) 대장균 : 음성이어야 한다.

(4) 세균수 : 3,000/g 이하이어야 한다(슬러쉬에 한한다. 슬러쉬란 청량음료 등 완전 포장된 음료나, 물, 분말쥬스 등의 원료를 직접 혼합하여 얼음을 분쇄한 것과 같은 상태로 만들거나 아이스크림을 만드는 기계 등을 이용하여 반 얼음상태로 얼려 만든 음료를

말하며, 유가공품, 유산균, 발효식품 및 비가열제품이 함유된 경우에는 제외한다).

(5) 식중독균 : 식품접객업소(집단급식소 포함)에서 조리된 식품은 살모넬라(Salmonella spp.), 황색포도상구균(Staphylococcus aureus), 리스테리아 모노사이토제네스(Listeria monocytogenes), 장출혈성 대장균(Enterohemorrhagic Escherichia coli), 캠필로박터 제주니/콜리(Camplyobacter jejuni/coli), 여시니아 엔테로콜리티카(Yersinia enterocolitica) 등 식중독균이 음성이어야 하며, 장염비브리오균(Vibrio parahaemolyticus), 클로스트리디움 퍼프린젠스(Clostridium perfringens) g당 100 이하, 바실러스 세레우스(Bacillus cereus) g당 10,000 이하이어야 한다. 다만, 조리과정 중 가열처리를 하지 않거나 가열 후 조리한 식품의 경우 황색포도상구균 (Staphylococcus aureus)은 g당 100 이하이어야 한다.

(6) 산가 및 과산화물가(유탕 또는 유처리한 조리식품에 한함)

① 산가 : 5.0 이하

② 과산화물가 : 60.0 이하

나) 접객용 음용수

(1) 대장균 : 음성/250 mL

(2) 살모넬라 : 음성/250 mL

(3) 여시니아 엔테로콜리티카 : 음성/250 mL

다) 조리기구 등

(1) 수족관물

① 세균수 : 1 mL 당 100,000 이하

② 대장균군 : 1,000 이하/100 mL

(2) 행주(사용 중인 것은 제외한다)

① 대장균 : 음성이어야 한다.

(3) 칼.도마 및 숟가락, 젓가락, 식기, 찬기 등 음식을 먹을 때 사용하거나 담는 것(사용 중인 것은 제외한다)

① 살모넬라 : 음성이어야 한다.

② 대장균 : 음성이어야 한다.

5. 보존 및 유통 기준 〈식품의 기준 및 규격, 개정 2014.5.26.〉

1) 모든 식품은 위생적으로 취급 판매하여야 하며, 그 보관 및 판매장소가 불결한 곳에 위치하여서는 아니 된다. 또한 방서 및 방충관리를 철저히 하여야 한다.

2) 식품의 취급장소는 비 · 눈 등으로부터 보호될 수 있도록 하고, 외부로부터의 오염을 방지할 수 있어야 하며 인체에 유해한 화공약품, 농약, 독극물 등과 같은 것을 함께 보관하지 말아야 한다.

3) 이물이 혼입되지 않도록 주의하여야 하며 제품의 풍미에 영향을 줄 수 있는 다른 식품 및 식품첨가물 및 식품을 오염시키거나 품질에 영향을 미칠 수 있는 물품 등과는 분리 보관하여야 한다.
4) 제품은 서늘한 곳에서 보관 유통하여야 하며 상온에서 7일 이상 보존성이 없는 식품은 가능한 한 냉장 또는 냉동시설에서 보관 유통하여야 한다.
5) 제조원료로 사용되는 대두분을 보존 및 유통함에 있어서 각종 유해물질, 협잡물, 이물(곰팡이 등 포함) 등의 오염을 방지하여야 하며 적절한 관리를 하여야 하며, 직사광선이나 비 등에 노출되지 않도록 보관 · 유통하여야 한다.
6) 도시락류는 제조된 식품을 가장 짧은 시간내에 소비자에게 공급하도록 하고 운반 및 유통시에는 냉장, 온장, 실온 및 일정한 온도 관리를 위하여 온도 조절이 가능한 설비 등을 이용하여야 하며 이때 냉장은 10℃이하, 온장은 60℃이상을 유지할 수 있어야 한다.
7) 어육가공품(기밀성이 있는 용기 · 포장에 넣은 후 멸균한 제품 제외), 면류 중 냉장제품, 두유류 중 살균제품(pH 4.5 미만의 살균제품 제외), 양념젓갈류, 식해류 및 가공두부는 10℃ 이하에서, 신선편의식품 및 훈제연어는 5℃ 이하에서 보존하여야 한다. 또한 두부, 전두부, 묵류는 냉장하거나 먹는물 수질기준에 적합한 물로 가능한 한 환수하면서 보존하여야 한다.
8) 냉동제품을 해동시켜 실온 또는 냉장제품으로 유통시켜서는 아니 되며, 실온 또는 냉장제품을 냉동시켜 냉동제품으로 유통시켜서는 아니 된다. 다만, 제조업자가 냉동제품인 빵류, 떡류, 초콜릿류 및 젓갈류에 냉동포장완료일자, 해동일자, 해동일로부터 유통조건에서의 유통기한(냉동제품으로서의 유통기한 이내)을 별도로 표시하여 해동시키는 경우는 제외한다.
9) 냉동수산물은 해동 후, 24시간 이내에 냉장으로 유통할 수 있다. 이때 해동된 수산물을 재냉동하여서는 아니 된다.
10) 냉장제품을 실온에서 유통시켜서는 아니 된다(단, 과일 · 채소류 제외).
11) 해동된 냉동제품을 재냉동하여서는 아니 된다. 다만, 냉동수산물의 내장 등 비가식부위를 제거하기 위해 해동하는 것은 그러하지 아니할 수 있으며 신속하게 냉동하여야 한다.
12) 냉동 또는 냉장제품의 운반은 적절한 온도를 유지할 수 있는 냉동 또는 냉장차량이거나 이와 동등 이상의 효력이 있는 방법으로 한다. 두부, 전두부, 묵류는 제품운반소요시간이 4시간 이상의 장거리 이동판매를 할 경우에는 제품의 품질유지가 가능하도록 냉장차량을 이용하여야 하며 가공두부도 운반 시에는 품질유지가 가능하도록 냉장차량을 이용하여야 한다.
13) 흡습의 우려가 있는 제품은 흡습되지 않도록 주의하여야 한다.

14) 제품의 운반 및 포장과정에서 용기.포장이 파손되지 않도록 주의하여야 하며 가능한 한 심한 충격을 주지 않도록 하여야 한다. 또한 관제품은 외부에 녹이 발생하지 않도록 보관하여야 한다.

15) 제조년월일 또는 유통기한이 표시된 부분에 다른 인쇄물 등을 부착시키지 말아야 한다.

16) "유통기간"의 산출은 포장완료(다만, 포장 후 제조공정을 거치는 제품은 최종공정 종료)시점으로 하고 캡슐제품은 충전.성형완료시점으로 하며, 선물세트와 같이 유통기한이 상이한 제품이 혼합된 경우에는 유통기한이 먼저 도래하는 제품의 유통기한으로 정하여야 한다. 다만, 소분판매하는 제품은 소분하는 원료제품의 포장시점을, 원료제품의 저장성이 변하지 않는 단순가공처리만을 하는 제품은 원료제품의 포장시점을 각 유통기간 산출시점으로 하여야 한다. 또한 해동하여 출고하는 냉동제품인 빵류, 떡류, 초콜릿류 및 젓갈류는 해동시점을 해동일로부터 유통조건에서의 유통기간 산출시점으로 본다.

17) 제품의 유통기간 설정은 당해 제품의 제조자 (수입식품의 경우에는 제조자가 정한 유통기간 내에서 수입자)가 포장재질, 보존조건, 제조방법, 원료배합비율 등 제품의 특성과 냉장 또는 냉동보존 등 기타 유통실정을 고려하여 위해방지와품질을 보장할 수 있도록 정하여야 한다.

18) 과일농축액 등을 선박을 이용하여 수입.저장.보관.운송 등을 하고자할 때에는 저장탱크(−5℃ 이하), 자사 보관탱크(0℃ 이하), 운송용 탱크로리(0℃ 이하)의 온도를 준수하고 이송라인 세척 등을 반드시 실시하여야 하며, 식품의 저장 · 보관 · 운송 및 이송라인 세척에 사용되는 재질 및 세척제는 식품첨가물이나 기구 또는 용기.포장의 기준 및 규격에 적합한 것을 사용하여야 한다.

19) 염수로 냉동된 통조림제조용 어류에 한해서는 −9℃ 이하에서 운송할 수 있으나 운송 시에는 위생적인 운반용기, 운반덮개 등을 사용하여 −9℃ 이하의 온도를 유지하여야만 한다.

6. 위반행위에 따른 과태료

「식품위생법」 시행규칙 별표27

위반행위	과태료
● 위생적 취급기준 위반 (법 제3조)	
가. 식품등을 취급하는 원료보관실 · 제조가공실 · 조리실 · 포장실 등의 내부에 위생 해충을 방제(防除) 및 구제(驅除)하지 아니하여 그 배설물 등이 발견되거나 청결하게 관리하지 아니한 경우	50만원
나. 식품등의 원료 및 제품 중 부패 · 변질이 되기 쉬운 것을 냉동 · 냉장시설에 보관 · 관리하지 아니한 경우	30만원

위반행위	과태료
다. 식품등의 보관 · 운반 · 진열 시에 식품등의 기준 및 규격이 정하고 있는 보존 및 유통기준에 적합하도록 관리하지 아니하거나 냉동 · 냉장시설 및 운반시설을 정상적으로작동시키지 아니한 경우(이 법에 따라 허가를 받거나 신고한 영업자는 제외한다)	30만원
라. 식품 등의 제조 · 가공 · 조리 또는 포장에 직접 종사하는 사람에게 위생모를 착용시키지 아니한 경우	20만원
마. 제조 · 가공(수입품을 포함한다)하여 최소판매 단위로 포장된 식품 또는 식품첨가물을 영업허가 또는 신고하지 아니하고 판매의 목적으로 포장을 뜯어 분할하여 판매한 경우	20만원
바. 식품등의 제조 · 가공 · 조리에 직접 사용되는 기계 · 기구 및 음식기를 사용한 후에 세척 또는 살균을 하지 아니하는 등 청결하게 유지 · 관리하지 아니한 경우 또는 어류 · 육류 · 채소류를 취급하는 칼 · 도마를 각각 구분하여 사용하지 아니한 경우	20만원
사. 유통기한이 경과된 식품등을 판매하거나 판매의 목적으로 진열 · 보관한 경우(이 법에 따라 허가를 받거나 신고한 영업자는 제외한다)	30만원

「식품위생법」 시행령 별표2

위반행위	과태료
● 건강진단 미실시(법 제40조 제1항)	
가. 건강진단을 받지 아니한 영업자	20만원
나. 건강진단을 받지 아니한 종업원	10만원
● 건강진단 미실시(법 제40조 제3항)	
가. 건강진단을 받지 아니한 자를 영업에 종사시킨 영업자	
1) 종업원 수가 5명 이상인 경우	
– 건강진단 대상자의 100분의 50 이상 위반	50만원
– 건강진단 대상자의 100분의 50 미만 위반	30만원
2) 종업원 수가 4명 이하인 경우	
– 건강진단 대상자의 100분의 50 이상 위반	30만원
– 건강진단 대상자의 100분의 50 미만 위반	20만원
나. 건강진단결과 다른 사람에게 위해를 끼칠 우려가 있는 질병이 있다고 인정된 자를 영업에 종사시킨 영업자	100만원
● 교육을 받지 아니한 경우(법 제41조 제1항)	
가. 건강진단을 받지 아니한 영업자	20만원
나. 건강진단을 받지 아니한 종업원	10만원

위반행위	과태료
● 교육을 받지 아니한 경우(법 제41조 제5항) 위생교육을 받지 아니한 종업원을 영업에 종사시킨 영업자 또는 집단급식소의 설치 · 운영자	20만원
● 시설개수명령 미이행(법 제74조 제1항)	200만원

✲ 참고문헌

꼭 알아야 할 식품위생 및 HACCP실무(김지응 외 2명, 백산출판사), 2014

식품구매(백옥희 외 4명, 파워북), 2015

식품과학기술대사전(한국식품과학회, 광일문화사), 2008

식품위생학(이정훈 외 5명, 백산출판사), 2016

알기 쉬운 외식위생관리와 HACCP(홍완수 외 4명, 백산출판사), 2016

이해하기 쉬운 식품위생학(구난숙 외 3명, 파워북), 2015

주방관리론(황춘기 외 4명, 지구문화사), 2014

주방관리론(김태형 외 4명, 교문사), 2015

주방관리론(김용문 외 4명, 광문각), 2012

주방관리론(황춘기 외 4명, 지구문화사), 2014

최신 단체급식(김혜영 외 2명, 효일), 2016

호텔외식 식자재관리 및 구매(최성기 · 박경곤, 백산출판사), 2014

호텔 · 외식산업 주방관리실무론(김기영 · 전효진, 백산출판사), 2016

개방형 주방 음식점 위생관리 매뉴얼[한식 · 중식 · 일식](식품의약품안전처), 2015

학교급식위생관리지침서(교육부), 2010

식품과학기술대사전(한국식품과학회, 광일문화사), 2008

식중독예방매뉴얼(식품의약품안전처), 2016

식품위생감시 매뉴얼(식품의약품안전처), 2010

식품접객업소 식품안전관리 매뉴얼(식품의약품안전처), 2014

집단급식소 위생관리 매뉴얼(식품의약품안전처), 2009

https://www.haccpkorea.or.kr(한국식품안전관리인증원)

http://www.kfda.go.kr(식품의약품안전처, 식중독 예방홍보)

http://www.law.go.kr(법제처 국가법령정보센터)

Chapter 2

한식 안전관리

Chapter 2

한식 안전관리(1301010116_16v3)

영역 (능력단위요소)	평가항목	평가수준				
		매우 미흡	미흡	보통	우수	매우 우수
개인안전 관리 (1301010116_16v3.1)	1.1 나는 안전관리 지침서에 따라 개인 안전관리 점검표를 작성할 수 있다.	①	②	③	④	⑤
	1.2 나는 개인안전사고 예방을 위해 도구 및 장비의 정리정돈을 상시 할 수 있다.	①	②	③	④	⑤
	1.3 나는 주방에서 발생하는 개인 안전사고의 유형을 숙지시키고 예방을 위한 안전수칙을 교육할 수 있다.	①	②	③	④	⑤
	1.4 나는 주방 내 필요한 구급품이 적정 수량 비치되었는지 확인하고 개인 안전 보호 장비를 정확하게 착용하여 작업하는지 확인할 수 있다.	①	②	③	④	⑤
	1.5 나는 개인이 사용하는 칼에 대해 사용안전, 이동안전, 보관안전을 수행할 수 있다.	①	②	③	④	⑤
	1.6 나는 개인의 화상사고, 낙상사고, 근육팽창과 골절사고, 절단사고, 전기기구에 인한 전기 쇼크 사고, 화재사고와 같은 사고 예방을 위해 주의사항을 숙지하고 실천할 수 있다.	①	②	③	④	⑤
	1.7 나는 개인 안전사고 발생 시 신속 정확한 응급조치를 실시하고 재발 방지 조치를 실행할 수 있다.	①	②	③	④	⑤
장비 · 도구 안전 작업하기 (1301010116_16v3.2)	2.1 나는 조리장비 · 도구에 대한 종류별 사용방법에 대해 주의사항을 숙지할 수 있다.	①	②	③	④	⑤
	2.2 나는 조리장비 · 도구를 사용 전 이상 유무를 점검할 수 있다.	①	②	③	④	⑤
	2.3 나는 안전 장비류 취급 시 주의사항을 숙지하고 실천할 수 있다.	①	②	③	④	⑤
	2.4 나는 조리장비 · 도구를 사용 후 전원을 차단하고 안전수칙을 지키며 분해하여 청소할 수 있다.	①	②	③	④	⑤
	2.5 나는 무리한 조리장비 · 도구 취급은 금하고 사용 후 일정한 장소에 보관하고 점검할 수 있다.	①	②	③	④	⑤
	2.6 나는 모든 조리장비 · 도구는 반드시 목적 이외의 용도로 사용하지 않고 규격품을 사용할 수 있다.	①	②	③	④	⑤
작업환경 안전 관리하기 (1301010116_16v3.3)	3.1 나는 작업환경 안전관리 시 작업환경 안전관리 지침서를 작성할 수 있다.	①	②	③	④	⑤
	3.2 나는 작업환경 안전관리 시 작업장주변 정리 정돈 등을 관리 점검할 수 있다.	①	②	③	④	⑤
	3.3 나는 작업환경 안전관리 시 제품을 제조하는 작업장 및 매장의 온 · 습도관리를 통하여 안전사고요소 등을 제거할 수 있다.	①	②	③	④	⑤
	3.4 나는 작업장 내의 적정한 수준의 조명과 환기, 이물질, 미끄럼 및 오염을 방지할 수 있다.	①	②	③	④	⑤
	3.5 나는 작업환경에서 필요한 안전관리시설 및 안전용품을 파악하고 관리할 수 있다.	①	②	③	④	⑤
	3.6 나는 작업환경에서 화재의 원인이 될 수 있는 곳을 자주 점검하고 화재진압기를 배치하고 사용할 수 있다.	①	②	③	④	⑤
	3.7 나는 작업환경에서의 유해, 위험, 화학물질을 처리기준에 따라 관리할 수 있다.	①	②	③	④	⑤
	3.8 나는 법적으로 선임된 안전관리책임자가 정기적으로 안전교육을 실시할 때 이에 참여할 수 있다.	①	②	③	④	⑤

진단영역	문항 수	점수	점수÷문항 수
개인안전관리	7		
장비 · 도구 안전작업하기	6		
작업환경 안전관리하기	8		
합 계	21		

☞자신의 점수를 문항 수로 나눈 값이 '3점' 이하에 해당하는 영역은 업무를 성공적으로 수행하는 데 요구되는 능력이 부족한 것으로 교육훈련이나 개인학습을 통한 개발이 필요함.

제1절 안전관리 개요

음식업의 안전관리는 조리작업을 비롯하여 서빙작업까지의 전 과정에서 사고가 발생하지 않도록 예방하여 안전한 작업이 이루어지도록 하는 프로그램을 의미한다.

소규모 사업장이 많은 대부분의 음식업종은 체계적이고 안정적인 재해 예방활동이 어렵고 재해예방에 관한 인식도 낮은 편이다. 예를 들어 음식업에서 일어나는 산업재해의 발생형태 중 넘어짐 재해는 가장 많이 발생하고, 늘 발생할 수 있는 재해형태이나 대다수 사업주나 근로자 개인이 이 점을 간과하기 쉽다.

음식업에서 발생하는 주요 재해 발생형태는 다음과 같다.

1) 넘어짐

음식업에서 가장 흔한 재해인 미끄러지거나 걸려 넘어짐 재해는 특히 주방 바닥과 계단에서 가장 빈번하게 일어나는 대표적인 재해형태로 물이나 음식 잔여물, 기름 등에 의해 미끄러운 바닥면 또는 계단에서 발생하는 것들이 주요 원인이다. 또한 음식물을 나르는 과정이나 주방 기계 · 기구를 옮기거나 청소하는 과정에서도 불안정한 작업자세로 인해 발생한다.

2) 화상

화상은 불을 이용하여 음식을 조리하거나 뜨거운 음식물을 식기에 담거나 나르는 과정에서 발생하는 사고이다. 뜨거운 음식물이 담긴 그릇 등을 맨손으로 만지거나 고열의 음식 조리기구에 신체가 닿아 발생한다.

3) 감김 · 끼임 · 베임

감김 · 끼임 · 베임은 음식을 조리하는 과정에서 오븐기, 열탕기, 민서기(mincer), 절단기(slicer), 믹서기(mixer), 칼(knife) 등을 취급하는 과정 또는 청소하는 과정에서 발생하는 사고이다. 원재료 투입 시 수공구를 사용하지 않고 맨손으로 투입하거나, 이물질 제거 또는 기계 청소 시 전원을 차단하지 않고 작업을 수행하다가 발생한다.

4) 화재 · 폭발

화재 · 폭발은 음식 조리 시 사용하는 가스테이블, 가스오븐 등의 배관이나 연결부에서 누출되는 가스가 폭발하거나 적정온도 이상의 고온으로 조리하는 과정에서 유류나 인화성물질에 불이 옮겨 붙어 발생하는 사고이다.

5) 요통 등 근골격계 질환

쌀 등의 무거운 식재료 운반, 음식의 운반, 장시간 반복적인 조리 및 설거지 업무 등 작업자세가 부적절한 경우, 무거운 물건을 사람이 직접 옮기거나 반복적인 작업 수행 등으로 인해 요통 등 근골격계 질환이 발생한다.

제2절 안전보건관리

작업장을 안전하게 만들기 위해서는 현장 안전보건 점검활동과 병행하여 문서화하는 작업이 필요하다. 「산업안전보건법」은 사업장 내 제반 안전보건활동을 체계화하기 위하여 필요한 것들을 규정하고 있다. 관련 유관기관에서 사업장 방문 시에 가장 기본적으로 요구하는 항목은 안전보건관리와 관련된 서류이며 이를 소홀히 작성, 관리하면 지적을 받거나 과태료가 부과되는 경우가 많다.

주요 서류목록

① 산업재해 발생 기록 및 보고
② 안전 · 보건 표지
③ 안전보건교육
④ 관리감독자 활동
⑤ 유해위험기계기구
⑥ 안전검사
⑦ 물질안전보건자료(MSDS)
⑧ 작업환경측정결과 관리
⑨ 근로자 건강진단

1. 산업재해발생 기록 및 보고

산업재해가 발생하면 재해발생의 원인과 재발방지 계획 등을 수립하여 기록 보존하여야 한다.

산업재해가 발생한 때에는 다음의 사항을 기록 · 보존해야 한다.

- 사업장의 개요 및 근로자의 인적사항
- 재해발생의 일시 및 장소
- 재해발생의 원인 및 과정
- 재해 재발방지 계획

2. 안전 · 보건표지

사업장의 유해 또는 위험한 시설 및 장소에 대한 경고 · 안내 등 안전의식 고취를 위한 안전 · 보건 표지를 설치 · 부착해야 한다.

표 2-1 안전 · 보건표지의 종류와 형태(「산업안전보건법」 제6조 제1항 관련, 시행규칙 별표 1의2)

1. 금지표지	101 출입금지 	102 보행금지 	103 차량통행금지 	104 사용금지 
	105 탑승금지 	106 금연 	107 화기금지 	108 물체이동금지 
2. 경고표지	201 인화성물질 경고 	202 산화성물질 경고 	203 폭발성물질 경고 	204 급성독성물질 경고 
	205 부식성물질 경고 	206 방사성물질 경고 	207 고압전기 경고 	208 매달린 물체 경고 
	209 낙하물 경고 	210 고온 경고 	211 저온 경고 	212 몸균형 상실 경고 
	213 레이저광선 경고 	214 발암성 · 변이원성 · 생식독성 · 전신독성 · 호흡기과민성 물질 경고 	215 위험장소 경고 	

3. 지시표지	301 보안경 착용  302 방독마스크 착용  303 방진마스크 착용  304 보안면 착용  305 안전모 착용  306 귀마개 착용  307 안전화 착용  308 안전장갑 착용  309 안전복 착용 
4. 안내표지	401 녹십자 표지  402 응급구호 표지  403 들것  404 세안장치  405 비상용 기구  406 비상구  407 좌측비상구  408 우측비상구 
5. 관계자 외 출입금지	501 허가대상물질작업장 관계자외 출입금지 (허가물질 명칭) 제조/사용/보관 중 보호구/보호복 착용 흡연 및 음식물 섭취 금지 502 석면취급/해체작업장 관계자외 출입금지 석면 취급/해체 중 보호구/보호복 착용 흡연 및 음식물 섭취 금지 503 금지대상물질 외 취급 실험실 등 관계자외 출입금지 발암물질 취급 중 보호구/보호복 착용 흡연 및 음식물 섭취 금지
6. 문자 추가 시 예시문	 • 내 자신의 건강과 복지를 위하여 안전을 늘 생각한다. • 내 가정의 행복과 화목을 위하여 안전을 늘 생각한다. • 내 자신의 실수로써 동료를 해치지 않도록 안전을 늘 생각한다. • 내 자신이 일으킨 사고로 인한 회사의 재산과 손실을 방지하기 위하여 안전을 늘 생각한다. • 내 자신의 방심과 불안전한 행동이 조국의 번영에 장애가 되지 않도록 하기 위하여 안전을 늘 생각한다.

표 2-2 음식업종 안전보건 스티커(예시)

그림	설치목적 및 장소
	• 물기, 바닥에 떨어진 식자재 등으로 인하여 미끄러져 넘어지는 재해예방을 위하여 설치 ※검수, 전처리, 조리, 배식, 후처리실 등 급식실 전 구역에 설치
	• 회전체에 의하여 손가락 끼임 등의 재해 예방을 위하여 설치 ※파절기, 고기다짐기, 양념분쇄기, 식기세척기 등에 설치
	• 작업용 칼, 날카로운 물체 등에 의한 찔림, 베임 재해 예방을 위하여 설치 ※전처리실 및 조리실 선반 등 찔림 우려가 있는 물체가 있는 곳에 설치
	• 20kg 이상의 중량물을 운반하는 작업으로 인한 요통, 근골격계 질환 예방을 위하여 설치 ※쌀, 식자재 등 중량물을 취급하는 검수구역 및 조리실, 배식구 등에 설치
	• 고온체에 의한 화상 등의 재해예방을 위하여 설치 ※오븐, 국솥, 가스레인지, 뜨거운 물 등 화상의 우려가 있는 모든 설비 등에 설치
	• 작업자가 이동 중 부딪힘 등으로 인한 재해를 예방하기 위하여 설치 ※선반 모서리, 이동대차 등 부딪힘 재해 우려가 있는 설비 및 부득이하게 돌출되어 있는 부분이 있는 시설 등에 설치
	• 칼작업 등으로 인한 베임, 뜨거운 용기 운반 등으로 인한 화상 등의 재해 예방을 위하여 설치 ※전처리실, 조리실 등에 설치
	• 미끄러짐에 의한 넘어짐 및 낙하물에 의한 재해를 예방하기 위하여 설치 ※탈의실, 출입구, 일반 작업장 등에 설치

3. 안전보건교육

근로자 안전의식을 고취시키고 안전하게 작업을 수행할 수 있도록 실시하며 산업재해 예방을 위해 정기적으로 안전 · 보건 교육을 실시해야 한다. 이때 교육종류별 법정교육시간 및 내용을 준수하여야 하며 교육을 위한 교보재(교육훈련을 위한 보조재료)를 보유하여야 한다.

표 2-3 안전 · 보건교육과정별 교육대상 및 교육시간

교육과정	설치목적 및 장소		교육시간
가. 정기교육	사무직 종사 근로자		매월 1시간 이상 또는 매분기 3시간 이상
	사무직 종사 근로자 외의 근로자	판매업무에 직접 종사하는 근로자	매월 1시간 이상 또는 매분기 3시간 이상
		별표 6의2 제1호 라목 각 호의 어느 하나에 해당하는 작업에 종사하는 근로자	매월 2시간 이상
		판매업무 및 별표8의2 제1호 라목 각 호의 작업 외에 종사하는 근로자	매월 2시간 이상 또는 매분기 6시간 이상
	관리감독자의 지위에 있는 사람		매분기 8시간 이상 또는 연간 16시간 이상
나. 채용 시의 교육	일용근로자		1시간 이상
	일용근로자를 제외한 근로자		8시간 이상
다. 작업내용 변경 시의 교육	일용근로자		1시간 이상
	일용근로자를 제외한 근로자		
라. 특별교육	별표8의2 제1호 라목 각 호의 어느 하나에 해당하는 작업에 종사하는 일용근로자		2시간 이상
	별표8의2 제1호 라목 각 호의 어느 하나에 해당하는 작업에 종사하는 일용근로자를 제외한 근로자		• 16시간 이상(최초 작업에 종사하기 전 4시간 이상 실시하고 12시간은 3개월 이내에서 분할하여 실시 가능) • 단기간 작업 또는 간헐적 작업인 경우는 2시간 이상

표 2-4 안전보건관리책임자 등에 대한 교육시간(직무교육)

교육대상	교육시간	
	신규교육(교육기한)	보수교육(교육기한)
가. 안전보건관리책임자	6시간 이상	6시간 이상
나. 안전관리자	34시간 이상	24시간 이상
다. 보건관리자	34시간 이상 (선임된 후 3개월 이내)	24시간 이상 (이수한 후 매2년이 되는 날을 기준으로 전후 3개월 사이)

4. 관리감독자 활동

사업주는 위험방지가 필요한 작업에는 관리감독자를 지정하고, 각각 법령상의 직무 내용을 충분히 숙지하도록 하여, 각 직무항목별 활동을 적극적으로 수행하도록 해야 한다. 생산활동에서 근무하는 부서장으로 선임한 관리감독자는 생산현장 내에서의 안전성을 확보하기 위해 생산지시 외에 작업장 정리정돈, 점검, 보호구 착용, 교육 등의 안전관리업무를 수행한다.

5. 유해 · 위험기계 · 기구

유해위험기계 · 기구 및 설비 목록을 작성해야 하고 법적 위험기계 · 기구에 대한 적정한 방호장치 부착 및 정상 작동 여부를 확인해야 한다. 또한 위험기계 · 기구 등에 대해서는 그 종류에 따라 방호조치를 구비하지 않으면 양도 · 대여 · 설치 · 사용하거나 양도 · 대여의 목적으로 진열 금지하고 정비보수를 위한 해체 시 완료 후 즉시 재부착하여야 한다.

6. 안전검사

작업장 내 사용 중인 위험기계 · 기구 및 설비 등의 기계적 결함에 의한 재해예방을 위하여 기계 · 기구 및 설비에 대한 점검, 정비, 유지관리를 하여야 한다. 보유 중인 위험기계기구에 대한 설비목록을 작성하고, 안전에 관한 성능 확보를 위해 안전검사를 주기적으로 실시하여야 하며, 안전검사 결과 합격표시를 해당 설비에 부착하여야 한다.

위험기계기구의 사용 전에 방호장치의 정상적 작동상태를 확인하고 주기적으로 설비를 점검하여 정상기능을 유지관리하여야 한다. 고용노동부령으로 정하는 다른 법령에서 안전성에 관한 검사나 인증을 받은 경우에는 안전검사를 면제할 수 있다.

안전검사 기준을 만족하는 자율안전검사프로그램에 따라 사업장 자체적으로 안전에 관한 성능검사 시 안전검사를 받은 것으로 본다.

표 2-5 안전검사 대상 유해위험기계기구(12종)

순번	대상품명	안전검사 대상 범위
1	**크레인**	• 동력으로 구동되는 것으로 정격하중이 2톤 이상인 것 – 이동식 크레인 제외
2	**압력용기**	• 화학공정 유체취급용기로서 설계압력이 게이지 압력으로 0.2MPa 이상인 것 • 그 밖의 공정에 사용하는 용기(공기 및 질소저장탱크)로서 설계압력이 게이지 압력으로 0.2MPa 이상이고 사용압력(단위: MPa)과 용기 내용적(단위: ㎥)의 곱이 0.1 이상인 것 – 사용온도 60℃ 이하의 물 취급탱크, 프레스 및 공기압축기와 일체형은 제외
3	**프레스**	• 동력으로 구동되는 프레스로서 압력능력이 3톤 이상인 것 – 열간 단조프레스, 목재 압착프레스, 다이스포팅 프레스 제외
4	**전단기**	• 동력으로 구동되는 전단기로서 압력능력이 3톤 이상인 것 – 원형회전날 회전 전단기, 니블러, 코일 슬리터, 형강 전용 전단기 제외
5	**사출성형기**	• 플라스틱 또는 고무 등을 성형하는 사출성형기로서 동력에 의하여 구동되는 사출성형기에 적용 – 형체결력 294kN 미만, 장화제조용, 반응형, 압축 및 이송형 등은 제외
6	**원심기**	• 액체 · 고체 사이에서의 분리 또는 이물질들 중 최소 2개를 분리하기 위한 것으로서 동력에 의해 작동되는 산업용 원심기 – 회전운동에너지 750J 이하, 최고 회전속도 300m/s 초과 시 제외
7	**화학설비**	• 「안전규칙」 제292조 "특수화학설비"로서 안전규칙 별표1의 위험물질을 안전규칙 별표3의3 기준량 이상으로 취급하는 것 – 공정안전보고서 제출대상 설비 제외
8	**건조설비**	• 연료의 최대사용량이 매시간당 50킬로그램 이상이고, 전열의 경우 매시간당 50킬로와트 이상으로서 수분 및 용제건조, 도료 및 코팅피막 개선으로 가연성 가스발생, 가연성 분말 건조설비로 분진발생 설비에 해당 – 공정안전보고서 제출대상 설비 제외
9	**로울러기**	• 로울러의 압력에 의하여 고무, 고무화합물 또는 합성수지를 소성변형시키거나 연화시키는 기기로 동력에 의하여 구동되는 로울러기 – 작업자가 접근할 수 없는 밀폐형 구조 제외
10	**곤돌라**	• 동력으로 구동되는 것 – 엔진구동 방식, 무선조작식, 지면에서 45° 이하로 설치된 것 제외
11	**국소배기장치**	• 유해물질(49가지)에 따른 건강장해를 예방하기 위하여 설치한 국소배기장치에 한하여 적용 – 최근 2년간 작업환경측정결과가 노출기준 50% 미만인 경우 제외
12	**리프트**	• 적재하중이 0.5톤 이상인 것 – 승강로 높이 3m 이하 일반작업용 리프트, 간이 리프트 제외

안전검사합격증명서	
① 유해 · 위험기계명	
② 신청인	
③ 형식번(기)호(설치장소)	
④ 합격번호	
⑤ 검사유효기간	
⑥ 검사기관(실시기관)	oooooo(직인) 검사원 : ooo
고 용 노 동 부 장 관 직인생략	

7. 물질안전보건자료(MSDS)

근로자에게 자신이 취급하는 화학물질의 유해와 위험성 등을 알려줌으로써 근로자 스스로 자신을 보호하도록 하여 화학물질 취급 시 발생될 수 있는 산업재해나 직업병을 사전에 예방하고 불의의 사고에 신속히 대응하기 위해 다음의 사항을 확인한다.

- 사용 중인 유해화학물질에 대한 목록 작성 및 보유 여부
- 화학물질의 성분 · 안전보건상의 취급주의사항 등에 관한 사항을 기재한 자료(물질안전보건자료[MSDS] : Material Safety Data Sheets)의 작성 · 비치 여부
- 물질안전보건자료의 내용에 대해 당해근로자가 숙지하고 있는지 여부
- 기재사항의 누락 또는 정확성 여부
- 화학물질 또는 화학물질을 함유한 제제의 경고표시 부착 여부

물질안전보건자료에 기재하여야 할 사항

- 화학물질의 명칭 · 성분 및 함유량
- 안전 · 보건상의 취급주의 사항
- 인체 및 환경에 미치는 영향
- 기타 고용노동부령이 정하는 사항(「시행규칙」 제92조의2)
  - 물리 · 화학적 특성
  - 독성에 관한 정보
  - 폭발 · 화재 시의 대처방법
  - 응급조치 요령
  - 기타 고용노동부장관이 정하는 사항

8. 작업환경 측정 및 결과 관리

유해인자로부터 근로자의 건강을 보호하고 쾌적한 작업환경을 조성하기 위하여 작업환경 측정을 실시하고 실시 결과에 대해 적절한 사후관리를 하여야 한다.

9. 근로자 건강진단 실시

근로자의 건강을 보호, 유지하기 위하여 근로자 건강진단을 실시하고 실시 결과에 대해 적절한 사후관리를 하여야 한다.

건강진단의 종류

- 일반건강진단
  근로자 건강관리를 위하여 주기적으로 실시하는 건강진단
- 특수건강진단
  유해인자에 노출되는 업무에 종사하는 근로자 및 직업병 유소견자로 판정받은 후 작업전환 근로자 중 특수건강진단이 필요하다고 의사가 인정하는 근로자의 건강보호를 위하여 실시하는 건강진단
- 배치전건강진단
  특수건강진단대상 업무에 종사할 근로자에 대해 배치 적합성평가를 위해 실시하는 건강진단
- 수시건강진단
  특수 건강진단대상 유해인자에 의한 직업성 천식, 직업성 피부염 등 건강장해 의심증상이 있는 근로자에 대하여 실시하는 건강진단
- 임시건강진단
  특수건강진단 대상 유해인자 또는 그 밖의 유해인자에 의한 중독여부, 질병에 걸렸는지 여부 또는 질병의 발생원인 확인을 위해 지방고용노동관서의 장의 명령에 따라 실시하는 건강진단

제3절 개인 안전관리

1. 조리작업자의 안전수칙

- 주방에서는 안정된 자세로 조리작업에 임해야 하며, 특히 주방에서는 뛰어다니지 않아야 한다.
- 조리작업에 편리한 조리모, 조리복, 안전화 등을 착용해야 하며, 뜨거운 용기를 이동할 때에는 마른 면이나 장갑을 사용해야 한다.
- 무거운 통이나 짐을 들 때에는 허리를 구부리는 것보다 쪼그리고 앉아서 들고 일어나도록 한다.
- 짐을 들고 이동할 때에는 뒤에 뜨거운 종류의 물건이 있는지 항상 살펴보고 이동해야 한다.

2. 개인보호구

1) 개인보호구 사용

보호구는 재해나 건강장해를 방지하기 위해 작업자가 착용하는 기구나 장치를 의미하며, 사업주는 유해 · 위험한 작업을 하는 근로자에 대해서 작업조건에 적합한 보호구를 지급해야 하고 근로자는 지급받은 보호구를 착용한 후 작업을 실시한다.

조리업무를 위한 보호구	 쇠그물장갑	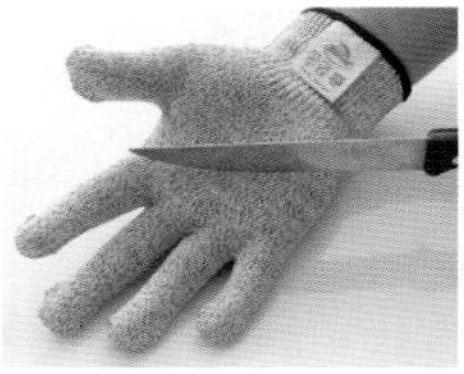 베임방지장갑	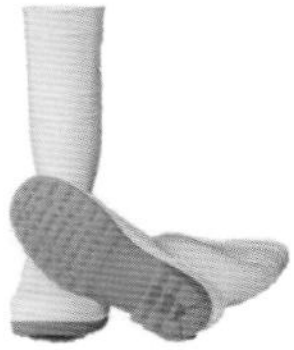 미끄럼방지장화

3. 안전사고의 방지법

1) 화상사고 방지법

- 뜨거운 음식 등을 옮길 때에는 젖은 행주나 앞치마를 사용하지 말며 마른행주나 헝겊을 사용한다.
- 오븐에서 조리한 후 꺼낸 팬 등은 각별히 주의하며 주위 동료에게 알린다.
- 튀김을 할 때에는 주변을 깨끗이 정리정돈한 후 조리한다.
- 기름을 사용하는 조리는 기름이 튀지 않도록 유의한다.
- 뜨거운 수프, 끓는 물, 튀김요리 등에 재료를 투입할 때에는 가까이에서 미끄러지듯이 넣는다.
- 열과 스팀이 발생하는 장비를 열 때에는 안전조치를 하고 연다.
- 뜨거운 용기를 이동할 때에는 주위 사람들에게 "뜨거워요" 하는 등 주위 동료에게 크게 소리쳐 충돌을 방지한다.

2) 낙상사고 방지법

- 몸에 맞는 청결한 조리복과 작업활동에 알맞은 안전화를 착용한다.
- 바닥에 유지류, 핏물 등의 식재료가 있을 때에는 즉시 제거한다.
- 주방에서는 뛰거나 서두르지 않는다.
- 주방 내 정리정돈을 습관화한다.
- 바닥이 미끄러우면 주의표시를 함으로써 다른 종사자가 피해갈 수 있도록 한다.
- 발이 걸려 넘어질 우려가 있는 곳은 수리하거나 제거한다.
- 출입구나 비상구는 항상 깨끗하고 안전하게 관리한다.

4. 응급조치

신속한 응급조치는 재해 정도를 최소화하기 위해 매우 중요하다. 일반적으로 음식업종에서 자주 발생하는 화상과 절단(베임) 시 대처요령 및 필요한 응급조치에 대해 알아두고 재해 발생 시 신속하게 응급조치를 하도록 한다.

1) 일반적인 확인사항

응급처치를 하기 전에 확인해야 할 사항들은 다음과 같다.

- 맥박 및 출혈의 유무 확인
- 호흡의 정지 여부 확인
- 의식 유무 확인
- 손상 부위 및 손상 정도 등을 확인
- 뼈의 골절 여부 확인

2) 일반적인 조치사항

- 출혈 확인 시 지혈법에 의한 응급처치
- 호흡 정지 시 인공호흡에 의한 응급조치
- 사후처리로 의사를 부를 것인지, 응급차를 부를 것인지, 직접 병원으로 옮길 것인지는 신속히 결정한다.
- 환자의 운반방법 결정
- 환자의 의식이 있으면 가장 편안한 자세로 만들어준다.
- 환자의 의식이 없으면 손상부위를 고려하여 적절히 조치한다.
- 안색이 창백하면 머리를 낮게 다리를 높게 하고, 안색이 홍색이면 머리를 높게 하고, 자색이면 인공호흡이나 기도에 이물질을 제거한다.

3) 인공호흡법

인공호흡은 구강 대 구강법이 가장 좋다. 환자의 기도가 열릴 수 있도록 가능한 한 머리를 뒤로 젖히고 턱을 앞으로 내민 자세로 만든다. 구강 내에 이물질이 있을 때는 손가락을 넣어 제거한 후 혀를 앞으로 집어내어 기도가 열리도록 한다.

처음에는 분당 5~10회 실시하다가 차차 늘려서 15~20회 실시하되 스스로 호흡을 시작하면 인공호흡주기를 조정한다.

환자의 호흡에서 잡음이 나면 턱을 들어 기도를 들어주고 배가 부풀어 오르면 배를 살짝 압박해서 배의 공기를 빼준다. 그리고 환자 스스로 호흡을 시작하면 호흡에 지장이 되는 모든 요소를 제거한다.

4) 질식사고

질식사고가 발생하면 먼저 등 뒤를 텅텅 소리가 나게 쳐서 타격을 준다. 그 뒤 피해자의 뒤에 서서 팔로 허리 주위를 감싸고 그 사람의 몸을 앞으로 굽히게 한다. 이때 왼쪽 손으로 오른쪽 주먹을 쥐고 오른쪽 주먹을 환자의 배꼽과 늑골 아래 둔 뒤에 손을 민첩하게 위쪽 방향으로 움직인다. 폐 속의 공기를 이용해서 이물질을 밖으로 밀어낸다. 필요하면 여러 번 반복한다.

5) 화상

① 일반적인 화상

- 가능한 빨리 피부에서 열을 없애야 하므로 깨끗한 냉수로 15분 이상 차게 한다.
- 가까이에 물이 없거나 병원으로 이송할 경우에는 깨끗한 냉수로 적신 타월을 대고 15분 이상 차게 한다.

② 약품에 의한 화상

- 약품이 피부에 침투하기 전에 수돗물 등으로 20분 이상 씻어 흐르게 한다.
- 약품이 눈에 들어간 경우는 얼굴 전체를 세면기 등에 넣고 수돗물을 천천히 흘리면서 눈을 떴다 감았다 하면서 20분 이상 씻어낸다.

③ 상처부위 보호

- 감염 방지를 위해 멸균거즈 또는 깨끗한 포를 상처부위에 대고 그 위에 붕대 등으로 감는다. 긴급히 의사의 치료를 받을 수 없는 경우에는 소독약(무색으로 액체)으로 상처부위 및 그 주위를 소독한다.

④ 잘못된 응급조치 방법

- 화상을 당한 부위에 된장, 간장, 감자, 기름약 등을 바르면 오히려 상처표면을 불

결하게 하여 세균감염을 일으키는 원인이 되므로 절대로 하면 안 된다.

- 물집을 없애면 세균감염 등의 원인이 되기 때문에 그대로 놔둔다.
- 눈 화상의 경우 눈을 문지르면 각막이 손상되므로 절대 문지르면 안 된다.
- 갈증이 있어도 의사의 허락이 있을 때까지 물을 마시지 않는다.

6) 베임 · 절단

① 절단부위의 처치

- 환자를 안정시키고 절단부 상태를 살펴본다.
- 절단부위를 직접 압박하고 올려준다.
- 불완전 절단 시에는 절단부위와 연결부위를 같이 드레싱하고 올려준다.
- 출혈의 정도를 확인하고 지혈이 안 되면 지혈점을 찾아 압박한다.
- 출혈이 계속되면 마지막 방법으로 절단부위 5㎝ 이내에서 고무줄 등으로 묶어 압박을 시행하며 이때 압박을 시작한 시각을 기록한다.

② 손가락 절단 시 환자 이송

- 전화로 구조요청을 할 때 반드시 절단 환자임을 밝히도록 한다.
- 절단된 부위는 묻은 흙을 털어내는 정도로 생리식염수 또는 흐르는 물로 가볍게 씻는다.
- 멸균된 거즈나 소독드레싱에 생리식염수를 적셔 절단된 손가락을 감싸준다.
- 비닐봉지에 넣어 밀봉한 후 얼음상자에 넣고 이송 중 절단부위가 얼지 않도록 한다.
- 얼음이 절단 피검물에 직접 닿지 않도록 한다.
- 드라이 아이스는 사용하지 않는다.
- 절단부위를 직접 물속에 넣지 않는다. 냉온에서 절단부를 보존하는 가장 이상적인 방법은 축축한 소독거즈에 싼 뒤 다시 소독수건에 싸서 비닐봉지에 넣고 얼음상자에 보관하여 이송하는 것이다. 이때 절단편이 직접 얼음에 닿거나 증류수에 잠기지 않도록 유의한다.
- 교통사고에 의한 팔의 절단, 예리한 커터나이프 등에 의한 손가락 및 신체부위 절

단 시 잘린 손가락 및 신체부위는 6~7시간 이내에 수술을 받으면 정상적으로 사용할 수 있다(대한적십자사 자료 인용).

③ 지혈 및 손상부위 보호

작은 외상은 출혈부위를 멸균 탈지면이나 거즈로 직접 압박하고 손, 팔, 다리 등의 심한 외상은 지혈대를 이용하여 지혈을 한다. 코피가 날 때에는 머리를 앞으로 숙이고 코에 얼음찜질을 하는 것이 좋으며, 탈지면으로 콧속이 꽉 차도록 막는 것도 가압과 혈괴 형성에 도움을 준다.

내출혈이나 상처에 박힌 큰 이물 등은 함부로 처치하지 말고 전문의에게 맡기는 것이 좋다. 지혈대 사용 시 출혈부위보다 심장 가까운 곳을 삼각건으로 두 번 감고 마지막 감는 곳에 지혈대와 같이 매듭한다.

지혈대의 사용은 출혈방지 최후의 수단이므로 출혈량이 많을 때 사용하며 지혈부위 하단에 괴사가 올 수 있으므로 조심해야 하고 15~30분마다 1회씩 늦춰주어야 한다.

5. 근골격계 질환 예방

과도한 힘의 사용 및 고정된 자세 등에 의해 목, 어깨, 허리, 손목 등의 근골격계 질환 위험이 높아지고 있다. 특히 작업시간과 휴식시간의 구분 없이 과도한 업무수행 시 통증이 발생하므로 주의해야 한다.

1) 재해예방대책

- 부적절한 자세가 아닌 중립자세를 유지한다.
  - 부적절한 자세로 정적인 작업이 아닌 중립자세를 유지하도록 습관화한다.
  - 작업 중 중립자세 유지가 가능하도록 작업영역, 작업도구, 작업대 등을 작업자에게 적절하게 맞춘다.
- 고정된 정적인 동작을 없앤다.
  - 정적인 동작을 유지해야 하는 작업의 경우 작업장의 재설계, 작업기구 개선 등

의 개선조치를 한다.

- 작업 중간에 규칙적인 휴식시간을 갖는다.

- 무리한 힘을 가하지 않는다.
  - 많은 근력을 사용하는 작업의 경우 충분한 휴식을 취한다.
  - 무리한 힘을 요구하는 작업기구를 개선하여 근골격계 부담을 감소시킨다.
  - 가급적 인력이 아닌 동력을 이용한 기구로 교체한다.
  - 미끄러운 물체가 있는 경우 마찰력을 증가시켜 미끄러움을 감소시킨다.
  - 작업할 수 있는 충분한 공간을 유지한다.
- 반복적인 작업을 줄인다.
  - 반복적인 작업에 의한 근육 및 힘줄의 피로를 줄이기 위해 충분한 휴식을 취한다.
  - 같은 근육을 반복하여 사용하는 경우 작업을 변경하여 순환한다.
  - 가능한 공정을 자동화한다.
- 진동강도가 낮은 전동기구를 사용한다.
  - 전동기구의 사용을 최소화하고 사용해야 한다면 가급적 진동강도가 낮은 기구로 교체하여 사용한다.
  - 전동기구의 점검 및 보수를 철저히 실시한다.
- 작업 전후 및 휴식 시 스트레칭 등을 적절히 실시하여 근골격계 부담을 감소시킨다.
- 근골격계에 부담 주는 작업을 하는 경우 유해요인조사를 실시한다.
  - 설비 · 작업공정 · 작업량 · 작업속도 등의 작업장 상황
  - 작업시간 · 작업자세 · 작업방법 등 작업조건
  - 작업과 관련된 근골격계 질환 징후와 증상 유무 등
- 5kg 이상의 중량물 취급 작업 시에는 물품의 중량과 무게중심에 대한 안내표지를 게시한다.
- 근골격계 부담작업에 종사하는 근로자에게 근골격계 부담작업의 유해요인, 증상, 대처요령, 올바른 작업방법 등에 대해 교육을 실시한다.

그림 2-1 안전한 인력 운반작업

제4절 작업환경 안전관리

음식업종의 주요 공정은 식재료 입고, 전처리, 조리, 배식(서빙), 설거지 및 청소 등으로 분류할 수 있다. 업종 특성상 각 공정별 종사자의 역할이 분명하게 구분되어 있지 않은 편이다.

1. 조명

종사원의 품질검사활동과 작업공간의 위생청결을 위해서도 충분한 밝기의 조명이 필요하다. 검수공간은 540Lux 이상, 전처리구역과 조리실은 220Lux 이상으로 관리하는 것이 좋다. 특히 썰기와 다듬기 등 섬세한 작업이 이루어지는 공간의 조명은 600Lux 정도로 조정하는 것이 좋다.

표 2-6 작업특성별 조명기준(Lighting standard of working area)

구분	조명도	
Codex 식품 규격기준	• 모든 식품준비지역과 검사지역 : 540룩스(50피트촉광) 이상 • 작업장 : 220룩스(20피트촉광) 이상 • 기타지역 : 110룩스(10피트촉광) 이상	
산업안전보건법	• 초정밀작업 : 600룩스 • 보통작업 : 150룩스	• 정밀작업 : 300룩스 • 기타작업 : 70룩스

2. 온도와 습도

주방의 업무적 특성상 온도와 습도 조절이 쉽지 않다. 이는 많은 열기구의 사용과 물 사용량이 많기 때문인데 겨울철에는 주방온도를 18~21℃, 여름철에는 20~23℃로 조절하는 것이 이상적이고 습도는 40~60%로 조절하는 것이 좋다. 온도, 습도는 그 건물을 이용하는 대부분의 사람들이 편안함을 느낄 수 있는 수준으로 유지되어야 한다.

표 2-7 음식업종의 주요 공정

주요 공정	사진	공정 개요
식재료 입고		주문한 음식재고를 입고하는 공정으로 인력이나 이동식 대차를 이용하여 재료를 주방으로 운반
식재료 검수		입고된 재료의 신선도, 청결상태 등을 육안으로 검사하는 공정
재료분리 및 보관		재료를 분리하고 조리 전 냉장 · 냉동고에 보관하는 작업
전처리	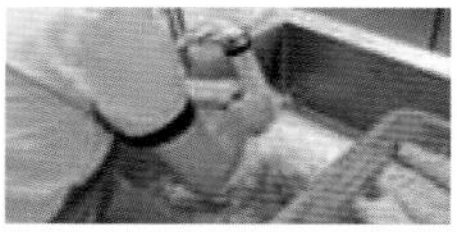	조리 전 부산물 제거 및 알맞은 크기로 절단하거나 용도에 적합하도록 물리적인 가공을 하는 공정
조리		밥짓기, 볶기, 삶기, 데치기, 굽기, 부침, 조림 등 요리에 맞게 조리하는 과정
담기	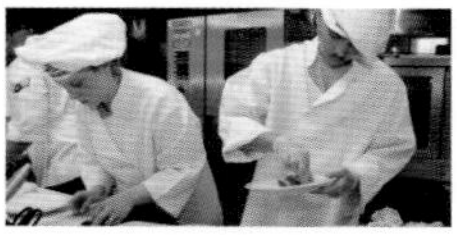	완성된 음식을 그릇에 담는 과정
배식		완성된 음식을 조리실에서 손님의 식탁까지 운반하는 작업
기타(설거지 · 청소)		음식그릇 설거지와 조리기구(분쇄기 등) 청소 및 수리, 식기류의 고온소독, 조리실 청소 및 보수를 하는 작업

3. 소음 조절

주방 소음은 업무 준비시간과 영업시간에 따라 다르다. 음식을 만드는 소리, 주문을 받는 소리, 각종 기구나 장비가 작동하는 소음 등 다양하고 복잡한 소음이 존재하는데 특히 세척장에서 소음이 많이 난다. 불필요한 소음을 통제하여 업무의 효율성과 안전성, 집중력을 높이려는 노력이 필요하다. 세정실과 주방 사이에 방음벽을 시공하고, 주방 내부나 천장에는 기름이나 습기에 저항성이 있는 방음장치를 할 필요가 있다. 주방의 소음기준은 50dB 이하이다.

4. 색

작업자의 피로를 줄이고 업무능력을 향상하기 위해 주방 내부와 장비들의 색을 합리적으로 선택해야 한다. 대부분의 주방이 위생적이고 청결해 보이는 하얀색을 선호하며, 특히 안전사고 예방을 위해 원색을 이용하여 위험표시로 사용하는 것이 좋다.

5. 환기

주방은 열기와 냄새가 많이 나는 곳이고 최근에는 미세먼지 등의 공기오염 때문에 작업자의 건강과 안전을 위해 적절한 환기시스템 구축이 꼭 필요하다.

수증기 열 및 냄새 등을 배기시키고 조리장의 적정온도를 유지시킬 수 있는 환기시설이 갖추어져 있어야 하고 기름기 많은 장소에 있는 후드는 부착된 기름기를 쉽게 청소할 수 있는 구조로 설치되어야 한다. 또한 환기가 원활하게 이루어질 수 있도록 충분한 환기시설을 설치하여야 한다.

1) 배기후드

배기후드란 주방이나 밀폐된 공간의 열기나 냄새를 제거하는 환기장치이다. 공업용 환풍기를 사용하는 경우는 실내와 거리가 가까울 때, 거리가 먼 경우는 신우쿠 팬을 사용하며 거리와 후드의 크기에 따라 팬의 용량을 결정하여 사용해야 배기 효율이 뛰어나다.

배기후드는 후드, 덕트 및 배기팬으로 구성되어 있다. 후드(Hood)의 형태는 일반적으로 상방흡입형으로 가열원의 위에 설치되고 일자형과 삿갓형으로 분류된다. 일자형은 벽체에 가까운 경우, 삿갓형은 설치할 곳이 중앙인 경우에 많이 사용된다. 덕트(Duct)는 우리 몸의 혈관이 피가 통하는 길의 역할을 하는 것처럼 후드에서 포집된 증기분을 이송시키는 통로 역할을 한다. 배기팬(Fan)은 배기후드 및 덕트 내 가열 증기분의 각종 압력손실을 극복하고 원활하게 밖으로 배출시키기 위한 동력원을 제공하는 장치이다.

6. 작업장 바닥 및 통로

음식 조리실 바닥은 물기가 남아 있거나 기름 등이 바닥에 떨어지는 등의 이유로 조리 작업자가 미끄러져 넘어질 위험이 높다. 또한 식자재 세척 및 청소작업 후 바닥에 방치되어 있는 호스나 전선 등 장애물에 걸려 넘어지는 재해가 많이 발생하고 있으며 특히 무거운 물건이나 뜨거운 음식물을 운반하는 경우 위험성이 더욱 크다. 조리실 바닥의 트렌치 덮개가 빠져서 걸려 넘어지거나 통로에 설치된 시설물에 부딪치는 경우도 많이 발생한다.

안전한 조리실 통로 확보를 위해서는 식자재 및 식기류 등은 조리실 또는 별도의 보관장소에 구분하여 정리정돈해야 하나 실제 조리실에서는 좁은 조리공간 등의 이유로 안전통로가 확보되지 않는 경우가 많다.

재해방지를 위해서는 다음과 같은 사항에 유의해야 한다.

- 조리실(주방) 바닥은 미끄러지지 않는 재질로 설치하고 기름기, 물기 등은 즉시 제거한다.
- 바닥재질의 교체가 불가능한 경우 미끄러운 부분에는 미끄럼방지 테이프를 부착하는 등의 방법을 통해 미끄럽지 않도록 조치한다.
- 작업공간별 출입구의 턱 등 돌출부위에 걸려 넘어지지 않도록 턱 등을 제거한다.
- 작업장 내의 적정한 조도 확보를 위해 조명시설을 설치한다.
- 문턱 등의 설치가 불가피한 경우 완만한 경사를 이루도록 보조시설을 설치한다.

- 물 세척을 위한 호스는 작업장 바닥에 방치되지 않도록 벽붙임 방식을 사용하고, 사용 후에는 호스를 감은 상태에서 보관한다.
- 작업장 바닥은 청소작업 중 사용한 물이 고이지 않도록 바닥에 경사를 주거나, 배수용 트렌치 등에 배수구를 둔다.
- 겨울철에는 조리실(주방) 주변 바닥과 계단 등이 얼지 않도록 물기를 제거하고, 바닥에 빙판이 없는지 확인하면서 보행한다.
- 조리실(주방) 내 물 호스 등은 사용 후 즉시 정리정돈을 하고 조리실(주방) 내에서는 급히 걷거나 뛰지 않는다.
- 조리실(주방) 청소 시 미끄럼주의 표지판을 설치하고, 청소 후에는 반드시 배수로 덮개(트렌치판)를 덮는 등의 필요한 조치를 한다.

7. 식자재 운반 안전작업

식자재 운반차량으로부터 식자재를 조리실 또는 별도의 보관장소로 이동하는 작업으로 사람이 직접 운반하거나 바구니 운반카, 운반카트 등의 운반대차 등을 이용하여 운반한다. 식재료나 주방용품을 다량으로 취급하거나 한 개 단위 운반물의 중량이 무거울 경우에는 개인이 단독으로 취급하기 어려운 중량물이 되기 쉽다. 더욱이 대상물이 젖은 경우에는 특히 주의를 요한다.

식재료를 안전하게 운반하기 위해서는 다음에 유의한다.

- 바닥의 물기 및 기름기 제거
- 통행로 정리정돈 및 장애물 제거
- 이동식 대차 및 인력운반 시 시야확보가 가능한 적정한 높이(부피 또는 양)의 식자재 적재
- 팔레트 파손부 점검 및 강도 보완
- 무거운 식자재 운반 시 2인 1조로 작업실시(단독작업 시 중량물의 무게가 최대 25kg을 넘지 않도록 함)

릴호스의 종류 및 작동방법

– 릴호스의 종류

- 자동(스프링)권취형 : 릴호스에 스프링이 내장되어 자동으로 호스를 감을 수 있으며, 벽면에 고정하는 구조로 음식점, 주방, 학교 급식소 등에서 주로 사용
- 자동(모터)권취형 : 릴호스에 모터가 장착되어 자동으로 호스를 감을 수 있는 구조로 식품공장, 산업현장 등에서 주로 사용
- 수동권취형 : 호스를 수동으로 감는 구조로, 식품공장, 건설현장, 일반 산업현장 등에서 주로 사용하며, 벽면이나 바닥에 고정할 수 있으며 이동식 형태의 릴호스도 있음

자동(스프링)권취형

자동(모터)권취형

수동권취형

– 작동방법(자동 스프링 권취형)

① 분사용 노즐을 잡고 릴호스로부터 적정한 길이의 호스를 잡아 당겨서 푼다.
② 분사용 노즐을 사용하여 분무작업을 한다.
③ 작업이 종료되면 분사용 노즐과 호스를 잡고 호스가 자동으로 감길 수 있는 적당한 길이를 다시 당겨 자동으로 감기도록 한다.

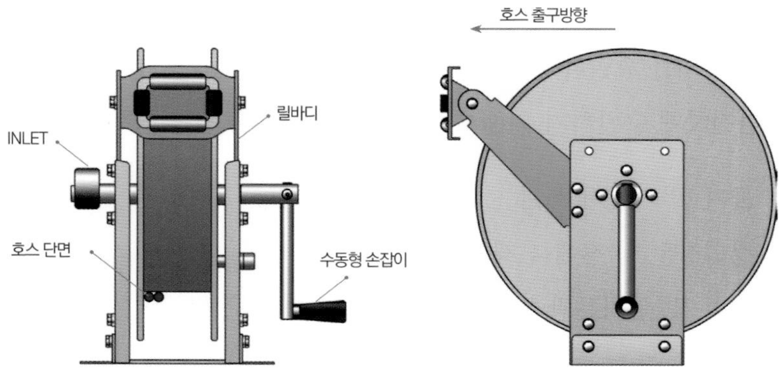

그림 2-2 릴호스의 구조

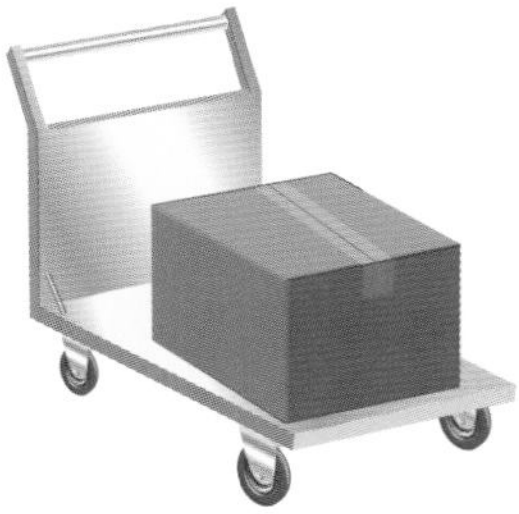
운반대차 이용

바구니 운반카

8. 식재료보관 안전작업

다양한 조리활동과 바쁜 움직임이 있는 주방에는 주방용품 및 식자재 등을 보관하고 근로자들이 안전하게 이동할 수 있는 공간이 대체로 부족하다.

따라서 근로자의 작업공간을 확보하고 식자재를 보관하기 위하여 주방에서 많이 사용되고 있는 것이 선반이다. 이런 선반에는 캔, 쌀, 설탕, 감자 등의 식재료뿐만 아니라 조리활동에 필요한 식기, 박스, 뚝배기, 바가지, 불판 등의 다양한 주방용품까지 다양한 물건들을 선반에 올려놓고 보관하다가 필요할 때 꺼내 쓴다. 또한 식자재의 변질을 예방하고 신선도를 유지하기 위해 식자재의 냉장 또는 냉동 보관이 필요한 경우 냉장고 또는 냉동고를 활용하여 보관하고 있다.

안전하게 식재료 보관작업을 하기 위해서는

- 전용 작업발판을 사용하여 적재
- 적정높이 및 적정무게로 적재
- 무거운 물건이나 자주 사용하는 물건은 선반의 아래쪽에 보관
- 선반은 평평하고 안정된 장소에 충분한 강도의 재질을 사용하여 설치
- 냉장 · 냉동고의 출입문은 수동개폐가 가능하고 내부에서 문이 열리는 구조로 설치

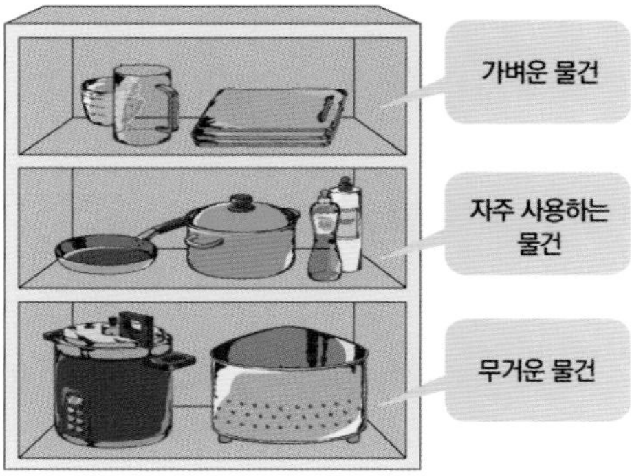

- 냉장 · 냉동고에서 장시간 작업 시 방한복, 방한장갑, 방한모 등을 반드시 착용
- 작업통로로만 이동하고, 냉장고 외부 근무자와 수시로 연락을 취해 작업상황을 공유

선반에 식자재 적재

냉장고 주위 정리정돈

냉동고 출입문

냉동고 경보장치

9. 전기기계기구의 안전한 사용

조리실 등에서 전기기계기구의 사용 시 결함이 있는 전기설비와 전선, 누전 등으로 감전사고가 발생할 수 있으며, 특히 조리실은 물을 많이 사용하는 장소이므로 감전의 위험이 매우 높다. 따라서 조리실에서의 감전사고 예방을 위해 적절한 접지 및 누전차단기의 사용, 절연상태의 수시점검 등 안전한 전기기계기구의 사용이 필요하다.

1) 재해예방대책

- 전기기계기구를 사용하기 전에 손상된 부분이 없는지 점검한다.
- 손상된 기계기구는 즉시 수리하거나 교체하여 사용한다.
- 전기 공급원에 장비를 연결하거나 조정을 하기 전에 장비를 끈다.
- 전기장비가 적절하게 접지되어 있는지 또는 이중절연이 되어 있는지 확인한다.

- 접지된 장비는 3개의 전선이 있는 공인된 코드와 돌출부가 3개인 플러그를 가지고 있어야 하고 플러그를 구멍이 3개 있고 적절하게 접지된 콘센트에 꽂아야 한다.
- 발에 걸려 넘어지는 위험을 제거하기 위해 복도나 작업지역 위로 전원코드를 매단다.
- 덮개가 없는 전기 콘센트는 플라스틱 안전 플러그로 덮는다.
- 전기코드와 플러그를 매일 점검하고 마모, 손상된 경우에는 폐기한다.
- 문어발식 연결을 하지 않는다.
- 코드를 당기지 말고 플러그를 잡고 뽑는다.
- 열, 물, 기름으로부터 전기코드를 멀리한다.
- 연장코드를 상설 전선으로 사용하지 않는다.
- 보호되지 않은 전기코드 위로 이동대차 등이 지나다니지 않도록 한다.
- 바닥을 지나가는 코드는 도관에 넣거나 코드 주위를 널빤지 등으로 보호해야 한다.

10. 화재예방 및 대처요령

조리작업을 하는 주방에는 전기제품을 많이 사용하기 때문에 누전으로 인한 전기화재의 위험이 항상 존재한다. 또한 가스연료를 많이 사용하므로 이로 인한 직접적인 화재발생 가능성도 높으며, 식용유 등의 인화성물질을 많이 사용하기 때문에 화재발생과 확산이 빨리 진행될 수 있다. 따라서 화재발생 시 조기진압과 대피 등의 요령을 미리 알아두어 재해를 예방하고 피해를 최소화하여야 한다. 그리고 화기 주변에는 지정된 장소에 항상 소화기가 있는지 확인하고 정기적으로 점검하여 유사시 사용에 이상이 없도록 한다.

1) 재해예방대책

- 급식실내와 주변에 판지, 상자와 같은 가연성 물질을 적재하지 않는다.
- 화재 발생 시 경보를 울리거나 큰 소리로 주위에 먼저 알린다.
- 소화기나 소화전을 사용하여 불을 끈다(평소 소화기 사용방법 및 비치 장소를 숙지하고 있어야 한다).
- 몸에 불이 붙었을 경우 제자리에서 바닥에 구른다.

- 기능에 이상이 있는 전기기구와 코드는 사용하지 않는다.
- 뜨거운 오일과 유지를 화염원 근처에 방치하지 않는다.

2) 소화기 사용 시 주요 위험요인

- 화재의 종류에 부적합한 소화기를 사용
- 소화기 사용방법을 몰라 초동대처를 못 함
- 소화기 노후 및 고장 등으로 인한 화재진압 어려움

3) 화재의 종류별 특징 및 적용가능 소화기

① 일반 화재(A급 화재)

- 목재, 종이, 섬유 등의 일반 가열물에 의한 화재
- 물 또는 물을 많이 함유한 용액에 의한 냉각소화, 산 · 알칼리, 강화액, 포말 소화기 등이 유효하다.

② 유류 및 가스화재(B급 화재)

- 제4류 위험물(특수인화물, 석유류, 에스테르류, 케톤류, 알코올류, 동식물류 등)과 제4류 준위험물(고무풀, 나프탈렌, 송진, 파라핀, 제1종 및 제2종 인화물 등)에 의한 화재, 인화성 액체, 기체 등에 의한 화재이다.
- 연소 후에 재가 거의 없는 화재로 가연성 액체 등에 발생한다.
- 공기 차단에 의한 질식소화효과를 위해 포말소화기, CO_2소화기, 분말소화기, 할로겐화물(할론) 소화기 등이 유효하다.

③ 전기화재(C급 화재)

- 전기를 이용하는 기계 · 기구 또는 전선 등 전기적 에너지에 의해서 발생하는 화재
- 질식, 냉각효과에 의한 소화가 유효하며, 전기적 절연성을 가진 소화기로 소화해야 한다.
- 유기성 소화기, CO_2소화기, 분말소화기, 할로겐화물(할론) 소화기 등이 유효하다.

④ 금속화재 (D급 화재)

- Mg분, Al분 등 공기 중에 비산한 금속분진에 의한 화재
- 소화에 물을 사용하면 안 되며, 건조사, 팽창 진주암 등 질식소화가 유효하다.

4) 소화기의 설치 및 관리요령

소화기는 다음과 같이 설치한다.

- 각 층별, 각 실별, 대상물별 방호능력단위 이상으로 설치
- 소형소화기는 보행거리 20m마다 설치
- 대형소화기는 보행거리 30m 이내
- "소화기" 표지 게시
- 한 달에 한번 정도 거꾸로 뒤집거나 흔들어준다.(분말소화기)
- 압력게이지가 홍색부분일 경우 재충전을 한다.
- 매월 1회 이상 청소/부식상태/안전핀 탈락/봉인손상 여부/노즐의 막힘/연결상태/압력계의 정상여부 점검
- 약제교환(최초 생산일부터 5년 경과되면 교환)
- 2년을 주기로 정밀점검

5) 소화기 사용법

- 소화기를 불이 난 곳으로 옮긴다.
- 손잡이 부분의 안전핀을 뽑는다.
- 바람을 등지고 서서 호스를 불 쪽으로 향하게 한다.
- 손잡이를 힘껏 움켜쥐고 빗자루로 쓸듯이 뿌린다.
- 소화기는 잘 보이고 사용하기 편리한 곳에 두되 햇빛이나 습기에 노출되지 않도록 한다.

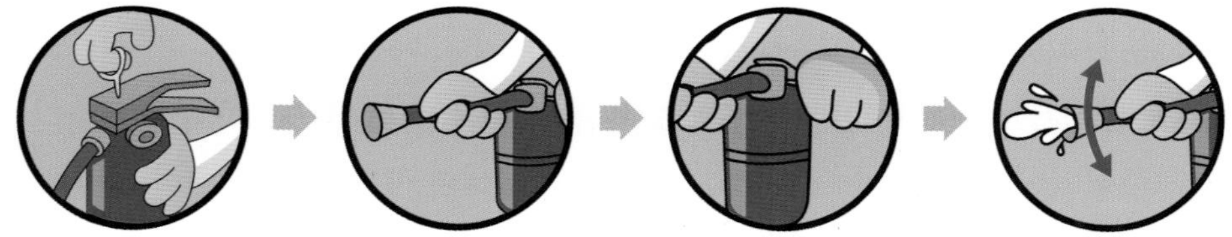

6) 소화전 사용법

- 소화전함의 문을 연다.
- 결합된 호스와 관창을 화재지점 가까이 끌고 가서 늘어뜨린다.
- 소화전함에 설치된 밸브를 시계 반대방향으로 틀면 물이 나온다. (단, 기동스위치로 작동하는 경우에는 ON[적색] 스위치를 누른 후 밸브를 연다.)

제5절 장비 · 도구 안전작업하기

1. 식재료 전처리

작업내용

식자재의 경우 조리 전 부산물을 제거하거나 알맞은 크기로 절단하거나 용도에 적합하도록 물리적인 가공을 하는 공정

주요 사용설비

식자재용 조리칼 · 도마, 육절기 등의 육류 가공기계류, 채소절단기 · 믹서기 등의 가공기계류, 밀가루 반죽기 등의 성형기계류 등

세부작업

- 절단하기 : 음식물을 조리하기 전에 채소, 육류 등을 크기에 맞게 자르는 작업으로 칼, 채소절단기, 골절기, 육절기 등을 사용

- 갈기 : 음식물의 양념에 사용되는 채소류(마늘, 고추, 파 등)를 믹서기 등을 사용하여 갈아내는 작업
- 빻기 : 음식물의 양념에 사용되는 채소류 등을 빻는 작업
- 혼합 및 성형 : 밀가루 반죽, 연육기 등을 사용하여 혼합하거나 성형하는 작업

1) 조리용 칼을 사용한 식자재 전처리

음식 조리를 위해 식재료를 다듬는 경우 칼을 많이 사용하게 된다. 고기, 생선, 채소 등의 식품을 자르는 데 사용하는 칼은 용도에 따라 2가지로 구분되는데, 큰 것은 보통 식칼이라 하여 육류, 생선, 채소를 다루는 데 사용하고, 작은 것은 창칼이라 하여 채소, 과일 등을 다루는 데 사용한다.

칼의 사용이 끝난 후에는 살균과 건조 등을 위해 자외선 살균기를 이용하는 경우가 많다. 자외선 살균기에는 칼뿐만 아니라 같이 사용한 도마, 컵 등을 넣어서 살균 및 건조하게 된다. 그러나 자외선살균기의 램프 불빛을 직접 바라보거나 가까이 위치하지 않도록 하여야 한다. 지나친 자외선 노출은 피부노화, 주름, 변색, 화상 등의 건강장해를 일으킬 수 있으며 심한 경우 결막염이나 피부암 등으로 이어질 수 있기 때문이다.

2) 채소류 가공작업

식재료 상태로 채소가 들어오게 되면 조리실에서는 전처리과정으로 채소를 적당한 크기로 절단하거나 채소의 껍질을 벗겨내는 작업을 한다. 이때 채소를 다듬는 기계기구에는 채소절단기, 파절기, 감자탈피기, 다짐기 등이 사용된다.

① 채소절단기

전기모터를 통해 회전하는 칼날이 내장되어 있어 채소를 여러 종류의 모양이나 크기로 절단해 주는 기계로, 사람이 절단하는 것보다 일정한 크기로 신속하게 작업할 수 있다. 채소 전처리 목적에 따라 다양한 형태의 칼판이 있으며, 슬라이스용 칼판, 채 칼판, 사각썰기 칼판 등이 주로 사용된다.

채소절단기

② **파절기**

파를 투입구에 넣으면 전기모터의 힘으로 회전하는 칼날을 통해 파를 채 써는 기계로, 사람이 손으로 일일이 파를 썰 필요가 없고, 일정한 간격으로 깔끔하게 단시간에 많은 양의 파를 썰 수 있다. 구조는 전원버튼, 칼날뭉치 외부덮개, 깔때기(파 투입구) 등으로 구성되어 있으며, 덮개 내부는 파를 일정한 규격으로 잘라주도록 날이 서로 맞물려 회전하는 칼날뭉치(상부/하부)로 구성되어 있다.

파절기

③ **감자탈피기**

감자 껍질을 제거하기 위한 기기로 20~30kg 용량을 10분 정도에 탈피할 수 있어 효율적이다. 내부에 원통이 있으며 원통 내부 벽면과 회전판이 일반적으로 금강석이 혼합된 재질로 되어 회전하면서 껍질을 벗기는 구조로 되어 있다. 금강석 재질은 각종 세균과 식중독균으로부터 위험에 노출되어 있어 스테인리스 재질의 타공탈피기를 사용하기도 한다. 또한 탈피기 사용 시 조리장 바닥에 물이 많이 튀므로 미끄러짐 사고에 대한 주의가 필요하고, 탈피 후 수작업으로 씨눈을 제거하는 작업이 이어져야 하는 번거로움도 있다.

감자탈피기

④ **다짐기**

마늘, 생강, 양파, 고추 등의 채소를 곱게 다져주는 기계로 주로 양념용 재료를 만들거나 많은 양의 채소를 분쇄, 혼합하고자 할 때 사용한다. 채소뿐만 아니라 육류, 생선류 등 다양한 식품재료와 냉동/냉장류 재료, 잔뼈 등의 분쇄도 가능하다. 구조는 전원버튼, 투입구, 배출구, 회전칼날 등으로 구성되어 있고, 용도에 따라 크게 채소용, 육류용으로 구분되며 형태, 크기, 용량 등이 다양하다.

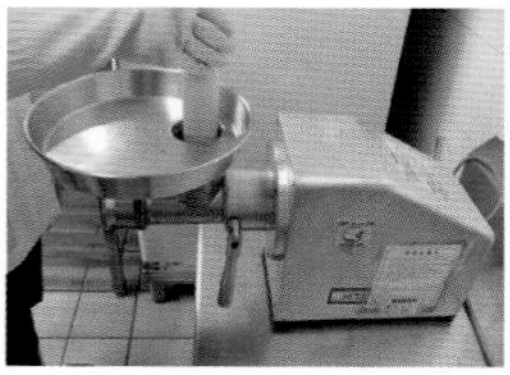
다짐기

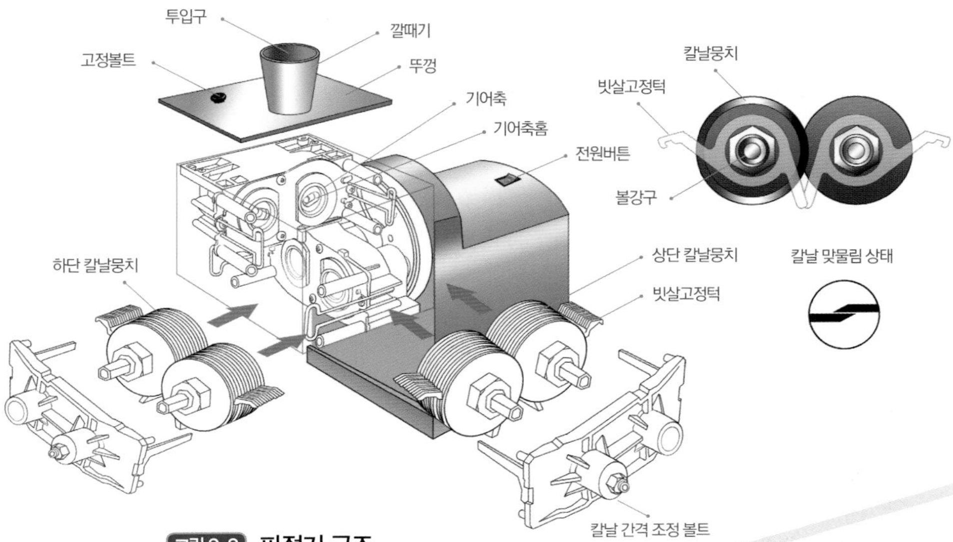

그림 2-3 파절기 구조

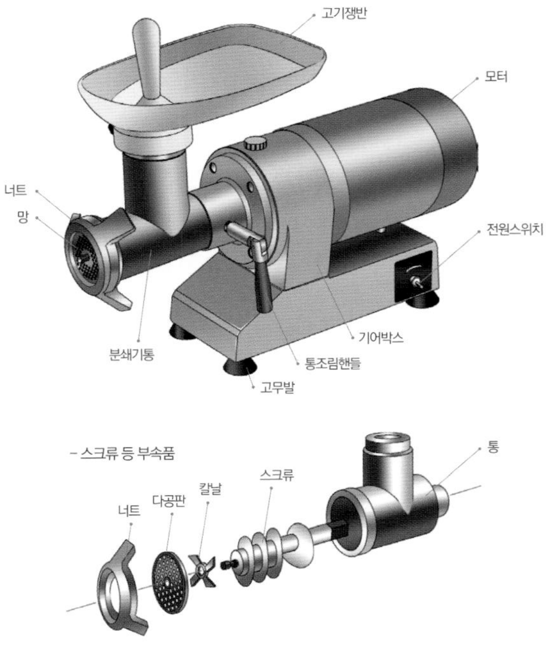

그림 2-4 다짐기 구조

그림 2-5 감자탈피기 구조

재해예방대책

작업 전

- 채소취급기계 외형 각 부분의 고정상태(나사 조임상태)를 확인한다.
- 작업하기 용이한 위치에 설치한다.
- 투입구에 이물질이나 손상부위가 없는지 상태를 확인한다.
- 칼날에 마모나 균열 등의 이상이 없는지 점검한다.
- 회전하는 칼날에 장갑 등이 말려들어가지 않도록 복장상태를 확인한다.
- 비상정지 스위치가 작동하는지 확인한다.
- 작업장 내 충분한 조명을 유지하고 주위 정리정돈을 철저히 한다.
- 전원은 접지극이 설치된 플러그 및 콘센트를 사용하고, 연결되는 콘센트의 1차측에는 누전차단기(정격감도전류 30mA 이하이고, 작동시간 0.03초 이내)를 설치한다.
- 절연피복이 손상되었을 경우 감전위험이 없도록 절연을 보강한다.
- 채소취급기계의 흔들림이 없도록 작업대 바닥면과의 고정상태를 확인하고 수평을 유지한다.
- 채소취급기계 주위에 경고표지를 부착하여 작업자가 위험에 대하여 인식할 수 있도록 한다.
- 작업장 주위 바닥에 물이 방치되어 작업자의 전도위험이 발생하지 않도록 주기적인 청소 및 배수시설을 점검한다.

작업 중

- 젖은 손으로 탈피기 스위치의 조작을 하지 않는다.
- 재료를 투입할 때 손이 아닌 투입봉 등 기구를 활용한다.
- 감자탈피기 작동 시 뚜껑이 열리지 않도록 조치한다.
- 이물질 제거 시 반드시 동력을 정지시킨 후에 제거한다.
- 채소 투입구를 주시하며 채소의 가공상태를 확인한다.
- 손가락이 끼거나 응급상황 발생 시 비상정지 스위치를 눌러 정지시킨다.
- 식재료(감자 등) 운반 시 운반카트, 바구니 운반카 등을 사용한다.

작업 후

- 청소작업 시 전원코드를 뽑아 전원을 완전히 차단한 후 실시하며, 전원부에 물이 들어가지 않도록 주의한다.
- 사용 후 세척 시 전원스위치를 먼저 내리고, 플러그를 반드시 뽑는다.
- 물청소 시 기계 본체에 물이 닿지 않도록 주의한다.
- 칼날을 교체 또는 세척 시 칼날에 베이지 않도록 절상방지 장갑을 착용한다.
- 채소취급기계는 반드시 2인 이상 함께 운반한다.

3) 육류 가공작업

소고기, 돼지고기, 닭고기, 뼈 등 식재료의 조리, 가공 및 보관을 위해 적당한 크기로 절단하는 작업을 수행하게 된다. 육류를 취급하는 기계기구에는 골절기, 육절기, 연육기 등이 사용된다.

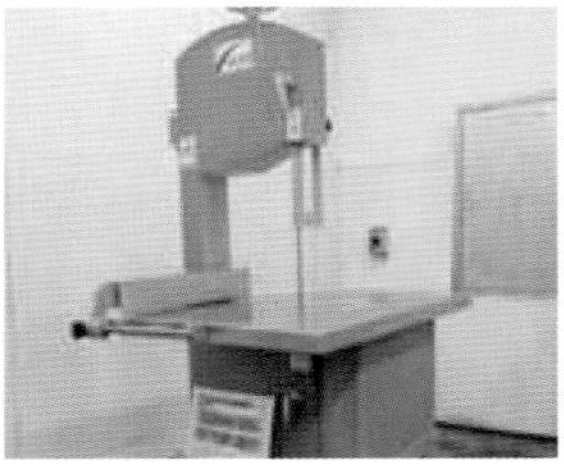
골절기

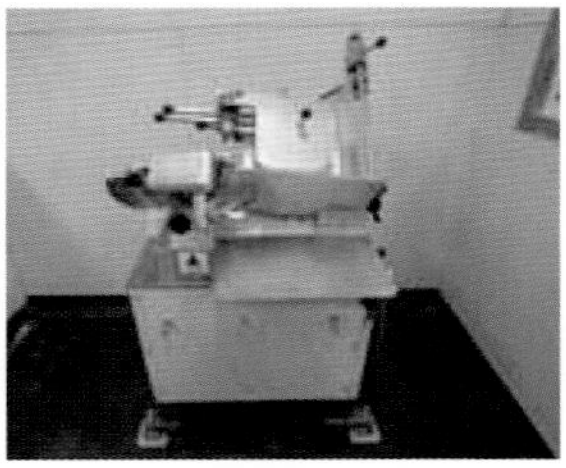
육절기

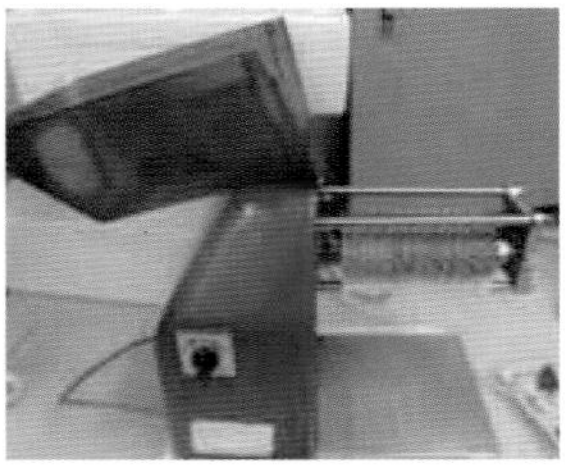
연육기

① 골절기

뼈가 있는 고기 등을 자를 때 사용하는 기계로 보통 정육점, 육가공업체, 식당에서 사용하며, 냉동상태의 육류도 절단이 가능하다. 작동원리는 회전 띠톱에 의해 절단물을 자르는 방법이며, 대체적으로 부피가 크지 않아 좁은 공간에서도 사용이 가능하다. 구조는 전원버튼, 회전띠톱, 띠톱풀리(상/하), 작업대, 외부 덮개, 톱날 가이드 등으로 구분되며, 덮개 내부의 띠톱이 상/하 풀리에 접착되어 회전하면서 재료를 절단하는 형태이다.

② 육절기

뼈 없는 고기, 햄과 같이 연육상태의 재료를 자르는 기계로 주로 음식점, 마트 축산 코너에서 사용되고 있다. 냉동육은 전용 냉동육절기를 사용해야 하며, 특히 뼈가 있는 고기는 골절기를 사용해야 한다.

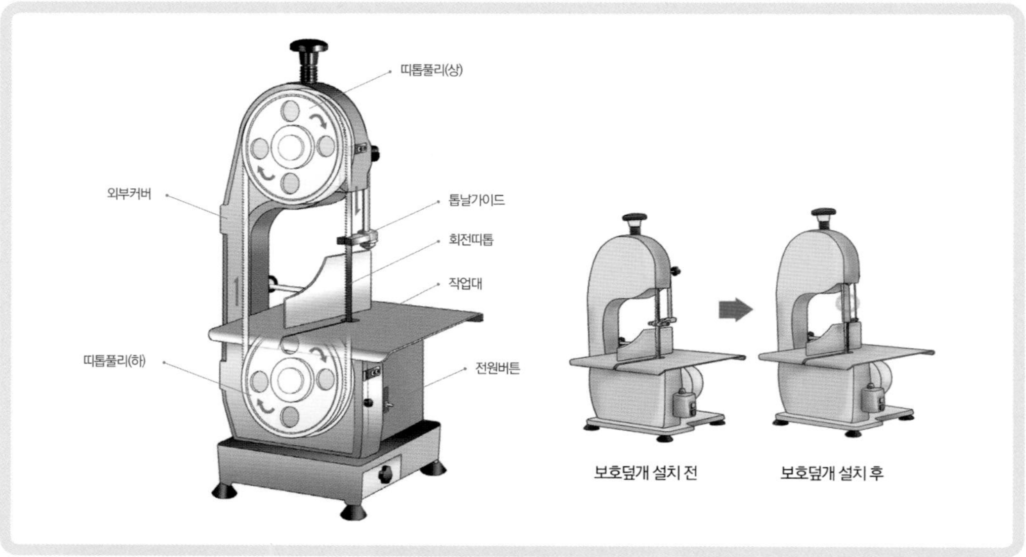

그림 2-6 골절기 구조

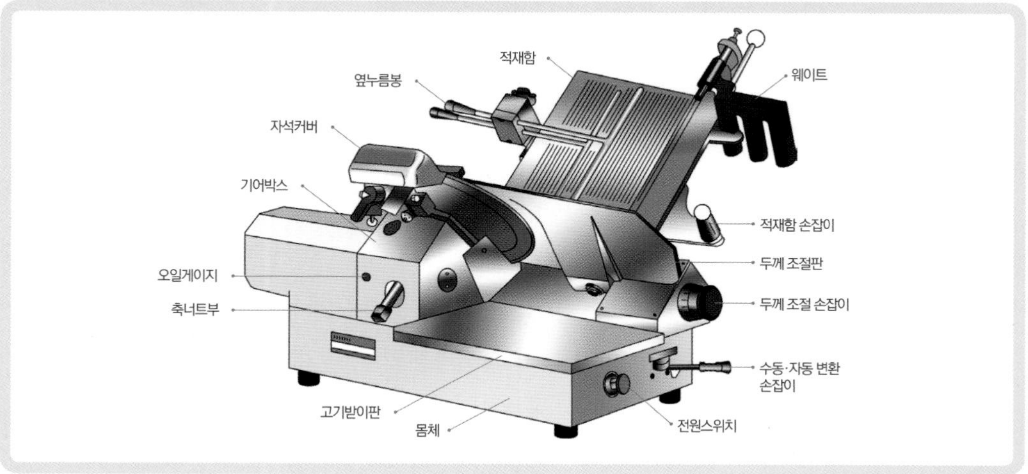

그림 2-7 육절기 구조

③ 연육기

생선, 고기 등에 칼집을 내어 육질을 부드럽게 만드는 기계로 고기 등이 양쪽 2개의 칼날 롤을 통과하면서 자동으로 칼집이 형성되는 구조이다. 고기 등을 투입할 때에는 방망이로 밀어넣어야 하고 내부에 찌꺼기가 자주 끼므로 사용 후 칼날뭉치를 분해 · 세척해야 재사용 시 용이하다.

그림 2-8 연육기

재해예방대책은 다음과 같다.

- 칼날 또는 톱날에 신체 접촉 방호덮개 설치
- 식자재 투입 시 미는 봉(판) 등 보조도구 사용
- 회전 또는 운전 중 청소금지
- 손가락 베임 방지용 장갑 등 보호구 지급 · 착용
- 기계류 이상 작동 시 기계전원 차단 후 완전히 정지된 상태를 확인하고 작업
- 칼날 세척, 교환, 청소 시 반드시 전원 차단 후 청소실시
- 칼날교체, 청소 등 위험작업 시 미숙련근로자 작업금지
- 가공기계류 외함접지 및 누전차단기 설치

4) 반죽류 가공작업

짜장면, 칼국수 등의 음식을 조리하는 음식점에서는 밀가루 등의 반죽을 하는 경우가 많다. 반죽은 손으로 직접 면을 만드는 수타방법과 반죽기 등을 이용하여 면을 만드는 방법이 있다. 반죽기를 이용하여 만들어진 반죽은 제면기를 통해 칼국수, 짜장면 등 각종 메뉴의 면으로 가공된다.

반죽기는 전기모터를 이용하여 모터에 연결된 회전날을 통해 반죽을 하는 기계이다. 밀가루와 물의 혼합비를 일정하게 유지하여 손으로 반죽하는 것보다 신속하게 일정한 품질로 많은 양을 반죽할 수 있다. 구조는 전원버튼, 교반실(용기), 고정레버(높이조절레버), 모터, 보호덮개(안전가이드) 등으로 구분되며, 회전하는 날개 축에 의한 자동반죽으로 많은 양의 반죽을 신속하게 생산할 수 있다.

제면기는 밀가루 반죽을 알맞은 두께로 펼쳐서 칼로 자르는 작업을 하는 기계로, 시간과 힘을 절약하고 빠르고 손쉽게 여러 종류의 면을 대량으로 만들 수 있다. 구조는 전원버튼, 절취핸들, 조절핸들, 면판, 롤러, 외부덮개 등으로 구분되며, 작동원리는 홍두깨로 여러 번 반죽을 미는 형식과 동일하다.

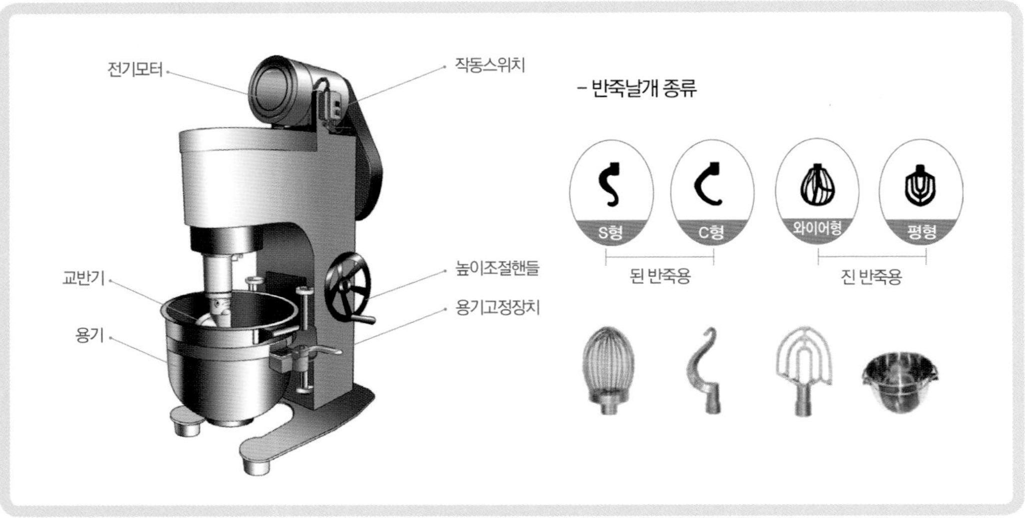

그림 2-9 반죽기

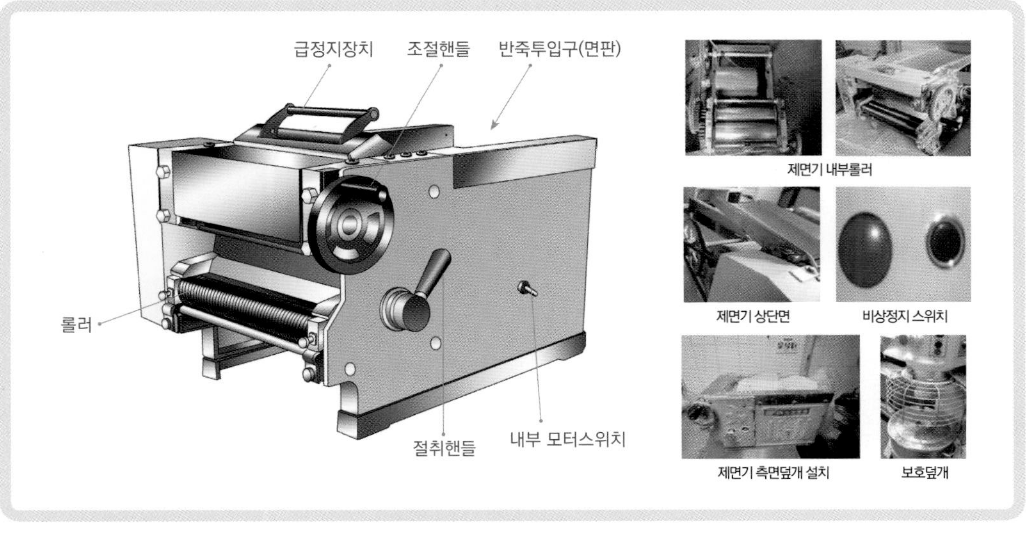

그림 2-10 제면기

재해예방대책은 다음과 같다.

- 재료(반죽) 입구/출구를 제외한 나머지 맞물림 위험이 있는 부위에 보호가드를 설치하여 롤러 노출부를 최소화한다.
- 식자재 투입 시 미는 봉(판) 등의 보조도구 사용한다.
- 보안경, 작업모, 작업화, 작업복 등 개인보호구를 착용하고 복장을 단정히 한다.
- 기계류 이상 작동 시 기계전원 차단 후 완전히 정지된 상태를 확인하고 작업
- 회전 또는 운전 중 청소를 금지하며 세척, 교환, 청소 시 반드시 전원 차단 후 청소를 실시한다.
- 반죽용 재료를 과다하게 투입하지 말고, 무리한 힘으로 밀어내지 않는다.

2. 조리공정

작업내용

음식업의 대표공정인 밥짓기, 볶기, 삶기, 데치기, 굽기, 부침, 조림 등 요리에 맞게 조리하는 과정

주요 사용설비

가스테이블, 취사기, 국솥, 오븐기, 튀김기, 부침기 등

세부작업

- 밥짓기 : 원료인 쌀을 씻어 가스자동밥솥이나 다단식 취사기, 가스회전식 주물솥 등을 이용하여 쌀을 익히는 작업
- 국 · 찌개 끓이기 : 다듬어진 음식재료를 가스레인지, 가스테이블, 국솥 등을 이용하여 국이나 찌개를 끓이는 작업
- 반찬 만들기 : 반찬의 종류와 음식재료에 따라 조리법은 매우 다양하다. 육류(쇠고기, 돼지고기, 닭고기 등), 어류(담수어, 해수어 등), 채소(배추, 파, 마늘 등) 등의 재료를 가스레인지, 가스부침기, 오븐, 채소절단기, 양념분쇄기 등의 조리기구 등을 이용

하여 반찬을 조리하는 작업

- 끓이기 : 온수 준비, 냉동식품 가열, 끓는 물에 음식재료를 넣고 익히는 작업
- 데치기 : 채소의 녹색이 없어지지 않도록 삶는 방법으로 식재료를 물에 순간적으로 열처리하는 작업
- 볶기 : 음식이나 음식재료를 물기가 거의 없는 상태에서 식용유 등을 이용해 열을 가하는 작업
- 굽기 : 음식재료를 익히기 위해 열을 가해 직화를 이용하거나 그릴 등 도구를 이용하여 익히는 작업
- 튀기기 : 음식재료를 익히기 위해 튀김전용 냄비 등에 식용유 등을 가열한 후 단시간에 담가 익히는 작업

1) 밥짓기 안전작업

단체급식업체뿐 아니라 대형음식점의 경우 대량으로 밥을 짓기 위한 일련의 과정이 필요하다. 쌀이 입고되면 저장장소에 보관한 후 손으로 쌀을 씻거나 세미기를 통해 씻은 후 취반기 등을 이용해 밥을 짓는다. 완성된 밥은 별도의 보관기기에 보관한 후 배식을 한다.

① 세미기

세미기는 대량의 쌀을 빠른 시간에 씻을 수 있는 기기로, 수압식, 전동식, 공기방울식이 있다.

수압에 의한 낙하 차이를 이용한 수압식 세미기는 소량의 쌀을 씻기에 적합하다. 전동식 세미기는 물을 분사함과 동시에 회전봉이 회전을 하며 세미하는 방식으로 대량의 쌀을 씻을 때 사용하고 공기방울을 이용하여 쌀을 씻는 공기방울식 세미기도 있다.

그림 2-11 세미기

② 취반기

취반기는 가스(LPG, LNG) 등을 주 연료로 하여 대량의 밥을 짓는 기계를 말한다. 취반기는 스테인리스 재질의 상판, 측판, 후판, 저판, 도어, 뚜껑, 제어함, 내부솥, 버너, 노즐, 가스배관, 공기조절기, PCB 기판 및 각종 안전장치 등으로 구성되어 있다.

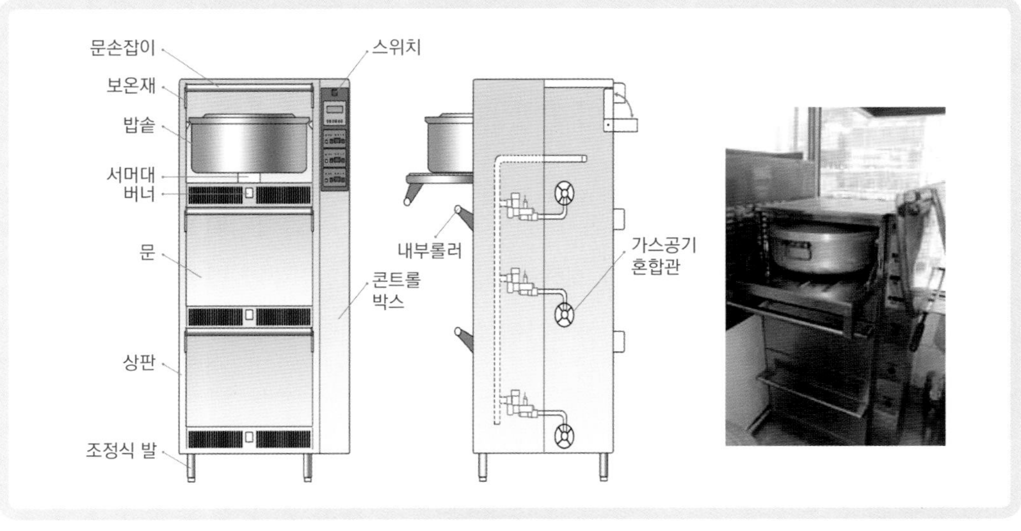

그림 2-12 취반기

③ 밥 보온고

밥 보온고는 취사된 밥의 보온을 위해 사용하는 전기기계기구이다. 밥그릇에 뜨거운 밥을 덜어 놓은 후 보온고에 보관하는 용도로 용량에 따라 차이가 있으나 약 50~100여 개의 밥그릇을 보온할 수 있다.

재해예방대책은 다음과 같다.

- 화상방지를 위한 보호구 착용
- 고온의 기계·기구류 취급 시 안전수칙 준수
- 적정한 작업대 및 보조받침대 사용
- 충분한 작업공간 확보
- 전기기계기구 외함 접지
- 누전차단기 설치 및 점검
- 고온의 물 또는 튀김 오일류 교체 시 작업방법 준수
- 근골격계 질환 예방을 위한 스트레칭 실시

2) 음식조리기구 안전작업

음식조리작업은 식재료를 전처리한 채소류, 육류, 면류 등을 이용하여 고객이 주문한 음식물로 조리하는 작업이다. 음식 조리에 사용하는 조리기구로는 가스테이블, 오븐, 국솥, 튀김기, 부침기 등이 있으며 이때 발생하는 고열의 수증기 및 연기 등의 배출을 위한 배기후드 등이 있다.

음식조리기구의 열원에는 가스와 전기 등이 있다. 대부분의 음식업점에서는 이 중 가스를 많이 사용하는데 가스누출로 인한 재해예방을 위해 가스연결부에 대한 주기적인 점검, 가스누설경보기 및 자동차단기 등을 설치하여 화재·폭발사고를 예방해야 한다.

① 가스테이블

가스테이블은 음식점의 조리실에서 취사용으로 사용하는 대표적인 연소기기로 사용 가스에 따라 LPG용·LNG용으로 구분되며, 대부분의 연소기는 노즐, 혼합관, 공기 조

절기(댐퍼), 버너헤드, 염공, 점화장치로 구성되어 있다. 종류로는 주물레인지, 일반가스레인지, 그릴부착레인지, 오븐레인지로 분류하며, 버너의 수에 따라 1구레인지, 2구레인지, 4구레인지, 설치형태에 따라 탁상형 및 캐비닛형으로 구분한다.

가스누설 자동차단기 설치

- 검지부는 연소기로부터 수평거리 4m 이내에 설치한다.
  - LPG : 공기보다 1.5 ~2배가량 무거우므로 바닥 부근에 설치
  - LNG : 공기보다 0.6~0.7배가량 가벼우므로 천장 면에서 30cm 이내에 설치
- 항상 가동될 수 있도록 전기콘센트에 연결시켜 놓는다.
- 가스누설경보기의 오작동을 예방하기 위해 주기적으로 정상작동 여부를 점검한다.
- 검지부에 물이나 이물질이 고착되지 않도록 덮개를 씌우고 기구 세척 및 바닥청소 시에는 특히 주의한다.

가스냄새가 날 경우 대처방법

- 원래 가스에는 냄새가 없지만 가스가 샐 때 누구나 쉽게 알 수 있도록 냄새나는 물질을 섞어 놓았기 때문에 가스가 새는 경우 양파 썩는 냄새가 난다.
- 가스냄새가 나면 가스기기의 밸브를 잠근 후 최대한 빨리 중간밸브, 용기밸브, 혹은 메인밸브를 모두 잠근다.
- 가스밸브를 잠근 후 창문과 출입문 등을 모두 열어 환기를 하면서 방석이나 부채 등으로 가스를 쓸어낸다.
- 이때 배기팬이나 선풍기를 사용하거나 기타 전기기기의 전원플러그를 콘센트에서 빼면 전기스파크에 의해 가스가 폭발할 수 있으므로 전기용품에는 절대 손을 대지 않는다.
- 가스냄새가 계속 날 때에는 전문가가 도착할 때까지 현장을 감시한다.

재해예방대책은 다음과 같다.

작업 전

- 설치 시에는 시공자격자에게 맡겨 통풍이 잘 되고 인화물질이 없는 곳에 안전기준에 맞게 설치한다.
- 호스와 연소기 등의 이음매와 호스에서 가스가 새지 않는지 비눗물 등으로 수시로 점검한다.
- 가스가 누출되지 않았는지 냄새로 우선 확인한다. (LPG는 바닥으로부터, 도시가스(LNG)는 천장으로부터 냄새를 맡는다.)
- 가스레인지를 사용하기 전에 창문을 열어 충분히 환기시킨다.
- 가스레인지 주위에는 가연성 물질을 가까이 두지 않는다.
- 콕, 호스 등 연결부의 상태가 양호한지 확인한다.
- 불꽃구멍에 음식찌꺼기가 남아 있지 않도록 청결하게 유지한다.
- 가스경보기는 다음의 사항에 유의하여 설치한다.
  - LNG는 공기보다 가벼워 위로 올라가므로 경보기 설치는 천장으로부터 30cm 이내에 설치
  - LPG는 공기보다 무거워 바닥으로 가라앉기 때문에 바닥으로부터 30cm 이내에 설치
  - 주위의 온도가 현저히 낮거나 높은 곳, 물기가 직접 닿거나 습기가 많은 곳은 가스경보기 설치 불가

작업 중

- 가스불을 켤 때에는 불이 붙었는지 확인한다.
- 조리 중 파란 불꽃이 유지되고 있는지 수시로 확인한다.
- 조리 중 불에 의해 화상을 입을 수 있으므로 개인보호구(방열장갑 등)를 착용한다.
- 사용 중 가스가 떨어져 불이 꺼졌을 경우 반드시 연소기의 콕과 중간밸브를 잠근다.
- 화구 위에 지나치게 넓은 조리기구가 놓여 화구의 자연냉각을 방해하지 않도록 한다.
- 가스 누설 시 응급조치를 실시한다.
  - 가스가 새는 것을 발견하면 먼저 연소기 콕과 중간밸브를 잠가 가스 공급을 차단

– 창문과 출입문을 열고 누설된 가스를 밖으로 환기(환기를 위해 선풍기나 배기팬 사용금지)
– LPG가스를 사용하는 경우 신문지 등을 이용하여 연기를 쓸어내듯 밖으로 몰아냄

작업 후

- 사용 후에는 연소기에 부착된 콕과 중간밸브를 잠근다.
- 다 사용한 가스용기는 반드시 밸브를 잠그고 화기가 없는 곳에 보관한다.
- 누설에 의한 폭발사고를 예방하기 위해 작업 후에는 모든 밸브를 반드시 잠근다.

② 회전식 국솥

회전식 국솥은 가스(LPG, LNG), 보일러 증기(스팀)를 가열원으로 하여 국을 끓이거나, 조림 또는 죽, 볶음 등의 조리작업 및 조리기구 열탕 소독 시에 사용하는 설비이다. 조리 후 내용물 배출이 용이하도록 솥이 기울어지는 조리기구이며, 단시간에 다량의 음식물을 조리할 수 있고 다목적으로 사용이 가능하다.

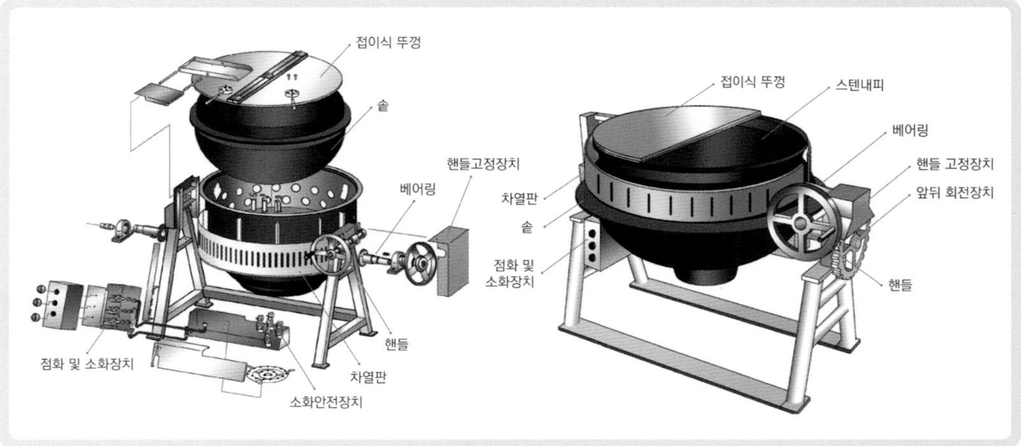

그림 2-13 회전식 국솥

종류에는 가스식과 스팀식이 있으며 각각의 특징은 다음과 같다.

종류	가스식	스팀식
구성부품	내/외부 솥(주철, SUS), 지지다리, 중앙버너, 점화봉, 회전 조절핸들(웜기어), 뚜껑, 연료차단 밸브 등	내/외부재킷(SUS), 지지다리, 안전밸브, 압력계, 회전 조절핸들(웜기어), 뚜껑, 보일러 증기 배관 등
특징	내부솥 주철제, 화력이 강하여 튀김용, 볶음용으로 사용함	내/외부 사이 재킷, 증기 사용압력(1.5~1.7kg/cm^2), 안전밸브 설치, 일정온도를 유지하는 국 조리용으로 사용
	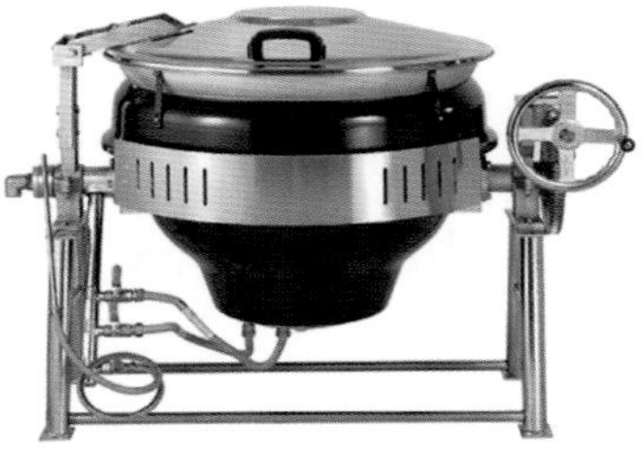	

③ 튀김기

기름을 이용하여 튀김조리를 할 수 있게 해주는 기계로 재료를 튀기는 과정에서 발생하는 수분을 감소시켜 제품의 품질을 높이는 한편, 단시간에 대량의 식재료를 간편한 조작으로 조리할 수 있는 기계이다.

LPG, LNG 등의 가스를 이용하거나 전기를 이용하여 식용유가 들어 있는 용기의 바닥을 가열하여 온도를 약 165℃까지 상승시킨 후에 식재료를 식용유에 넣어 튀김음식을 만드는 기계로 통닭 또는 돈가스 등을 대량으로 만드는 튀김전문 식당 등에서 자주 사용하고 있다. 또한 가정에서 아이들의 간식 준비 혹은 소규모 식당에서 메뉴의 다양화를 위한 가정용 소형 튀김기의 사용이 증가하고 있다.

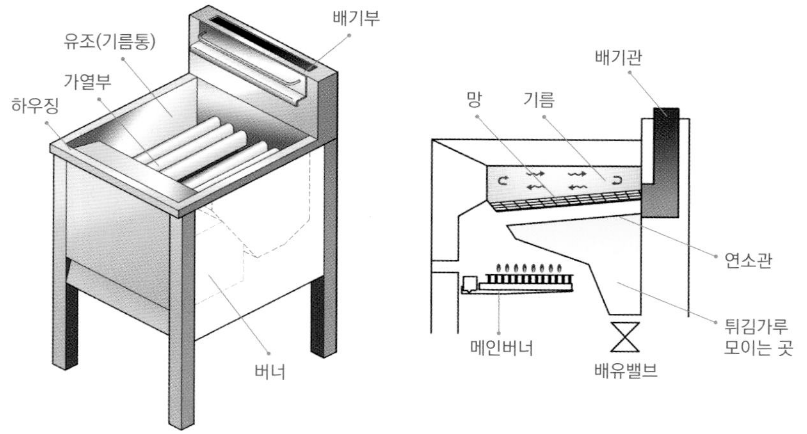

그림 2-14 튀김기

④ 부침기

부침기란 두꺼운 철판으로 만들어져 육류, 가금류, 채소, 생선 등을 볶을 때 사용하는 열조리기구로, 가스 사용형과 전기 사용형의 두 가지가 있다. 부침기는 상부 전면에 사용 중 발생되는 기름을 모을 수 있는 기름도랑과 기름통이 부착되며 하부구조는 가스테이블과 동일하다. 상판은 열이 고르게 분포되도록 두꺼운 철판(20~25mm)을 사용한다.

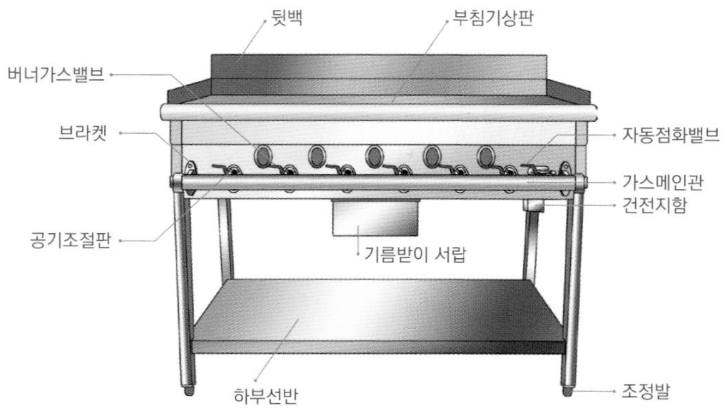

그림 2-15 부침기

⑤ 오븐

오븐은 기구 속에 음식을 넣고 사방에서 보내는 열로 음식을 익히는 조리기구의 하나로 짧은 시간에 다양한 종류의 요리를 만들 수 있고, 미리 준비한 음식을 방금 요리한 것 같은 최적의 상태로 재생할 수 있다.

오븐은 종류가 다양하므로 각각의 특징을 고려해 적합한 기기를 선정해야 한다. 오븐의 종류는 표준형(레인지 아래 설치되는 형태), 컨벡션, 데크, 로터리, 컨베이어, 마이크로웨이브, 저속 로스팅 등으로 다양한데 가장 많이 쓰이는 것은 콤비 오븐기라 불리는 스팀 컨벡션 오븐이다.

컨벡션 오븐은 내부 팬이 장착되어 있어 이 팬이 회전하면서 가열된 공기를 고속으로 순환시키므로 열전달이 촉진되고 조리시간이 단축되는 장점이 있으며, 에너지 효율이 높은 편이고 공간을 많이 차지하지 않아 상업용 급식시설에서 많이 쓰이는 기기의 하나이다.

콤비 오븐(스팀컨벡션 오븐, 다기능 오븐)은 컨벡션 오븐과 찜기(스티머)를 결합한 기기로, 콤비 오븐의 열원은 대류열과 스팀의 두 가지이다. 비용이 높은 것이 단점이나 다양한 조리가 가능하고 주방공간을 절약할 수 있다는 점에서 많이 사용되고 있다.

컨벡션 오븐

콤비 오븐

3. 배식(서빙)

배식업무는 조리실에서 완성된 음식물을 고객의 식탁까지 운반하는 것 또는 단체급식의 경우 배식기기에 음식물을 담은 후 급식장소에서 음식물을 덜어주는 것을 말한다. 음식물의 층간 이동을 위한 덤웨이터, 홀 서빙을 위한 음식 운반카트, 단체급식을 위한 배식대 등이 사용된다.

① 배식대

배식대는 뷔페음식점, 단체 급식소 등에서 배식을 위해 이용하는 기기로 전기나 온수, 얼음을 이용해 온도를 유지한다. 보온 · 보냉 배식대와 같은 배식기기는 음식을 가열하거나 냉각시키기 위한 기기가 아니라 음식의 온도를 유지하기 위한 기기이다.

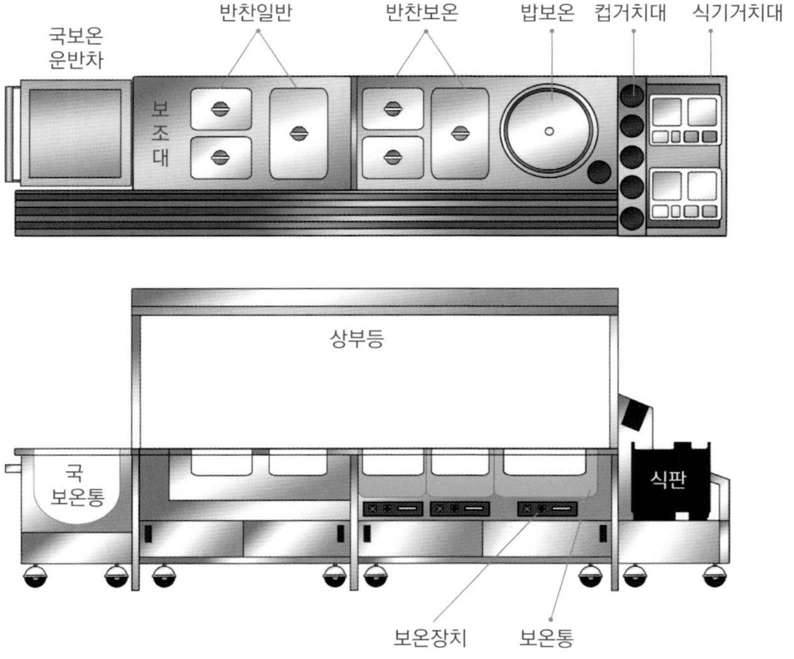

그림 2-16 배식대

그림 2-17 다양한 형태의 배식대

② 덤웨이터

덤웨이터(Dumbwaiter)는 음식물 등 소형화물의 운반에 적합하도록 제작된 엘리베이터로서 승강장문(출입문)의 위치에 따라 테이블 타입과 플로어 타입으로 분류된다.

- 테이블 타입 : 출입문이 건물의 바닥보다 높은 위치(바닥에서 75cm 정도 올라간 위치)에 있는 것으로 출입구에 선반(테이블 또는 카운터)이 설치
- 플로어 타입 : 보통 화물을 싣는 손수레 등을 운반하는 것으로 승강바닥과 카바닥이 같은 높이

4. 식기세척 및 청소작업

작업내용

음식그릇 설거지, 조리기구(분쇄기 등) 청소 및 수리, 식기류의 고온소독, 조리실 또는 홀 시설물 청소, 조리실 후드 및 덕트 청소 등의 작업

주요 사용설비

식기세척기, 고압살수기, 소독기, 청소기 등

세부작업

- 설거지 : 음식 그릇, 조리기구 등을 물 또는 전용 세척액을 사용하여 재사용이 가능하도록 씻어내는 작업
- 조리실 청소 : 조리실 바닥, 후드 및 덕트, 조리기구 등을 물이나 세척제를 사용하여 청소하는 작업
- 홀 청소 : 식사를 마친 고객의 식기류, 음식찌꺼기, 식탁, 홀 바닥 등을 청소기, 걸레 등을 사용하여 청소하는 작업

식사를 마친 후 식기들은 세척 및 건조과정을 거쳐 재사용된다. 또한 음식조리를 마친 후에는 조리실 바닥, 조리기구, 배기후드 등에 대한 청소작업이 이루어진다.

식기의 세척 및 건조작업은 인력에 의한 작업과 식기세척기 등 기계기구를 이용한 작업으로 나뉜다. 작업효율, 세척시간 및 조리실 공간확보 등의 이유로 인력에 의한 세척작업보다는 식기세척기 등을 이용한 세척 및 건조작업이 점차 확대되고 있다.

식기세척기는 음식점이나 단체급식소 등에서 회수되는 식기를 물리적, 화학적 작용에 의하여 자동 세척, 건조하는 설비이다. 식기세척기는 내부로 세척수를 공급하는 급수구를 통해 유입된 세척수를 모이도록 하는 집수부가 설치되고, 상기집수부에 모인 세척수를 식기세척기의 상부와 하부에 각각 설치된 상부 살수로터의 상부분사구와 하부 살수로터의 하부분사구로 토출되도록 공급관을 통해 공급하는 살수펌프가 설치되며, 상기 살수펌프에 의해 상부분사구와 하부분사구로 토출된 세척수가 배수관을 통해 식기세척기 외부로 배출되도록 구성되어 있다.

식기세척기는 소독방식, 탱크의 수, 세척기에 식기를 넣는 방식에 따라 구분하고 형태에 따라 도어형, 랙 컨베이어형, 플라이트형 식기세척기 등이 있으며 소독방식에 따라 온수 소독 식기세척기와 화학 소독 식기세척기로 구분할 수 있다.

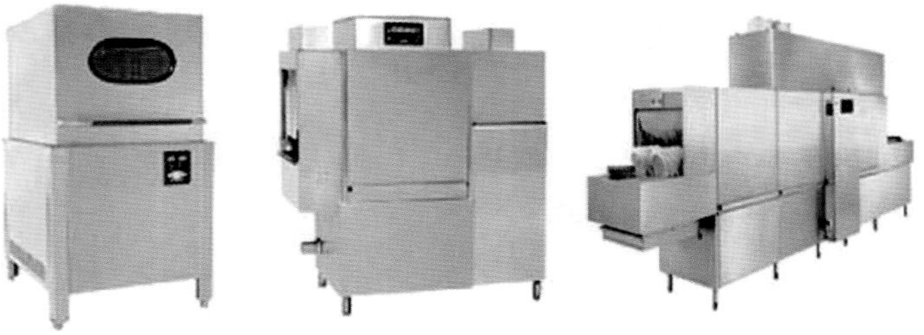

1) 식기 세척 시 안전대책

- 작업 전 비상정지장치, 덮개 및 작동상태를 미리 확인한다.
- 컨베이어 회전부 등 위험부 덮개를 열어놓지 않는다.
- 위험부에 대한 접근금지 표지를 부착한다.
- 설비 가동 중 도어 개방을 하지 않는다.
- 위험상황 발생 시 비상정지 버튼을 작동한다.
- 설비 외함에 접지를 실시하고 전원부에 누전차단기를 설치하여 감전을 예방한다.
- 식기세척기 내부 청소 시 전원을 차단한다.
- 미끄러짐 등 전도위험이 없도록 작업장 주변 정리정돈을 실시한다.
- 작업장 내 충분한 조도를 유지하고 주변 정리정돈을 철저히 한다.
- 식기 이송 컨베이어 벨트의 안전속도를 준수한다.
- 설비 문, 외함 등의 날카롭거나 베임 발생 부위에는 보호대를 설치하는 등 안전조치를 실시한다.
- 작업자는 장갑, 미끄럼방지장화 등 개인보호구를 착용한다.
- 세척기 전용세제에 대한 물질안전보건자료(MSDS)교육을 실시한다.

조리실 바닥, 싱크대, 주방기기, 배기후드 등의 청소작업 시 각종 세제 또는 표백제, 기름제거제 등의 화학물질이 사용되므로 이들 화학물질의 성분과 위험성, 올바른 취급 방법을 정확히 알고 사용해야 한다.

2) 화학물질 사용 시 안전대책

- 사용하는 화학물질의 인체 유해성 등을 사전에 파악한다.
- 화학물질의 안전한 사용, 취급, 보관 및 폐기방법을 교육한다.
- 용기상에 표기된 주의사항을 읽는다.
- 사용하는 물질에 대한 물질안전보건자료(MSDS)를 비치한다.
  ※ 독성, 안전 사용 및 응급처치에 관한 정보가 MSDS에 기재되어 있음
- 개인 보호구를 착용한다.
- 독성물질을 흡입하거나 삼키거나 접촉하였을 경우, 적절한 응급처치와 의료행위를 받는다.
- 화학물질은 적절하게 표시된 용기에 담아 지정된 장소에 보관한다.
- 화학물질 보관장소는 잠그고 경고표지를 게시한다.
- 화학물질의 용기는 꼭 닫아 놓는다.
- 화학물질의 분배 또는 보관을 위해 조리용기 또는 식품용기를 이용하지 않는다.
- 플라스틱 스푼으로 액체나 분말을 분배하지 않는다.
- 높은 선반에 액체 화학물질을 보관하지 않고 항상 낮은 선반에 보관한다.

표 2-8 음식업종에서 자주 사용하는 화학물질의 위험성 및 응급처치 요령

제품명	작업과정	
럭키락스	용도	**기구 등의 살균소독제**
	위험성	• 점막을 자극시킬 수 있음 • 호흡기관 및 피부를 자극시킬 수 있으므로 흡입을 피할 것 • 눈, 피부, 의복과의 접촉을 피할 것 • 연소물질과 분리하여 저장할 것 • 적절한 환기하에서만 사용할 것
	응급처치요령	• 흡입 시 노출지역으로부터 벗어나 신선한 공기를 마신다. • 피부접촉 시 오염된 피복과 신을 즉시 벗긴다. • 영향받은 부위를 비누 또는 세제로 씻고 15분 이상 물로 헹군다. • 눈 접촉 시 아래, 위 눈꺼풀을 들어올린 채 화학물질이 남지 않을 때까지 최소 15분 이상 씻어낸다. • 즉시 의사의 치료를 받는다.

제품명	작업과정	
페니크로	용도	**과일, 채소류 등의 음식물 소독 및 주방용 식기류, 식품용기 살균소독**
	위험성	• 눈에 장시간 과다 접촉 시 각막에 자극이 있을 수 있음 • 피부에 접촉 시 경미한 피부자극을 유발할 수 있음 • 섭취 시 구토발생 및 소화불량이 야기될 수 있음
	응급처치요령	• 눈에 접촉 시 흐르는 물로 세척하고 심하면 의사의 지시를 받는다. • 피부에 접촉 시 오염된 의복을 제거하고 깨끗한 물로 세척한다. • 흡입 시 신선한 공기가 있는 장소로 이동하여 물로 양치질한다. • 섭취 시 즉시 토하게 하고 의학적인 조치를 받는다.
퐁퐁	용도	**식기 및 조리기구 세척제**
	위험성	• 눈에 장시간 과다 접촉 시 각막에 자극이 있을 수 있음 • 피부에 접촉 시 경미한 피부자극을 유발할 수 있음 • 섭취 시 구토발생 및 소화불량이 야기될 수 있음
	응급처치요령	• 눈에 접촉 시 흐르는 물로 세척하고 심하면 의사의 지시를 받는다. • 피부에 접촉 시 오염된 의복을 제거하고 깨끗한 물로 세척한다. • 섭취 시 2컵의 물을 마시게 하여 희석한 후 의사의 지시를 받는다.
유티퐁	용도	**유티퐁 safe(중성세척제) : 식기 및 조리기구 등의 세척제** **유티퐁(주방용 합성세제) : 채소, 과일 및 용기나 조리기구 등의 세척제**
	위험성	• 눈에 대한 영향 – 단기간 노출 – 직접 노출 시 자극 – 장기간 노출 – 중대한 부작용에 대한 정보 없음 • 피부에 대한 영향 – 단기간 노출 – 미미한 자극, 가려움(증) • 장기간 노출 – 발진
	응급처치요령	• 눈에 들어갔을 경우, 즉시 다량의 물이나 식염수로 씻어내고, 때때로 아래위 눈꺼풀을 들어 올리면서 화학물질이 남아 있지 않다고 판단될 때까지 계속 눈을 씻으며(15~20분), 즉시 의학적 조치를 취한다. • 피부에 접촉했을 때, 오염된 의복과 신을 즉시 벗기고, 접촉 부위를 비누 등으로 화학물질이 남아 있지 않았다고 판단될 때까지 씻어내며, 즉시 의학적 조치를 취한다. • 흡입했을 때, 불쾌감을 느끼면 신선한 공기가 있는 곳으로 이동하고, 증상에 따라 적절히 치료/즉시 의학적 조치를 취한다. • 먹었을 때, 물 또는 우유를 마셔 토하도록 한 후 의학적 조치를 취할 것. 증상에 따라 적절히 치료한다.
쎄니콜라이트	용도	**기구 등의 살균소독제**
	위험성	• 주요한 건강 위험성 : 호흡기도자극, 피부자극, 눈자극, 중추신경계통 억제 • 물리적 위험 : 가연성액체 및 증기, 증기는 증발 연소를 야기할 수 있음

제품명	작업과정	
	응급처치요령	• 흡입 : 노출로부터 즉시 이동하고 즉시 의학적 조치를 취한다. • 피부접촉 : 화학물질이 완전히 제거될 때까지 많은 양의 물이나 생리식염수로 아래 위 눈꺼풀을 치켜들면서 즉시 눈을 씻고, 증상에 따라 적절히 치료하며 즉시 의학적 조치를 취한다. • 섭취 : 소방서(응급구조) 또는 의사에게 즉시 연락하여 의사의 치료를 받고, 의식불명의 사람에게 토하게 하거나 음료수를 마시지 않도록 하며, 구토가 일어나면 구토물이 기도를 막는 것을 방지하기 위해 머리를 둔부보다 낮추도록 한다.
네이버–NX	용도	**자동식기세척기용 세제**
	위험성	• 눈에 과다 노출 시 화상을 유발할 수 있다. • 피부에 과다 노출 시 피부자극을 유발할 수 있다. • 섭취 시 경미한 자극을 일으킬 수 있다.
	응급처치요령	• 눈에 접촉 시 흐르는 물로 15~20분간 씻어낸다. • 피부에 접촉 시 오염된 의복을 제거하고 깨끗한 물로 세척한다. • 흡입 시 즉시 신선한 공기가 있는 곳으로 이동한다. • 응급처치 후 의사의 진료를 받는다.
네이버–RM	용도	**자동식기세척기용 린스(헹굼보조제)**
	위험성	• 눈에 과다 노출 시 화상을 유발할 수 있다. • 피부에 과다 노출 시 피부자극을 유발할 수 있다. • 섭취 시 경미한 자극을 일으킬 수 있다.
	응급처치요령	• 눈에 접촉 시 흐르는 물로 15~20분간 씻어낸다. • 피부에 접촉 시 오염된 의복을 제거하고 깨끗한 물로 세척한다. • 흡입 시 즉시 신선한 공기가 있는 곳으로 이동한다. • 응급처치 후 의사의 진료를 받는다.
이코노DC	용도	**예선 담금제(초벌 담금)**
	위험성	• 눈에 과다 노출 시 자극을 일으킬 수 있다. • 피부에 과다 노출 시 자극을 일으킬 수 있다. • 과다 흡입 시 점막에 자극을 일으킬 수 있다. • 과다 섭취 시 자극을 일으킬 수 있다.
	응급처치요령	• 눈에 접촉 시 흐르는 물로 15~20분간 씻어낸다. • 피부에 접촉 시 오염된 의복을 제거하고 깨끗한 물로 세척한다. • 흡입 시 즉시 신선한 공기가 있는 곳으로 이동한다. • 응급처치 후 의사의 진료를 받는다.

제품명	작업과정	
샤보넷 FT form	용도	**손 세척용 거품 비누**
	위험성	• 아직까지 알려진 바는 없다.
	응급처치요령	• 눈에 접촉 시 즉시 깨끗한 물로 헹군다. • 피부에 접촉 시 물로 깨끗하게 세척한다. • 섭취 시 입을 헹구고 다량의 물을 마신 후 의사와 상의한다.
바이오 크린콜	용도	**식품기계, 기구 및 용기 등의 살균 소독제**
	위험성	• 가연성 액체 및 증기의 순간발화가 야기될 수 있다. • 흡입 시 자극, 두통, 나른함, 술 취한 감을 유발할 수 있다. • 눈과 접촉 시 자극, 눈물 흘림 증상을 유발할 수 있다. • 섭취 시 피부발적과 발진 구토, 소화장애를 유발할 수 있다.
	응급처치요령	• 흡입 시 신선한 공기가 있는 곳으로 옮기고, 보온을 유지한다. • 피부 접촉 시 즉시 오염된 피복과 신발을 벗기고, 화학적 증거가 남아 있지 않을 때까지 다량의 물로 씻는다. • 눈과의 접촉 시 화학적 증거가 남아 있지 않을 때까지 15분 이상 다량의 물로 씻는다. • 토근시럽으로 구토유발, 경련이 없을 시 철저한 위세척으로 제거한다.
바이오 크린콜-F	용도	**식품, 식품기기, 작업자 손 등의 살균 및 보전제**
	위험성	• 가연성 액체 및 증기에 순간 발화가 야기될 수 있다. • 흡입 시 자극, 두통, 나른함, 술 취한 감을 유발할 수 있다. • 눈과 접촉 시 자극, 유루를 유발할 수 있다. • 섭취 시 피부발적과 발진 구토, 소화장애를 유발할 수 있다.
	응급처치요령	• 흡입 시 신선한 공기가 있는 곳으로 옮기고, 보온을 유지한다. • 피부 접촉 시 즉시 오염된 피복과 신발을 벗기고, 화학적 증거가 남아 있지 않을 때까지 다량의 물로 씻는다. • 눈과의 접촉 시 화학적 증거가 남아 있지 않을 때까지 15분 이상 다량의 물로 씻는다. • 토근시럽으로 구토유발, 경련이 없을 시 철저한 위세척으로 제거한다.

제품명	작업과정	
하이크론-70	용도	**살균소독제**
	위험성	• 강한 산화제, 가연성 물질과 접촉하면 발화되거나 폭발할 수 있다. • 흡입 시 화상, 목소리 상실, 호흡곤란, 푸른빛 피부색, 폐울혈 • 눈과 피부 접촉 시 자극을 야기할 수 있다. • 섭취 시 화상, 후두염, 구토, 위장장애 등을 유발할 수 있다.
	응급처치요령	• 흡입 시 노출로부터 이동할 것, 따뜻하게 하고 편하게 쉬게 할 것 • 피부 접촉 시 오염된 의복, 장신구 및 신발을 즉시 제거할 것 • 화학물질이 제거될 때까지 다량의 물을 사용 비누 또는 중성세제로 세척할 것, 화상 시 멸균붕대로 느슨하게 상처부위 감쌀 것 • 눈 접촉 시 화학물질이 완전히 제거될 때까지 다량의 물로 씻어주고 병원으로 후송될 때까지 생리식염수로 계속 씻어줄 것 • 즉시 의사의 치료를 받을 것
A-500	용도	**강관스케일 제거제**
	위험성	• 피부 접촉 시 자극이 있어 화상 가능성이 있다. • 눈 접촉 시 시력감퇴 및 실명의 우려가 있다. • 흡입 시 호흡기가 자극되어 숨이 차게 된다. • 눈, 피부, 호흡기를 부식시키고 고농도 흡입 시 폐수종 유발
	응급처치요령	• 눈 접촉 시 15분 동안 물로 씻고 즉시 의사의 치료를 받는다. • 피부 접촉 시 의복을 벗고 15분 동안 맑은 물로 씻는다. • 섭취 시 물을 3~4잔 마신 후 토하지 말고 즉시 의사를 찾는다. • 흡입 시 신선한 공기를 쏘이고 필요시 인공호흡을 실시하고 따뜻하고 편안하게 하고 즉시 의사의 치료를 받는다.

✲ 참고문헌

알기 쉬운 외식위생관리와 HACCP(홍완수 외 4명, 백산출판사), 2016

주방관리론(김태형 외 4명, 교문사), 2015

주방관리론(황춘기 외 4명, 지구문화사), 2014

개방형 주방 음식점 위생관리 매뉴얼[한식 · 중식 · 일식](식품의약품안전처), 2015

서비스업 안전보건 네비게이션(조리종사자)(안전보건공단), 2014

식품접객업소 식품안전관리 매뉴얼(식품의약품안전처), 2014

안전보건실무길잡이 음식 및 숙박업 안전(안전보건공단), 2012

학교 급식위생관리 지침서(대한영양사회), 2010

현장창업자를 위한 음식 및 숙박업 안전(안전보건공단), 2013

현장작업자를 위한 소화기 종류와 사용방법(안전보건공단), 2016

Chapter 3

한식 메뉴관리

Chapter 3

한식 메뉴관리(1301010117_16v3)

영역 (능력단위요소)	평가항목	평가수준				
		매우 미흡	미흡	보통	우수	매우 우수
메뉴관리 계획하기 (1301010117_16v3.1)	1.1 나는 균형 잡힌 식단 구성 방식을 감안하여 메뉴를 구성할 수 있다.	①	②	③	④	⑤
	1.2 나는 원가, 식재료, 시설용량, 경제성을 감안하여 메뉴구성을 조정할 수 있다.	①	②	③	④	⑤
	1.3 나는 메뉴의 식재료, 조리법, 메뉴명, 메뉴판 작성 등 사용되는 용어와 명칭을 정확히 구분하고 사용할 수 있다.	①	②	③	④	⑤
	1.4 나는 수익성과 선호도에 따른 메뉴 엔지니어링을 할 수 있다.	①	②	③	④	⑤
	1.5 나는 공헌이익을 높일 수 있는 메뉴구성을 할 수 있다.	①	②	③	④	⑤
메뉴 개발하기 (1301010117_16v3.2)	2.1 나는 고객의 수요예측, 수익성, 이용 가능한 식자재, 조리설비, 메뉴의 다양성, 그리고 영양적 요소를 파악할 수 있다.	①	②	③	④	⑤
	2.2 나는 고객의 음식습관과 선호에 미치는 경제적, 사회적, 지역적, 윤리적, 종교적, 그리고 형태적 영향을 파악하고 활용할 수 있다.	①	②	③	④	⑤
	2.3 나는 주방에 보유한 조리기구의 특성을 고려하고, 메뉴의 영양적 요소와 설명을 제시할 수 있다.	①	②	③	④	⑤
	2.4 나는 지역적 위치와 고객수준 및 고객의 가치관 등을 고려한 입지분석과 계층분석을 할 수 있다.	①	②	③	④	⑤
	2.5 나는 식재료 전반에 관한 외부적인 환경을 파악하여 메뉴를 개발할 수 있다.	①	②	③	④	⑤
메뉴원가 계산하기 (1301010117_16v3.3)	3.1 나는 실제원가를 일단위, 월단위로 계산하며, 이에 대한 의사결정을 할 수 있다.	①	②	③	④	⑤
	3.2 나는 원가, 식재료, 시설용량, 경제성을 감안하여 메뉴구성을 조정할 수 있다.	①	②	③	④	⑤
	3.3 나는 당일 식료수입과 재료에 대한 현황을 파악하여 실제원가를 알 수 있다.	①	②	③	④	⑤
	3.4 나는 당일 매출 보고서를 이해하고 매출에 대한 재료비율을 산출할 수 있다.	①	②	③	④	⑤
	3.5 나는 부분별 재료 선입선출에 의한 품목별 단위원가를 산출하여 총원가를 산출할 수 있다.	①	②	③	④	⑤

진단영역	문항 수	점수	점수÷문항 수
메뉴관리 계획하기	5		
메뉴개발하기	5		
메뉴원가 계산하기	5		
합 계	15		

☞자신의 점수를 문항 수로 나눈 값이 '3점' 이하에 해당하는 영역은 업무를 성공적으로 수행하는 데 요구되는 능력이 부족한 것으로 교육훈련이나 개인학습을 통한 개발이 필요함.

제1절 메뉴

1. 메뉴의 정의

메뉴의 어원은 라틴어의 "Mirutus"에서 유래한 말로 '아주 작은 목록(Small List)'이라는 뜻이다. 메뉴의 정의에 대한 개념은 시대나 관리자의 관점에 따라 그 의미가 변화하여 왔다.

현대적 의미의 메뉴는 '내부적인 통제도구일 뿐만 아니라 판매(Sales), 광고(Advertisement), 판매촉진(Promotion)을 포함하는 마케팅 도구(Marketing Tool)'로 정의하고 있다.

현대 식음료 경영활동에 있어서 메뉴는 판매와 관련한 중요한 상품화의 수단으로서 그 역할이 매우 중요하다. 이러한 메뉴의 작성에 있어서 메뉴의 계획은 매우 중요하다.

성공적인 메뉴는 다음과 같은 주요 목표를 만족시켜야 한다.

- 메뉴는 식당경영의 상징적인 사명을 갖고 있다. 식당의 경영전략은 메뉴가 지닌 사명에 의해서 구현된다.
- 메뉴는 기업의 근원이라고 할 수 있다. 식당에서 판매되는 상품은 메뉴에서 시작된다. 메뉴가 가지고 있는 최대의 매력은 고객으로 하여금 식욕의 감정을 직접 불러일으켜서 판매의 효과를 주는 것이다.
- 메뉴는 그 식당의 개성과 분위기를 만들어내는 도구이다. 메뉴라는 일람표(catalogue)는 식당의 얼굴로, 친절한 애착을 고객에게 불러일으킴으로써 분명한 판매의식을 가져다 준다.
- 메뉴는 식당의 실내장식과 큰 조화를 이룬다.
- 메뉴는 경쟁적 우위를 갖게 하는 수단이다. 메뉴는 새롭게 세분된 시장에 흥미를 끌 수 있는 우위를 가져다 준다.

식당은 고객과 약속된 수준 이상의 맛과 서비스를 판매하는 곳이다. 식당에서 판매하는 상품이 메뉴이므로 메뉴는 음식과 서비스가 합쳐진 상품을 뜻한다. 식당은 메뉴를 판매하는 곳이며, 메뉴는 식당의 수준을 대변하는 얼굴이고 고객과의 약속이다.

2. 메뉴의 종류

1) 품목변화 정도에 의한 분류

① 고정메뉴

일정기간 동안 메뉴품목의 변화 없이 지속적으로 제공되는 메뉴이다.

고정메뉴는 상품의 통제와 조절이 쉽고 상품이 많지 않으므로 전문화할 수 있다는 장점이 있다. 그러나 오랫동안 고정되어 있고 여건 변화에 둔감하면 고객들이 싫증을 낼 수 있으며 시장이 제한적일 수 있다.

② 순환메뉴

순환메뉴는 일정한 주기, 즉 월 또는 계절별로 일정한 기간을 가지고 변화하는 메뉴이다. 메뉴에 변화를 주어 고객에게 신선함을 전달할 수 있고 계절별로 메뉴를 조정할 수 있는 장점이 있다.

메뉴가 자주 바뀌면 메뉴의 질을 유지하기 위한 노력이 필요하다.

③ 변동메뉴

특별한 행사를 위한 스페셜 메뉴로 구분할 수 있다. 식재료의 특성에 따라 싱싱하고 질 좋은 메뉴를 제공할 수 있으며 스페셜 메뉴에 해당한다.

2) 내용적 분리

① 정식메뉴(Table d'Hote = Full Coures)

- 정식메뉴란 한 끼 분량의 인기 있는 품목으로 구성된 메뉴이다.
- 고객에게 일괄적으로 제공하는 것으로 메뉴구성을 바꿀 수는 없다.
- 정식메뉴는 전체적으로 조화롭게 구성해야 한다.

정식메뉴에 대한 고객 입장의 특성

- 메뉴 선택이 용이하다.
- 가격이 저렴하다.
- 여러 가지 메뉴를 다양하게 즐길 수 있다.
- 메뉴에 대한 지식이 없어도 주문하기 쉽다.
- 전체적으로 조화로운 메뉴를 먹을 수 있다.

정식메뉴에 대한 영업장 입장의 특성

- 객단가가 높아진다.
- 식자재 관리가 용이하다.
- 신속한 서비스로 좌석회전율을 높일 수 있다.
- 원가가 절감된다.
- 조리과정이 일정하여 인력이 절감된다.
- 메뉴관리가 용이하다.
- 주문 받기가 용이하다.
- 계산이나 회계가 쉽다.

정식메뉴의 단점

- 가격의 변화에 적절하게 대처할 수 있는 유연성이 결여되어 있다.
- 고객의 취향에 따라 메뉴 변경이 안 되고 정해진 요리를 먹어야 한다.

② 일품요리(A'la Carte Menu)

일품요리는 고객이 가격대비 취향에 맞추어 선호하는 각각의 메뉴를 선택하여 주문하는 것이다. 선택적 메뉴로서 다양한 종류의 음식과 가격을 나열해 놓고 고객은 기호에 맞는 음식을 선택하여 고른다.

③ 뷔페(Buffet) 메뉴

뷔페는 정해진 금액과 정해진 시간 안에 자유로이 식사를 즐기는 형태이다. 샐러드,

찬 요리, 더운 요리, 디저트 부분으로 분류하여 진열해 놓은 음식을 고객 기호에 맞게 자유로이 선택하여 고객이 원하는 만큼 마음껏 골라 먹을 수 있다.

④ 콤비네이션 메뉴(Combination menu)

정식요리 메뉴와 일품요리 메뉴의 장점만을 혼합하여 만든 것으로 최근 들어 가장 선호하는 메뉴이다. 콤비네이션 메뉴는 아이템의 양과 내용 구성을 고객 식사패턴의 변화에 맞춰 유연하게 대처할 수 있다. 가격과 양의 조정으로 식재료 원가 상승에 대처할 수 있다.

⑤ 특별메뉴

특별메뉴는 레스토랑에서 일반적으로 제공하지 않는 음식을 제공하는 것을 말한다. 특별한 요리, 계절변화에 따른 특별한 식재료의 사용으로 이벤트나 기념일, 명절과 같은 특별한 날에 어울리는 메뉴이다.

매출을 증진시킬 수 있고 고객의 새로운 미각을 자극하고 흥미를 주며 계절을 느낄 수 있고, 신선한 재료를 맛볼 수 있다.

제2절 메뉴관리 계획

1. 메뉴계획이란

업장별 특성과 영업방법에 따라 고객에게 제공되는 음식의 종류와 가격을 결정하여 고객에게 판매될 수 있도록 준비하는 일련의 과정이다.

2. 메뉴계획의 전제조건

- 주방의 위치와 규모
- 주방시설 및 인원의 내용

- 식재료의 저장시설과 규모
- 주방공간의 배분과 동선
- 업장의 서비스 형태
- 주요 고객의 시장규모
- 업장의 시설 및 규모

3. 메뉴계획의 기본 원리

1) 미식적인 측면(gastronomy aspects)

메뉴는 단편적으로 비교하기보다는 전체적으로 조화 있게 비교하여 음식의 색채, 질감, 영양 등을 다양성 있게 계획하여야 한다.

2) 경제적인 측면(economic aspects)

메뉴를 계획할 때에는 비용의 측면과 함께 식당 및 고객의 수준을 반드시 고려하여 작성해야 한다.

3) 실제적인 측면(practical aspects)

식당, 주방, 인원 등을 고려하여 정해진 시간 내에 음식을 조리하여 낼 수 있는지, 서비스 형태에 맞는 메뉴인지를 알아서 메뉴를 계획하여야 한다.

4. 메뉴계획에서 고려되어야 할 사항

1) 경영관리 측면

① 테마 및 분위기

대부분의 업장에서 제공하고자 하는 방향의 주력 메뉴와 그에 맞는 업장 분위기를 나타낼 수 있도록 한다.

② 메뉴계획전략

업장의 이미지를 가장 강하게 전달할 수 있는 제한된 메뉴를 계획하는 것이며, 이러한 전략은 제품 생산과정에서 원가절감의 높은 효율성을 나타내도록 합리성을 추구하여야 한다.

③ 새로운 대체품목의 개발

고객의 욕구에 빠르게 대응하기 위해서는 알맞은 메뉴품목 개발에 주력해야 한다. 현재 편의식품의 개발로 식재료의 구입이 대체품목으로 제공되는 등 많이 편리해졌다.

④ 경쟁업체

경쟁업체의 메뉴가격, 고객의 외식목적 등을 파악하여 경쟁적으로 우위에 있도록 차별화전략을 시도한다.

⑤ 새로운 재료의 유용성

시장성을 고려하여 효율적인 식재료를 구매해야 하며, 계절적 메뉴는 이러한 시장성을 고려한 메뉴로써 신선한 재료로 값싸게 음식을 제공할 수 있는 장점이 있다.

⑥ 설비시설 및 설계

메뉴에 제시된 제품을 만들 수 있는 주방시설이 구비되어야 하며, 공간의 크기와 주방기기의 종류 및 수용능력은 조리사의 수와 생산 가능한 제품의 양을 결정하므로 시설관리 측면에 따라 설치되어야 한다.

⑦ 조리요원

조리요원의 능력 및 기술은 조리요원의 수, 고용시간 등을 조정하는 요인이 되므로 패스트푸드와 같은 제한된 메뉴는 많은 인원이 필요하지 않다. 그러나 고급식당은 메뉴가 다양해지므로 숙련된 기술 및 많은 수의 요원이 필요하다.

⑧ 수입과 원가관리

메뉴판매에 따른 예상매출액을 고려하여 원가관리를 해야 하며 재료비, 인건비, 간접비 등을 분리하여 통제해야 한다.

⑨ 예산

통제 수단으로서의 예산은 운영예산을 뜻하며, 운영예산은 얼마나 많은 소득과 비용이 발생하여 목표와 일치하는가를 측정하기 위한 계획이다.

⑩ 위생

식중독이 발생하지 않도록 위생관리를 철저하게 해야 한다.

2) 마케팅 측면

① 고객의 요구

고객의 만족도를 충족시키기 위해서는 이용고객층에 대한 연령, 성별, 직업, 경제상황 등의 인구통계학적 요인을 파악해야 한다. 또한 음식에 대한 선호경향은 가족의 전통 및 식생활, 윤리적 배경, 지역적 선호도, 종교에 의해 제한적 영향을 받는다.

② 메뉴의 다양성

메뉴품목뿐만 아니라 색깔, 형태, 음식의 종류와 조리방법에 따라 다르기 때문에 다양한 메뉴를 제공하는 것이 중요하다.

③ 풍미의 조화

풍미는 음식의 맛에 영향을 주는 가장 중요한 요소로서 여러 종류의 풍미는 서로 보완을 한다. 그러므로 맛을 가미시키는 향과 제철의 수확기를 고려해야 한다.

④ 영양적 요소

모든 고객의 생활수준과 대사과정은 개인의 연령별, 성별 활동성에 따라 열량 요구량이 달라지므로 이를 고려해야 한다.

3) 메뉴 디자인 측면

- 메뉴는 운영측면을 나타내주는 내적 마케팅 도구이므로 공간을 효율적으로 활용해야 한다.
- 메뉴북의 표지에 시선을 집중시켜야 한다.
- 메뉴북의 크기는 테이블에서 쉽게 다룰 수 있는 정도여야 한다.

4) 메뉴의 작성원칙 및 유의사항

일반적으로 메뉴는 식음료정책에 따라 주방장이 작성하게 되지만 연회나 파티의 경우처럼 주문에 따라 미리 메뉴를 작성할 때에는 연회지배인이 주방장과 상의하여 결정하게 된다. 따라서 일반적으로 메뉴를 작성할 때에는 다음과 같은 사항에 유의해야 한다.

① 같은 종류의 재료로 두 가지 이상의 음식을 만들지 않는다

일반적으로 정식메뉴를 작성할 때 전채요리에 연어를 이용한 경우 주요리에서 다시 연어를 제공하면 안 되며, 두 가지 중에 한 코스는 다른 재료를 이용하여 만든 요리를 제공해야 한다. 또한 생선류를 전채에 사용한 경우 메인요리 등 다음 코스요리에 생선류를 사용하지 않는 것이 바람직하다.

② 같은 조리방법을 사용하면 안 된다

연속되는 코스에 같은 조리방법을 이용한 음식을 제공하면 안 된다. 다양한 조리방법을 사용하는 것이 바람직하다.

③ 비슷한 색의 요리를 반복하지 않는다

같은 색의 요리를 반복하면 다음에 나오는 요리에 대한 맛의 기대치가 감소되며 그에 따른 요리의 품격 또한 떨어진다. 다양한 색의 재료를 사용하여 조화롭게 구성한다.

④ 비슷한 소스를 두 가지 이상 사용하면 안 된다

색깔이나 조리방법이 비슷한 소스를 사용하면 고객들이 그 차이를 느낄 수 없으므로 각각의 요리가 가지는 특성을 잘 살릴 수 있는 다양한 소스를 이용해야 한다.

⑤ 요리순서의 균형을 맞춘다

정식메뉴일 경우 적절한 전채와 수프, 주요리와 후식에 이르기까지 세심한 주의를 기울여야 한다. 일반적으로 가벼운 음식에서 시작하는 것이 좋다.

⑥ 저녁메뉴는 가능한 견고한 음식을 피한다

육류가 중심인 레스토랑은 저녁메뉴가 소화에 부담을 줄 수 있기 때문에 가급적 다른 코스의 요리는 소화하기 편한 것으로 제공하며 육류 제공 시에는 충분한 채소와 섬유질이 포함된 요리를 곁들여 제공하도록 한다.

⑦ 요리의 장식에 주의한다

요리를 접시에 담을 때 곁들여지는 재료와의 배합과 배색에 유의하여 같은 음식이라도 보다 높은 부가가치를 창출할 수 있도록 요리의 장식과 조화를 고려해야 한다.

⑧ 철저한 식품위생을 고려한다

원재료의 저장부터 출고 후 음식이 생산되어 고객에게 서비스될 때까지의 전 과정에서 위생관리를 철저히 해야 한다. 그리고 원재료의 부패속도, 보관상태의 용이함 등을 고려하여 메뉴를 작성하는 것이 중요하다.

⑨ 메뉴 선호추세를 파악한다

고객들이 최근에 관심을 갖는 메뉴에 대한 분석이 필요하다. 건강식 선호에 부응하여 튀기기 조리법보다는 삶거나 굽는 조리법을 사용하고 선호도가 높은 식재료를 활용하며 매운맛, 신맛 등 감각적인 맛을 살린다.

⑩ 계절감각에 따른 메뉴를 작성한다

더운 여름에는 찬 요리를 추운 겨울에는 더운 요리를 중심으로 메뉴를 작성하도록 하며 제철 식품을 이용한 메뉴를 준비한다. 제철 식재료를 사용하면 신선하고 영양이 풍부한 요리를 만들 수 있고 식재료비 절감의 효과도 있으며 계절 감성을 줄 수도 있다.

⑪ 메뉴의 표기

요리의 내용에 따른 각국의 고유문자를 사용하지만, 양식의 경우 불어표기를 원칙으로 하며, 나라명과 지방명, 사람이름 등의 고유명사는 대문자로 표기한다.

제3절 메뉴개발

1. 메뉴 아이템 선정

① 누구에게

남녀노소 메뉴를 주로 이용하는 고객층을 고려한다. 어린아이, 어린이, 청소년, 어른, 노인 등의 주요 고객을 선정한다.

② 어디에서

강남에서 판매할 것인지, 강북에서 판매할 것인지 지역에 따라 변수가 있다.

백화점에서 판매할 것인지, 호텔에서 판매할 것인지 아니면 일반 음식점에서 판매할 것인지에 따라 변수가 발생한다.

③ 어떻게

서비스 형식을 결정하여야 한다. 종업원이 처음부터 끝까지 다 해주는 서비스 방식과 고객이 셀프서비스하는 방식에는 많은 차이가 있다. 판매방식은 식당 인테리어 및 음식 가격결정에도 영향을 미치기 때문에 메뉴개발을 할 때 필수조건이다.

④ 얼마에

음식의 가격은 서비스 형식과 판매지역, 판매장소와도 연관성이 있으며 가격에 따라 음식의 질과 그릇도 선택하게 된다.

메뉴는 입지, 식자재 공급상황, 식자재 원가비율, 수익률, 서비스 수준, 식재료의 신선도, 투입된 자본 등에 의해 결정된다.

⑤ 언제

메뉴를 주로 먹게 되는 시간은 메뉴의 중요 요소이다. 아침, 점심, 저녁 등으로 구분하여 때에 맞는 메뉴를 구성해야 한다. 점심메뉴는 점심시간의 한정된 시간에 먹고 갈 수 있도록 구성해야 하고, 저녁은 음료와 함께 편안하게 식사할 수 있도록 구성하여야 한다.

테이블 회전과 주류의 매출은 식당운영에 큰 영향을 준다.

⑥ 투자금액

투자금액에 따라 점포의 위치, 서비스 방식 등에 많은 변수가 있기 때문에, 자금흐름에 계획을 잘 세워야 한다.

⑦ 무엇을

메뉴 선정이다. 누구에게, 언제, 어떻게 판매할 것인지에 따라 메뉴는 변화한다.

2. 메뉴개발 단계

① 시장조사

② 아이템 선정

③ 메뉴구성 및 레시피 초안 잡기

④ 1차 메뉴 만들기 및 전문가 및 관계자 시식

⑤ 1차 레시피 보완하기

⑥ 2차 메뉴 만들기 및 전문가 및 관계자 시식

⑦ 2차 레시피 보완하기

⑧ 그릇 선정하고 세팅하기

⑨ 고객 대상 시식하기 및 설문하기

⑩ 고객 의견 수렴 및 메뉴보완

⑪ 레시피 확정 및 사진 촬영

⑫ 판매

제4절 메뉴원가 계산하기

원가는 일반 형태로 보면 재료비, 노무비, 경비로 크게 구성되고, 이를 원가의 3요소라고 한다.

- 직접원가(기초원가) = 직접노무비 + 직접재료비 + 직접경비
- 제조원가(상품원가) = 직접원가 + 제조간접비(간접재료비, 간접노무비, 간접경비)
- 총원가 = 일반 관리비 + 판매간접비 + 판매직접비 + 제조원가
- 판매가격 = 총원가 + 이익

Chapter 4

한식 구매관리

Chapter 4

한식 구매관리(1301010118_16v3)

영역 (능력단위요소)	평가항목	평가수준				
		매우 미흡	미흡	보통	우수	매우 우수
시장 조사하기 (1301010118_16v3.1)	1.1 나는 생산계획에 기초하여 재료구매계획을 수립할 수 있다.	①	②	③	④	⑤
	1.2 나는 시장조사를 하여 품목의 공급선을 파악하고 활용할 수 있다.	①	②	③	④	⑤
	1.3 나는 메뉴별 주요 품목특성을 파악하고 활용할 수 있다.	①	②	③	④	⑤
	1.4 나는 조리법 기준으로 재료의 종류와 품질, 수량을 산정할 수 있다.	①	②	③	④	⑤
	1.5 나는 재료수급이나 가격변동에 의한 공급처를 대체할 수 있다.	①	②	③	④	⑤
구매 관리하기 (1301010118_16v3.2)	2.1 나는 공급업체 선정과 주문주기, 방법에 따라 구매를 수행할 수 있다.	①	②	③	④	⑤
	2.2 나는 식재료의 신선도를 선별하여 구매할 수 있다.	①	②	③	④	⑤
	2.3 나는 원가에 맞추어 식재료, 소모품의 질과 양, 종류를 결정할 수 있다.	①	②	③	④	⑤
	2.4 나는 매일 재고량을 파악하여 수급 문제 등에 대비한 대체방안을 준비할 수 있다.	①	②	③	④	⑤
	2.5 나는 조리에 맞는 식재료특성을 감별할 수 있다.	①	②	③	④	⑤
	2.6 나는 식재료변동 시, 다른 공급처를 대체할 수 있다.	①	②	③	④	⑤
검수 관리하기 (1301010118_16v3.3)	3.1 나는 검수를 위한 설비 및 집 · 장비는 급 · 배수 시설, 방충 · 방서관리, 선반, 팔레트, 저울, 온도계와 계산기 등을 갖출 수 있다.	①	②	③	④	⑤
	3.2 나는 검수관리 시 납품된 식재료 또는 물품이 주문 내용(품질, 규격, 수량 등)과 일치하는지 확인할 수 있다.	①	②	③	④	⑤
	3.3 나는 식재료를 특성에 맞게 선별하고 검수하여, 적정한 용도에 맞게 활용할 수 있다.	①	②	③	④	⑤
	3.4 나는 식재료, 조리기구 불량 등 반품 여부를 결정짓고 대금 지급 방법을 확인할 수 있다.	①	②	③	④	⑤
	3.5 나는 검수관리 시 구매 및 조리 업무를 파악하고 있어야 하며, 검수절차 및 발주서, 거래명세서 등 서류관리능력을 갖출 수 있다.	①	②	③	④	⑤

진단영역	문항 수	점수	점수÷문항 수
시장조사하기	5		
구매관리하기	6		
검수관리하기	5		
합 계	16		

☞자신의 점수를 문항 수로 나눈 값이 '3점' 이하에 해당하는 영역은 업무를 성공적으로 수행하는 데 요구되는 능력이 부족한 것으로 교육훈련이나 개인학습을 통한 개발이 필요함.

제1절 식품구매의 개요

1. 식품구매

식품구매란 대가를 지불하고 식자재를 얻는 것을 말한다. 구매란 적절한 품질 및 수량의 물품을 적정한 시기에 적정한 가격으로 적정한 공급원으로부터 구입하여 필요로 하는 장소에 공급하는 것이라 할 수 있다. 식품구매는 고객에게 좋은 요리를 제공하기 위한 최초의 과정으로 매우 중요한 작업이다. 원가관리 측면에서도 매출증대와 제품 경쟁력에 큰 영향을 미친다. 따라서 식재료는 다양하고 정확한 정보에 입각한 철저한 시장조사를 통하여 적정한 시기에 최적의 상태로 입고되도록 노력해야 한다.

표 4-1 구매관리의 목적 및 기대효과

구분	내용
목적	• 물품의 안정적인 공급 • 최적의 품질유지와 가격유지 • 입출고 및 저장관리를 통해 손실률 최소화 • 공급업체와의 신뢰관계 증진 • 구매관련 정보조사를 통해 업체의 경쟁력을 확보
기대효과	• 물품공급의 전문성과 체계성 향상 • 원가절감을 통한 구매 최적화와 적절한 가격 형성 • 좋은 제품생산 및 품질관리 용이 • 고객만족을 통한 매출 증대

식품의 효율적인 구매절차는 다음과 같다.

- 기초 구매를 위한 정보의 수집과 계획
- 시장조사를 통한 업계 동향 파악 계획
- 구매물품의 선정
- 구매물품의 조달방안계획
- 구매물품의 관리방안계획
- 예산계획
- 적정재고량 조사

2. 식품품질의 특수성

일반 상품의 구매시장과 식품구매시장은 매우 다르다. 따라서 올바른 식품 구매관리를 위해 식품품질의 특수성을 이해하고 접근하는 것이 필요하다.

1) 식품품질의 특수성

① 식재료의 다양성

식재료는 자연의 1차 생산물이므로 재배지역, 기후, 수확시기, 방법 등에 따라 성분조성과 모양이 달라지므로 일정한 재료를 구하기 어렵다.

② 변질가능성

식재료는 원물 식품뿐만 아니라 가공식품도 유통과정에서 쉽게 변질될 수 있으므로 적절한 저장과 유통관리가 필요하다.

③ 품질

식품의 외관만으로 영양품질에 대한 적절한 표시 없이는 식품의 가치를 파악할 수 없다. 따라서 식품의 성분조성과 품질규격을 알리는 표시기준이 필요하다. 예를 들어 친환경마크나 생산지, 생산자 등을 확인하고 구매하는 것이 좋다.

④ 기호의 다양성

개인적인 습관에 따라 형성되는 기호는 개인에 따라 다르므로 식품을 규격화시키는 것은 쉽지 않다. 따라서 다양한 방법의 소비자조사를 통해 고객의 기호에 맞는 구매가 필요하다.

⑤ 품질검증

식중독균이나 이물질에 오염된 식품을 섭취할 경우 위험을 초래할 수 있기 때문에 관능검사법과 이화학적 검사법 등 다양한 방법을 통해 품질을 검증하여야 한다.

2) 식재료 구매 시 주의사항

① **재료의 신선도** : 재료가 신선할 때 가장 맛이 좋고 영양가도 높다.

② **위생성** : 모든 식재료는 규정을 준수하여 안정적이고 위생적인 절차와 관리를 해야 한다.

③ **안전성** : 식재료의 안전성을 높이기 위해 첨가물, 농약, 중금속 등의 허용기준치에 대한 철저한 검증을 한다.

④ **적정한 가격** : 식재료의 가격이 필요이상으로 높으면 식재료의 원가상승률에 나쁜 영향을 끼치고, 필요이상으로 낮으면 식재료의 질적인 부분에 문제가 되므로 적정한 가격으로 식재료를 구매하여야 한다.

제2절 시장조사

1. 시장

1) 시장

시장이란 상품이 생산자로부터 소비자에게 전달되고 상품의 수송 · 가공 · 포장 · 판매에 이르기까지의 모든 경로를 말한다. 특히 식품시장의 상품인 농산물, 수산물, 축산물은 저장 수명이 짧고 쉽게 부패하여 품질저하의 문제가 발생하기 때문에 유통경로와 품질관리가 중요하다.

2) 시장의 기능

① 구매정보 교환

판매자와 구매자의 정보교환의 장소로 시장 변화와 신제품 등에 관한 정보를 획득할 수 있다.

② 교환 기능

시장은 물품과 대금의 교환이 이루어지는 장소이다. 즉 구매자가 판매자에게 대금을 지불하면 판매자에게서 구매자에게로 물건과 서비스의 소유권이 이전된다.

③ 물품공급 기능

판매자에게서 구매자에게로 물품이 이동되어 공급되는 장소이다.

④ 경영활동의 수행장소

장부정리, 대금지불, 연체대금의 수금, 문서전달 등을 수행하는 장소의 기능이 있다.

3) 식품 구매시장의 종류

① 1차 시장(산지사장)

생산지 근처에 형성되는 시장으로 곡물시장, 농산물시장, 축산물시장, 수산물시장, 청과물시장, 화훼시장 등이 있다.

② 2차 시장(도매시장)

일반적으로 인구밀도가 높아 많은 소비가 이루어지는 소비지역에 근접해 있으며 산지시장에서 물품을 대량으로 구입하여 이를 지역식당의 소매업자에게 소량씩 분배하는 역할을 한다.

③ 지역 시장(소매시장)

소비지에서 형성되는 시장으로 유통과정의 최종단계로 슈퍼마켓, 할인점, 편의점 등이 있다.

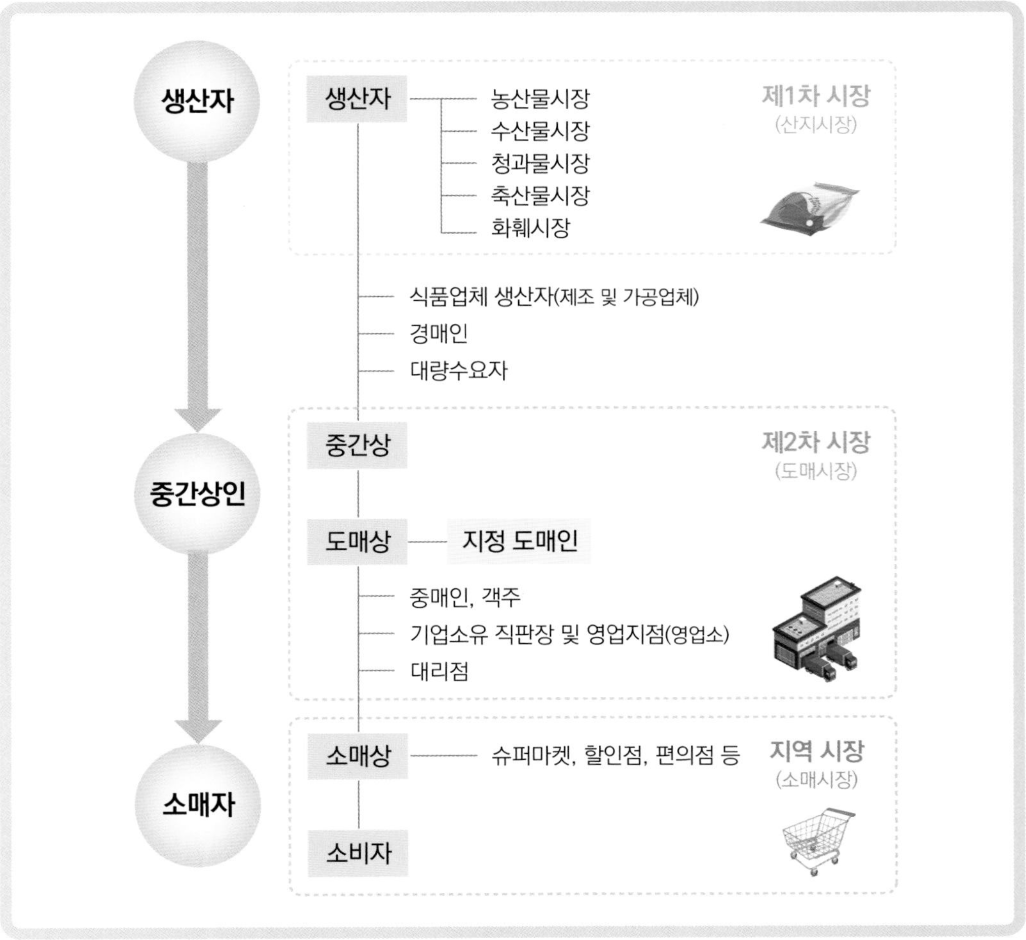

그림 4-1 식품시장의 분류

2. 식품유통체계

1) 식품유통체계의 개념

식품유통체달갸 식품이 생산, 가공, 분배되는 시스템을 말한다. 식품의 유통경로는 생산단계, 유통단계, 소비단계의 순으로 진행된다.

2) 식품유통체계의 문제점

식품은 획일적으로 생산되는 공산품과 다르므로 다음과 같은 문제점이 있다.

① 생산수급의 불안정

농수산물은 기상이변(기후변화, 천재지변, 지구온난화 등)으로 안정적인 생산과 공급이 불안정해질 수 있다. 생산물은 개별농가에 의해 생산량이 결정되므로 소비자의 구매계획에 영향을 줄 수 있다.

② 계절에 따른 가격변동

농수산물은 제철이 있어 제철이 아닌 시기에는 저장 및 인공재배, 양식 등으로 인하여 가격이 상승할 수도 있다. 반면 제철에는 유통량이 증가하여 가격하락폭이 커진다.

③ 품질유지 · 관리의 어려움

농수산물은 저장수명이 짧아 시간경과에 따라 품질이 저하되므로 상품성 유지에 어려움이 있다.

④ 규격화 · 표준화의 어려움

공산품은 규격화 및 표준화가 용이하지만 농수산물은 동일 품종이라도 생산품의 품질표준화 및 규격화가 어렵다. 이러한 문제점을 해결하기 위해 농산물품질관리법을 제정하여 표준 규격과 물류표준을 제시하고 있으며, 축산물의 경우 축산물등급제도를 제정하여 실시하고 있다.

⑤ 과다한 운송비

농수산물은 가격에 비해 무게와 부피가 크고 저장수명이 짧아 적절한 냉장 · 냉동시설이 필요하므로 많은 비용이 소요된다.

⑥ 생산농가의 영세성

생산규모가 영세하고 생산 농가가 전국적으로 분산되어 있어 소규모 분산 출하가 주를 이루므로 유통시장의 교섭력과 경쟁력이 약하다.

3. 시장조사

시장조사는 기업 이윤창출의 기본이다. 시장에 관한 전반적인 상황을 파악함으로써 시장상황에 대한 정보를 수집하고 이를 바탕으로 구매의사결정에 도움이 될 정보를 구별하여 효과적인 구매를 실현하고 기업의 목적 달성에 이바지하는 활동이다.

시장조사의 목적은 시장조사를 실시하여 구매예정가를 결정하고 품질개선에 도움을 주며 새로운 업체를 찾아 상생할 수 있는 방안을 모색하며, 합리적인 구매계획을 수립하는 데 있다.

현대의 시장환경은 빠르게 변화하므로 필요한 시기에 적절한 방법으로 시장조사를 실시할 필요가 있다.

시장조사 시 다음과 같은 내용의 조사가 이루어지므로 이를 바탕으로 구매계획을 세우고 실행, 통제하여야 한다.

구분	내용
품목	구매품목의 제조업체, 대체품을 고려하여 구매리스트 확정
품질	요구되는 식재료와 가격 비교 시의 가치 확인
수량	필요량과 보관 및 저장용량을 고려하여 구매수량 결정
가격	물품의 가치와 거래조건 등을 통해 가격의 조정 및 결정
구매기간	납품가격, 사용시기, 물가 등을 고려하여 구매 결정
구매거래처	상시공급 가능한 구매처 선정
거래조건	납품 및 지불조건 등의 조건 확립

시장조사 시 활용할 수 있는 정보로는 인터넷, 신문, 잡지, 일반 간행물, 조사기관에서 발행한 자료, 상공회의소, 업계의 단체 등이 발행한 업자명부, 기존 거래처의 명부, 문헌 등의 서적류, 전시회나 박람회의 자료, 견본품과 대인관계로 얻게 되는 외부정보 등이 있다.

시장조사 시 인적 비용 · 시간 비용 · 소요 비용이 최소가 되어야 하며 시장조사에 소요되는 비용과 구매가 조화를 이루어야 한다. 조사기간이 길어지면 비용이 추가로 발생되고 손실을 가져올 수 있으므로 정해진 시간 안에 꼭 이루어져야 한다. 시장상황 변동과 정책변화에 능동적으로 대응할 수 있도록 탄력성을 가지고 있어야 하며 시장조사에 앞서 구체적인 계획이 수립되어야 한다.

4. 식재료 영역별 가격 및 제철 알아보기

1) 재래시장과 마트 등의 시장조사를 하여 가격과 제철 식재료를 알아보고 이해한다

날짜 ______________________ **조사장소** ______________________

곡류	단위	가격	제철
멥쌀			
찹쌀			
보리			
옥수수			
메밀			
수수			
조			
율무			

서류	단위	가격	제철
감자			
고구마			
토란			
마			

서류	단위	가격	제철
돼지감자			
야콘			
토란			

두류	단위	가격	제철
대두			
팥			
검정콩			
녹두			
강낭콩			
완두콩			
땅콩			
동부			

채소류	단위	가격	제철
배추			
양배추			
상추			

채소류	단위	가격	제철
양상추			
시금치			
대파			
양파			
마늘			
오이			
호박			
가지			
고추			
죽순			
미나리			
쑥갓			
갓			
셀러리			
근대			
부추			
아욱			
냉이			
달래			
쪽파			
깻잎			
무			
우엉			
당근			
생강			
더덕			
도라지			

채소류	단위	가격	제철
수삼			
붉은 고추			
풋고추			
청양고추			
꽈리고추			

과일류	단위	가격	제철
사과			
배			
감			
귤			
복숭아			
자두			
대추			
매실			
체리			
포도			
무화과			
딸기			
참외			
멜론			
바나나			
파인애플			

과일류	단위	가격	제철
키위			
밤			
호두			
잣			
은행			

버섯류	단위	가격	제철
표고버섯			
석이버섯			
목이버섯			
팽이버섯			
새송이버섯			
느타리버섯			
양송이버섯			
만가닥버섯			
자연송이버섯			
노루궁뎅이버섯			

해조류	단위	가격	제철
김			
미역			
다시마			
청각			
매생이			
파래			
톳			
우뭇가사리			

육류		단위	가격	제철
소고기	등심			
	안심			
	갈비			
	양지머리			
	사태			
	우둔			
	소머리			
	사골			
	잡뼈			
	소꼬리			
	앞다리살			
	뒷다리살			
	도가니			

육류	단위	가격	제철
	차돌박이		
	안창살		
	토시살		
	부채살		
	홍두깨살		
돼지고기	등심		
	안심		
	삼겹살		
	목살		
	항정살		
	가브리살		
	돈족		
	돼지껍질		
	갈비		
	앞다리살		
	뒷다리살		
	설깃살		
닭고기	가슴살		
	날개		
	안심		
	다리살		
	닭발		
	모래주머니		
	통닭(중닭)		
	영계		
	볶음용		

알류	단위	가격	제철
달걀			
오리알			
메추리알			

어패류	단위	가격	제철
고등어			
꽁치			
삼치			
조기			
가자미			
대구			
방어			
가오리			
병어			
준치			
서대			
광어			
민어			
조기			
장어			
메기			
홍어			

어패류	단위	가격	제철
명태			
북어			
노가리			
코다리			
황태			
잉어			
붕어			
미꾸라지			
오징어			
낙지			
문어			
꼴뚜기			
새우			
꽃게			
바닷가재			
굴			
홍합			
대합			
바지락			
키조개			
중합			
전복			
소라			
해삼			
멍게			
미더덕			
가리비			

어패류	단위	가격	제철
모시조개			

유지류	단위	가격	제철
참기름			
들기름			
콩기름			
포도씨유			
카놀라유			
올리브유			
버터			
마가린			

가공식품	단위	가격	제철
두부			
고추장			
된장			
진간장			
국간장			
식초			
설탕			
소금			
겨자			
고춧가루			
참깨			
통후추			
후춧가루			
물엿			
올리고당			
조청			
밀가루			
메밀가루			
전분가루			
튀김가루			
부침가루			

2) 조사자 사진 자료 첨부하기

3) 시장조사 후 느낀 점

제3절 구매관리

1. 구매담당자의 요건

최소의 비용으로 최상의 이익을 얻기 위해 구매 시 식재료에 대한 다양하고 전문적인 지식과 정보력 등이 필요하다.

최근 구매담당자의 업무는 단순한 구매기능 수행에 그치지 않고 상품구매기획자(Merchandising Director : MD)로 그 역할이 확대되고 있다. 구매자는 식재료의 주산지 및 계절적 요인, 식재료 구매명세서 내역, 구매방법 및 발주절차, 식재료의 특성과 저장조건 등의 지식을 갖추어야 한다. 또한 구매자는 정직하고 성실한 인품, 공정하고 도덕적인 태도가 매우 중요하다.

2. 구매계획

1) 구매계획의 수립

구매활동은 품질과 수량이 적정한 시기에 적정한 가격으로 공급원으로부터 구입 · 공급하는 것으로 구매계획 수립 시 사전에 다음과 같은 조사가 선행되어야 한다.

- 구매물품의 재고조사, 생산 및 판매계획
- 구매 관련 정보조사 및 문헌조사
- 구매물품의 가격조사, 공급업체조사, 거래조건, 물가 등의 조사
- 급식 조직 내 저장능력 및 활용도 검토
- 수송수단, 유통구조, 비용의 조사
- 구매물품 및 공급처의 이력 확인

원활한 구매계획의 수립을 위해서는 정책결정을 먼저 마련하고 생산 및 판매계획을 세우며 경제적 효율성을 고려해야 한다. 이때 구매결과를 바탕으로 제품을 평가하고 지속적으로 분석하여 수정보완한다.

2) 구매유형

계약방법에 따라 경쟁입찰과 수의계약으로 나눈다.

경쟁입찰계약은 자격을 갖춘 업체의 경쟁을 통해 계약체결에 관한 유리한 내용을 표시한 사람과 계약할 조건으로 최저 입찰가격을 제시한 자에게 낙찰시키는 방법이다.

수의계약은 경쟁을 붙이지 않고 계약을 이행할 자격을 가진 업체와 계약을 체결하는 방법이다. 절차가 간편하고 상대방의 사정을 잘 알 수 있으나 공정성이 결여된다는 단점이 있다. 그러나 서로 조정이 가능한 장점도 있다.

구매기간에 따른 방법으로 수시구매, 정기구매, 장기계약구매, 위탁구매로 나뉜다. 또한 구매주체에 따른 방법으로는 구매담당부서에서 구매하는 중앙구매(집중구매, 본사구매), 관련부서나 팀 내에서 독자적으로 구매하는 비중앙구매(독립구매), 소규모의 영업점끼리 모여 공동으로 구매하는 공동구매가 있다. 또한 특정기간 동안 필요한 식품의 양을 정확히 파악하여 필요량만 구입하는 방법인 JIT(Just in Time) 구매가 있다.

3. 구매절차

1) 필요성 인식

수요예측부터 구매활동계획은 시작되며 식단작성, 재고조사 시 구매의 필요성을 인식한다.

2) 구매물품의 품질 및 소요량 결정

① 소요량의 결정

필요한 물품의 수량은 수요를 예측한 후 기록된 표준레시피로 결정한다.

② 품질기준 설정

물품에 대한 목록과 양이 결정되면 품목별로 어떤 품질의 재료를 구매할 것인지를 결정해서 품질과 가격의 관계를 잘 판단하고 합당한 납품업자를 선정하도록 한다.

3) 구매 청구서 작성 및 승인

구매 청구서는 필요성을 인식한 부서와 구매부서 간의 업무처리를 위해 기록되는 공식적인 문서이다.

4) 공급처의 선정

① 납품업자 선정

납품업자 선정 시 안전한 식재료 제공능력을 우선적으로 고려하고 품질, 가격, 수량을 고려해야 한다. 뿐만 아니라 지속적인 거래가 가능하고 신뢰성과 진실성을 가지고 있는지 반드시 확인해야 한다.

② 구매가격 결정

구매담당자는 가격결정단계에서 사전 시장조사를 통하여 신중하게 결정해야 한다.

③ 결재조건과 납품시기 결정

구매담당자와 납품업자는 상호 간의 계약을 통하여 납품조건, 시기, 가격, 수량 등에 관한 계약을 하게 된다. 모든 사항은 반드시 문서로 처리한다.

5) 재고량 조사 및 발주량 결정

정확한 재고관리와 사용량의 예측을 통하여 정확한 구매량의 예측이 가능하기 때문에 구매 담당자는 판매량과 정확한 재고를 파악해야 한다.

6) 발주

발주서는 물품사용부서에서 의뢰한 구매청구서를 근거로 구매담당자가 확인하고 구매업체에 발송한다. 이때 발송된 발주서는 법률적인 효력을 갖게 된다.

7) 물품의 배달 및 검수

공급업체가 물품을 배달하면 검수담당자는 납품서와 발주서를 대조하고 품질을 확인한다. 물품에 하자가 있을 경우 반품서를 작성하고 반품조치를 한다. 그러나 물품에 문제가 없는 경우에는 그대로 인수하여 저장하고 검수일지에 기록한다.

8) 구매기록의 보관 및 대금 결제

구매활동 중 수행된 모든 업무내용은 문서로 기록하여 일정기간 동안 보관하고 다음 구매활동에 참고하며 대금 결제의 근거로 사용한다. 계약서나 발주서는 법률적인 효력이 발생하므로 반드시 보관해 두어야 한다.

대금 결제는 구매활동의 마지막 단계이며 공급업자는 검수담당자가 승인한 납품서를 회계부서에 청구하여 납품대금을 받게 된다.

제4절 발주관리

구매부서에서 공급업체에 물품 주문하는 과정을 발주라 한다.

발주 시에는 식단의 표준레시피를 기준으로 식자재의 적정발주량을 결정하며 인원수, 각 식품의 폐기율, 저장비용, 저장시설 등을 고려해야 한다.

1. 발주량 결정 시 고려사항

1) 경제적인 발주량

경제적 발주량(Economic order quantity : EOQ)은 저장비용과 주문비용이 최소치인 서로의 교차지점이다.

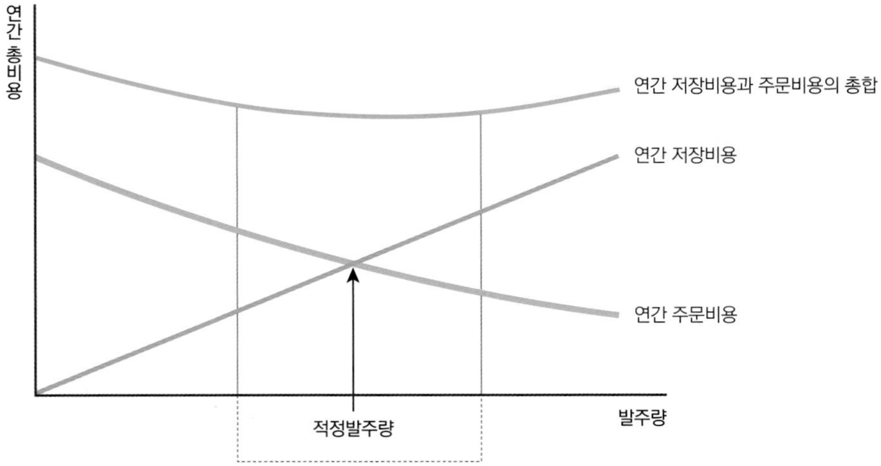

그림 4-2 적정발주량의 결정

경제적 발주량의 산출공식

- 발주점 : 평균소요량 × 공급기간 중의 소요량 + 안전재고량
- 경제적 발주량(비용) = $\sqrt{\dfrac{2 \times \text{발주비용} \times \text{연간 사용한 품목의 비용}}{\text{단기} \times \text{재교유지비용(재고의 평균가치비용의 비율)}}}$
- 경제적 발주량(품목의 수) = $\sqrt{\dfrac{2 \times \text{발주비용} \times \text{연간 사용한 품목의 양}}{\text{단기} \times \text{재교유지비용(재고의 평균가치비용의 비율)}}}$

* 안전재고량 : 예측되지 않은 수요의 변화에 대비하기 위해 설정해 놓은 재고량

경제적 발주량 계산의 예

Q **A호텔 B품목의 사용량은 연간 2,000kg이고 이것을 유지 · 관리하는 데 소요되는 비용이 재고가치의 10%이며. 단위당 구매가격은 200원이다. 이때 발주에 소요되는 고정비(발주비용)가 100원이라고 하면 1회 발주에 필요한 경제적 발주량과 발주주기는?**

A EOQ ==≒141.42(kg)
즉 1회 경제적 발주량은 142kg이 된다.
또한 1년간 발주횟수는 2000/142 ≒ 14
따라서 365/14 ≒ 26, 약 26일에 한번씩 142kg씩 발주해야 한다.

2) 가격의 변화

가격의 변화를 예측하고 발주량을 조정한다.

3) 수량 할인율

발주량에 따라 가격이 할인되는 물품의 경우 재고유지비용보다 할인되는 가격의 금액이 크면 주문수량을 늘리는 것이 좋다.

4) 물품의 특성

재고기간이 길어지면 품질이 떨어지는 식품의 경우 유통기한과 저장기간을 고려하여 구입한다.

5) 계절적 요인

식품은 계절에 따라 구할 수 없거나 가격이 많이 상승하는 품목이 있으므로 계절식품의 경우에는 발주량을 늘리는 것이 효과적이다.

2. 발주량 산출

- 폐기율이 없는 경우(쌀 · 곡류 · 육류 및 가공품 등)

  발주량 = 순사용량 × 예상식수

- 폐기율이 있는 경우(채소류 · 어패류 등)

  발주량 = 출고계수 × 순사용량 × 예상식수

  출고계수 = 100/가식부율 = 100/(100−폐기율)

3. 발주방식

1) 정기발주방식

정기발주법은 상품 발주시기를 일정간격의 일시로 설정하여 그때마다 발주량을 결정, 발주하는 방식으로 발주량이 때마다 바뀌는 것을 의미한다.

2) 정량발주방식

재고량이 일정수준에 이르면 일정 발주량을 발주하는 방식으로 경제적 발주량을 발주하는 방식이다. 재고부담이 적은 저가품목, 항상 수요가 있어서 일정한 재고를 보유해야 하는 품목에 적합하다.

4. 발주서 작성

발주내용을 공급업자에게 전달하는 방법은 일반적으로 서면으로 직접 전달하는 방법, 전화 또는 인터넷을 이용하는 방법 등이 있으나 최근에는 식자재 유통 전문업체의 통합발주시스템의 도입으로 발주의 효율성이 높아지고 있다.

제5절 검수관리

1. 검수관리의 개념

검수관리는 발주에 따른 구매물품과 배달되는 물품이 일치하는지를 확인하고 검사하여 물품을 받아들이는 관리과정이다. 식재료 검수는 안전하지 못한 식재료가 주방으로 들어오지 못하게 하는 단계로 주문한 물품의 품목 · 품질 · 신선도 · 위생상태 · 수량 · 크기 · 중량 · 가격 · 납기일 등과 냉장 · 냉동품의 경우 온도를 확인하는 절차 등을 포함한다. 일반적으로 검수절차는 배달된 물품의 인수, 확인, 서명으로 진행된다. 구체적으로는 구매요구서와 배달된 물품을 대조한 후 납품서의 가격과 비교한다. 물품의 하자가 없는 경우 물품을 인수하고 하자가 있는 경우에는 반품조치한다. 검수가 끝난 물품은 저장장소로 옮기기 전에 레이블처리(라벨링)하여 보관하고 검수에 관한 기록을 한다.

2. 검수업무 수행의 구비조건

1) 검수원

검수업무를 수행하기 위해서는 유능하고 전문성을 갖춘 검수원이 필요하다. 검수원의 자질을 4I's로 나타내는데 지식(intelligence), 성실(integrity), 관심(interest), 식품에 관한 정보(information about food)를 구비해야 한다. 검수원의 자격조건은 다음과 같다.

- 식품에 대한 품질특성 등 전문적인 지식과 경험
- 검수업무뿐만 아니라 구매 및 생산 업무에 대한 기초지식 겸비
- 식품의 평가 · 분석 · 실험 능력
- 검수절차나 클레임처리 등의 업무 숙지
- 시장동향 · 신제품 출하 · 가격정보 등에 대한 조사능력
- 발주서 · 명세서 · 견적서 등의 작성방법 숙지
- 거래처의 평판 · 신용도 · 성실도 등에 대한 정보역량
- 물품의 저장관리 및 특성 숙지

2) 설비 및 기기

① 설비조건

검수업무를 효율적으로 수행하기 위한 설비조건은 다음과 같다.

- 물품을 검사하기에 적절한 조명시설(조도 540Lux 이상)을 갖추어야 한다.
- 물건과 사람이 이동하는 데 필요한 충분한 넓이의 공간이 있어야 한다.
- 검수장소는 공급업체가 물품을 배달하기 쉽고 저장시설 혹은 전처리장과 가까워야 한다.

- 위생적이고 안전해야 한다.
- 검수구역은 청소가 용이하고 배수가 잘되며 병충해의 피해를 막을 수 있도록 설계된 시설이어야 한다.
- 물품을 바닥에 놓지 않아야 하며 물품검사를 위한 검수대의 높이는 바닥에서 60cm 이상이 바람직하다.

② 검수기기

검수에 필요한 측량도구로 저울 · 계량컵 · 온도계 · 계산기 등이 필요하며, 기타 전용장갑 · 통조림따개 · 칼 · 가위 · 산도계 · 염도계 · 당도계 등이 필요하다. 또한 검수를 마친 물품은 운반차를 이용하여 옮기도록 한다.

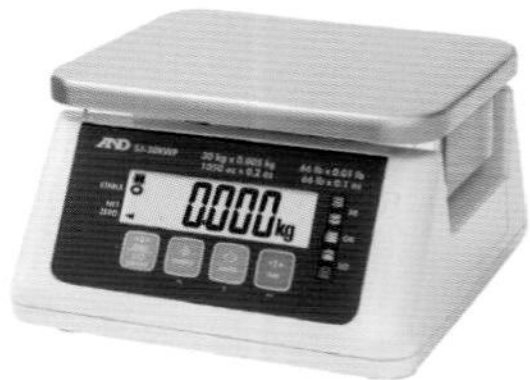

전자저울

플랫폼형 전자저울

그림 4-3 검수 시 사용하는 저울

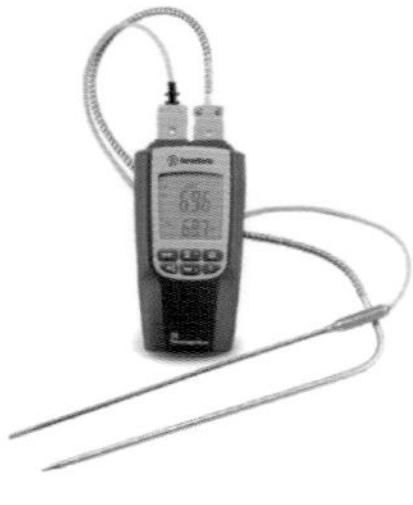

탐침식 온도계

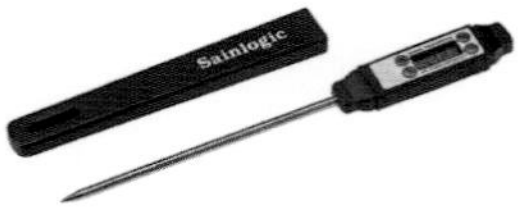

탐침식 온도계(펜 타입)

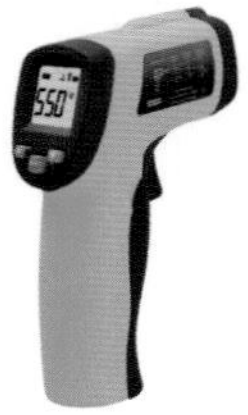

비접촉식 적외선표면온도계

그림 4-4 검수 시 사용하는 온도계

L형 운반차　　L형 운반차 날개형

그림 4-5 검수 시 사용하는 운반차

3. 검수방법

1) 전수검수법

납품된 물품 전체를 하나하나 검사하는 방법으로 물품이 소량이거나 고가품인 경우에 주로 사용한다. 전수검수법으로 우수한 품질의 물품을 입고할 수 있으나 검수시간과 비용이 많이 소요되는 단점이 있다.

2) 발췌검수법

납품된 물품 중에 무작위로 선택하여 검사하는 방법이다. 이러한 발췌검수법은 중요도가 낮고 저가품인 경우, 검수항목이 많은 경우, 검수시간과 비용을 절약해야 하는 경우에 적합하다.

4. 검수 시 유의사항

① 검수는 식품이 도착한 즉시 공급업자와 함께 진행한다. 온도계, 전용장갑, 저울, 칼, 가위, 통조림 따개 등을 준비하고, 물품배송차량의 청결상태와 차량 내부의 온도를 측정한다.

② 모든 물품은 바닥에서 60cm 이상 높이의 검수대 위에 올려놓고 검수하며, 냉장 또

는 냉동상태로 배송되는 식품은 비접촉식 적외선표면 온도계를 사용하여 온도를 측정한다.

③ 식품의 품질검수 시에는 맨손으로 만지거나 손가락으로 맛을 보지 않으며, 얼음이나 물이 포함된 식품의 검수 시에는 얼음과 물을 제거한 후에 측정한다.

④ 진공포장된 식품은 두 팩 사이에 온도계를 넣고 온도를 측정하며, 상자 안에 들어 있는 채소의 경우에는 꺼내서 검수한다.

⑤ 김치류는 맛, 냄새 등의 관능평가를 실시하고 재료의 원산지 증명서를 함께 받아서 보관한다.

⑥ 검수를 위해 실험이 필요한 경우에는 당도계, 염도계 등의 기기를 사용한다.

⑦ 축산물은 관련 증명서를 받아야 하며, 불가능할 경우에는 원본 확인 후 관련내용을 기재하고 사본을 첨부하여 함께 보관한다.

⑧ 유통기한을 의무적으로 표시하게 되어 있는 우유(살균제품), 두부 · 묵 등의 21개 식품은 유통기한을 확인한다. 수입식품은 소비기한, 품질 유지기한, 유통기한 등으로 표시되어 있으므로 확인한다.

⑨ 품질검사 시 규격에 맞지 않는 식품은 반드시 반품처리한다.

제조연월일 표시	• 제조연월일은 포장을 제외한 더 이상의 제조나 가공이 필요하지 않은 시점을 말하며, 도시락 · 김밥 · 햄버거 · 샌드위치 등 상하기 쉬운 식품과 설탕, 소금 등 장기간 보관이 가능한 식품은 유통기한 대신 제조연월일을 표시하도록 의무화되어 있다.
유통기한	• 유통기한은 소비자에게 판매되는 식품의 경우 제조일로부터 판매가 허용되는 기간을 말한다. 우유(살균제품), 두부, 묵 등 21개 식품은 식품공전에서 유통기한을 정하고 있으며 그 외의 식품은 제조업자가 유통기한을 설정하여 표시하도록 의무화되어 있다. 수입식품은 제조일자 또는 유통기한의 표시기준과 방법이 국가별로 다르므로 표시사항을 확인하여 준수하도록 한다.
품질유지기한	• 식품의 특성에 맞는 적절한 보존방법이나 기준에 따라 보관할 경우 해당 식품 고유의 품질이 최상의 상태로 유지될 수 있는 최종기한을 말한다. • 장기간 보관해도 부패의 우려가 적은 통조림식품, 잼류, 장류, 김치류, 젓갈류, 절임식품 등은 유통기한 대신 품질유지기한으로 표시할 수 있다. 품질유지기한으로 표시하는 식품은 유통기한표시를 생략할 수 있다.
소비기한	• 식품을 소비할 수 있는 최종기한을 말한다.

표 4-2 물품 배달 및 식재료 검수

안전기준	설 명
• 운반차량의 온도 유지 – 냉장차량 10℃ 이하 – 냉동차량 –18℃ 이하 • 운반차량 청결유지 • 일반식품과 잠재적 위험식품*의 구분 적재 운반 *잠재적 위험식품 : 육류, 가금류, 알류, 생선, 갑각류, 우유, 멜론 등 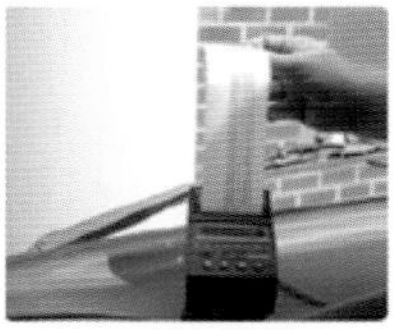 	운반과정에서 식재료의 안전을 보장하기 위해서는 식재료의 특성에 맞는 온도로 운반하여야 하며, 차량으로부터 오염되는 것을 막기 위해 운반차량은 항상 청결을 유지해야 함 ※「식품위생법」 시행규칙 제2조
• 식품표시 사항 준수 – 원산지, 유통기한, HACCP 지정/인증 여부 등을 확인	안전한 식품을 구입하기 위함
• 검품 순서 : 냉동식품 → 냉장식품 → 실온식품 순으로 실시 • 검품 및 검수 후 제품의 보관방법에 따라 보관	식품의 품질을 최대한 유지하고 유해 미생물의 증식을 막기 위함
• 검수 시 필요한 기구 – 저울 : 중량을 확인 – 팔레트(플라스틱) : 식품을 바닥에 놓지 않고 팔레트 위에 올림 – 표면 온도계 : 적정한 온도를 유지하고 있는지 확인 – 검수대 : 식품을 확인하는 곳으로 조도 540럭스를 유지하여 이물 등을 확인 – 일회용 장갑 : 식재료가 바뀔 때마다 교체하여 사용 – 가위 : 포장지를 개폐할 때 사용하며, 검수전용으로 사용	식품의 오염과 교차오염을 방지하여 식품의 안전성을 유지하기 위함
• 신선도, 온도, 파손여부 등 확인 • 식재료 규격서나 물품구매 명세서 확인 • 기준에 맞지 않는 식품의 반품 처리	검품기준을 수립하고 기준에 맞지 않는 식품은 반품함
• 검수 공간을 청결하게 관리 • 검품 및 검수 후, 외피 포장지(외부 박스 등)를 제거한 후 조리장으로 반입 	외부 박스에는 먼지 및 유해 미생물, 해충이 있을 수 있으므로 조리장 반입 전에 제거해야 함

식품의약품안전처 참고

5. 검수절차

① 배달물품과 구매청구서의 비교확인

② 배달물품과 납품서의 비교확인

③ 물품의 인수 또는 반품 결정

④ 꼬리표(라벨링) 부착

⑤ 보관장소에 운반

⑥ 검수의 기록

- 검수일지, 납품서(거래명세표), 검수도장(서명), 검수표, 반품서

6. 식품의 감별법

식품 감별법은 식품 검사의 한 부분으로 주로 시험분석보다는 감별담당자의 경험 · 지식 · 기술 · 기능 등을 적용하여 식품의 품질 특성과 위생적인 관점에서 판별하는 방법이다. 여기에는 관능검사 · 물리적 검사 · 화학적 검사 · 생물학적 검사 · 독성검사 등이 있으며 일반적으로 관능검사를 주로 이용한다.

그림 4-6 식품의 감별법

주요 식품의 감별법은 다음과 같다.

주요 원재료 검수방법

■ 쌀	좋은 쌀 기준 ○	부적합 쌀 ×
외관	 • 이취가 없고 윤기가 나며 알이 통통한 것, 싸라기나 금이 가지 않은 쌀	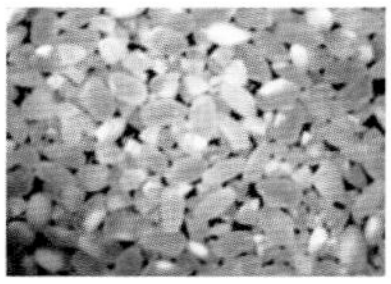 • 쌀에 금이 가거나 깨진 것
색상	 • 쌀알 중심부나 겉면에 백색부가 없는 것	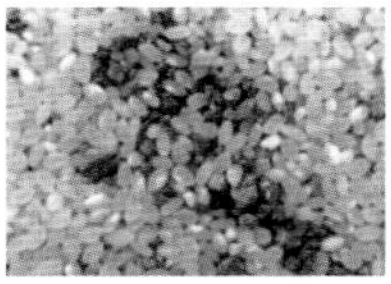 • 흙, 모래 등의 이물질이 있는 것. 유충, 쌀바구미 등 해충이 있는 것

■ 소고기	좋은 소고기 기준 ○	부적합 소고기 ×
육색		
지방색과 질	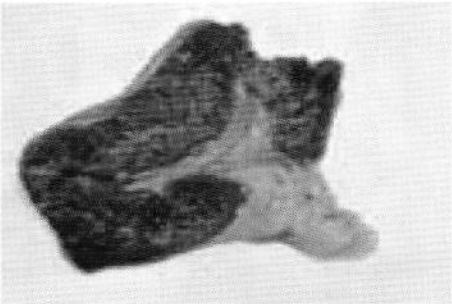	
조직감	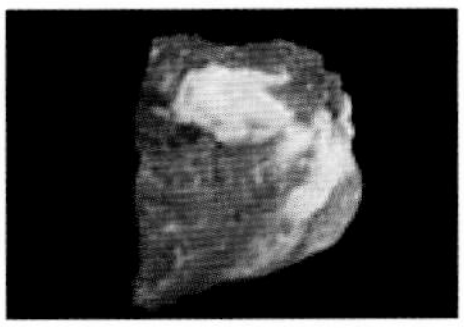 • 선홍색을 띠고 윤기나 나는 것, 지방색은 유백색이고 선명하고 윤기가 나는 것, 수분이 알맞게 침출되고 탄력성이 좋으며 광택이 있는 것	• 농양, 방혈불량, 골절, 어염, 이물질 등의 결점이 매우 심한 것

■ 돼지고기

	좋은 돼지고기 기준 ○	부적합 돼지고기 ×
육색	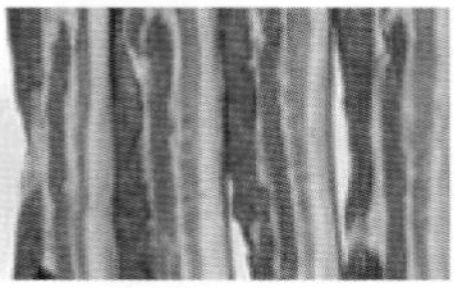	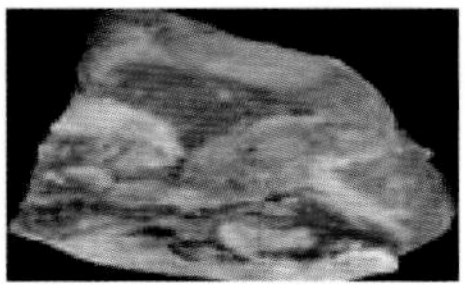
지방색과 질	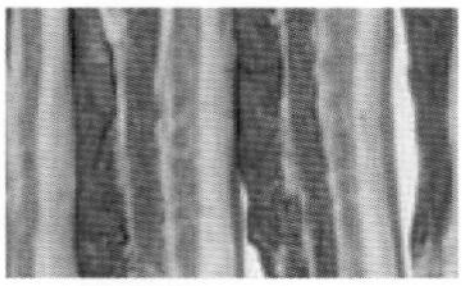	
조직감	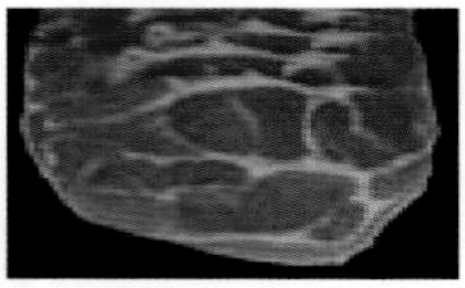	
	• 분홍색을 띠고 윤기나 나는 것, 지방은 백색이고 광택이 있으며 단단하고 탄력성이 있는 것, 수분이 나오는 정도가 적고 조직감이 좋은 것	• 농양, 방혈불량, 골절, 어염, 이물질 등의 결점이 매우 심한 것

■ 닭고기

	좋은 닭고기 기준 ○	부적합 닭고기 ×
외관	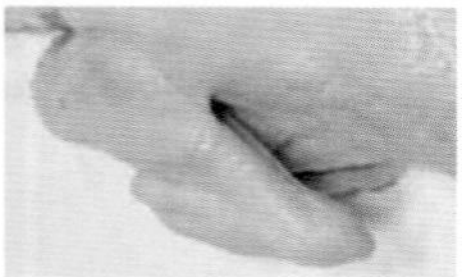	
외상	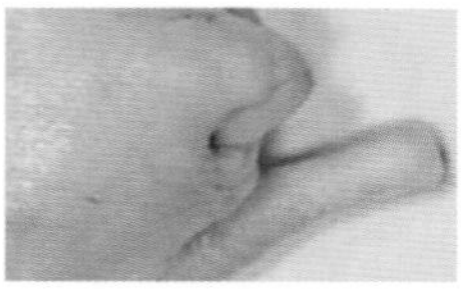	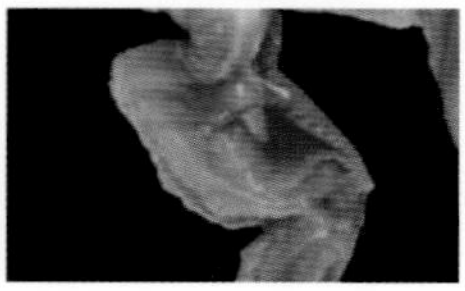
신선도		
	• 피부병 등 질병의 흔적이 없는 것, 가슴과 다리 부위에 상처로 인하여 노출된 살이 없어야 하고 피부색 및 육색이 좋고 광택이 있으며 탄력성이 있는 것	• 목 주위가 자주색 또는 녹색으로 변색되었거나 날개 끝의 색이 어두운 경우 식재료로 부적합하며 날개 밑이나 관절 주위가 끈적이고 불쾌한 냄새가 나는 경우, 피멍이 있거나 이물질이 혼입되어 있는 상태

■ 달걀 및 메추리알	좋은 달걀 및 메추리알 기준 ○	부적합 달걀 및 메추리알 ✕
외관(달걀)		
외관(메추리알)		
색상(달걀)		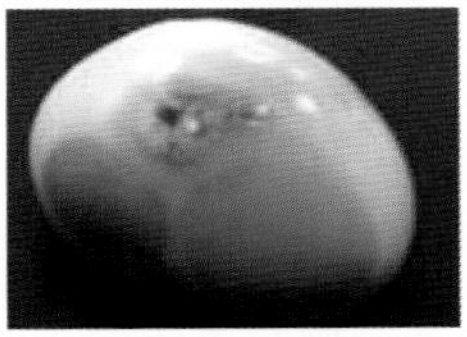
색상(메추리알)	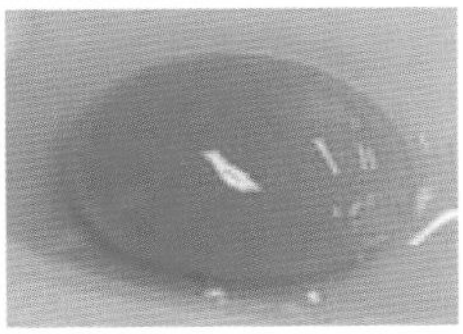 • 표면이 깨끗하고 깨지거나 금이 가지 않은 것 • 난황은 노른빛을 띠고, 난백은 맑고 뚜명한 것. 탄력이 있는 것	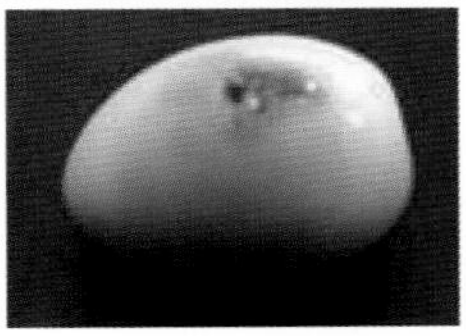 • 껍질에 금이 가 있고 하얗게 곰팡이가 있는 것

■ 생선 및 연체동물	좋은 생선 기준 ○	부적합 생선 ✕
외관		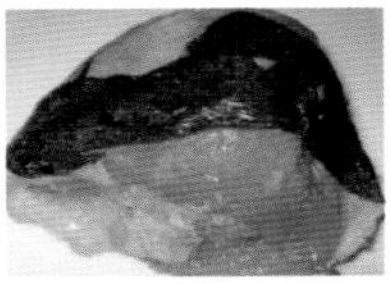
색상	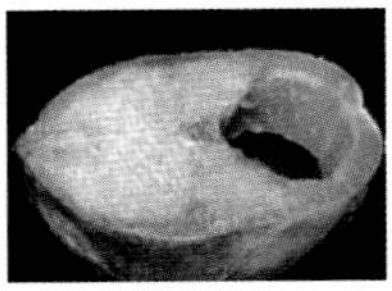 • 삶았을 때 철성분이 화학반응을 하여 흰자색이 검으며 검은 반점을 보이는 것 • 비늘이 그대로 붙어 있고 탄력 있는 육질과 고유의 색상을 띤 윤택한 것	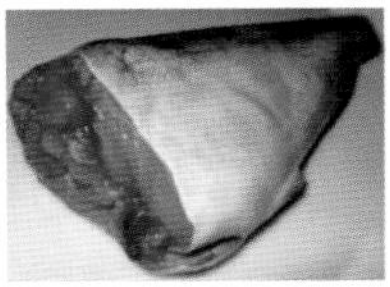 • 비늘과 껍질이 벗겨지고 내장이 밖으로 빠져나온 것 • 냉동에서 해동 시 암모니아 냄새 등 이취가 나는 것

■ 조개류

	좋은 조개 기준 ○	부적합 조개 ×
외관		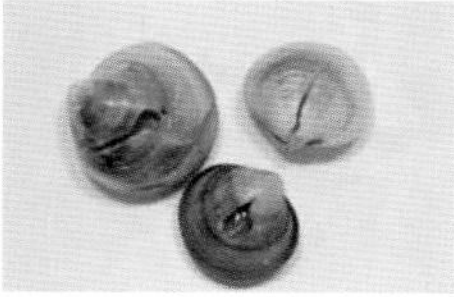
냄새	 • 광택이 나며 물을 내뿜고 있는 것	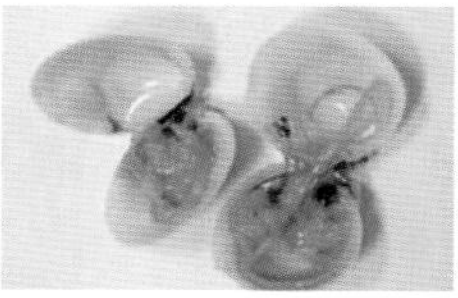 • 껍질이 부서져 있거나 열려 있는 것 • 심한 비린내가 나는 것

■ 채소류

	좋은 채소 기준 ○	부적합 채소 ×
외관	  • 고유의 색깔이 진하고 조직이 단단한 것	 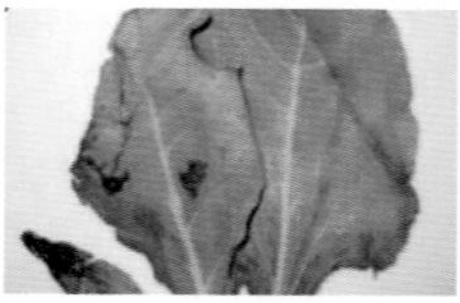 • 표면이 긁히거나 마르고 시든 것

✻ 참고문헌

단체급식관리(전희정 외, 파워북), 2014

식품구매(백옥희 외 4명, 파워북), 2015

알기 쉽고 쉽게 배우는 식품 구매론(김장익 · 김재현, 백산출판사), 2013

외식주방경영론(어윤선, 대왕사), 2015

단체급식, 제3판(양일선 외, 교문사), 2015

주방관리론(김태형 외 4명, 교문사), 2015

최신 단체급식(김혜영 외 2명, 효일), 2016

호텔외식 식자재관리 및 구매(최성기 · 박경곤, 백산출판사), 2014

호텔 · 외식산업 주방관리실무론(김기영 · 전효진, 백산출판사), 2016

개방형 주방 음식점 위생관리 매뉴얼[한식 · 중식 · 일식](식품의약품안전처), 2015

식품접객업소 식품안전관리 매뉴얼(식품의약품안전처), 2014

주요 식재료검수도감(식품의약품안전처), 2015

Chapter 5

한식 재료관리

Chapter 5

한식 재료관리(1301010119_16v3)

영역 (능력단위요소)	평가항목	평가수준				
		매우 미흡	미흡	보통	우수	매우 우수
저장 관리하기 (1301010119_16v3.1)	1.1 나는 식재료 품목특성을 파악하여 냉동 저장관리할 수 있다.	①	②	③	④	⑤
	1.2 나는 식재료 품목특성을 파악하여 냉장 저장관리할 수 있다.	①	②	③	④	⑤
	1.3 나는 식재료 및 주방소모품은 품목특성을 파악하여 창고 저장관리할 수 있다.	①	②	③	④	⑤
	1.4 나는 저장고의 온도, 습도, 통풍 등을 관리하고 정리정돈을 할 수 있다.	①	②	③	④	⑤
재고 관리하기 (1301010119_16v3.2)	2.1 나는 물품의 재고 수량을 확인할 수 있다.	①	②	③	④	⑤
	2.2 나는 재료의 제조일자와 유통기한을 확인하고 상비량과 사용 시기를 조절할 수 있다.	①	②	③	④	⑤
	2.3 나는 재료 유실방지 및 보안 관리를 할 수 있다.	①	②	③	④	⑤
선입선출 관리하기 (1301010119_16v3.3)	3.1 나는 조리된 재료의 제조일자에 따라 품목명을 붙이고 선 · 후로 적재하여 신선상태와 숙성상태를 관리할 수 있다.	①	②	③	④	⑤
	3.2 나는 물품의 입고된 순서와 유통기한에 따라 선 · 후로 정리할 수 있다.	①	②	③	④	⑤
	3.3 나는 선입된 재료 순서에 따라 선출하여 사용할 수 있다.	①	②	③	④	⑤

진단영역	문항 수	점수	점수÷문항 수
저장관리하기	4		
재고관리하기	3		
선입선출 관리하기	3		
합 계	10		

☞자신의 점수를 문항 수로 나눈 값이 '3점' 이하에 해당하는 영역은 업무를 성공적으로 수행하는 데 요구되는 능력이 부족한 것으로 교육훈련이나 개인학습을 통한 개발이 필요함.

제1절 저장관리

1. 저장관리의 개념

1) 저장관리의 의의

구매한 물품을 수요자에게 공급할 때까지 일정기간 동안 적절한 방법으로 변질이나 손상이 되지 않는 원상태 그대로의 품질과 수량을 보존관리하는 것을 저장관리라고 한다.

일반적으로 검수가 완료된 물품은 최상의 품질을 유지하기 위해 종류와 특성에 맞게 최적의 상태로 저장관리하게 되는데, 이때 입고관리, 출고관리, 재고관리의 업무가 이루어진다.

저장관리의 목적은 다음과 같다.

- 재고의 적정량 유지
- 도난과 부패방지
- 체계적인 물품의 분류 및 적재 · 보존
- 위생적인 보관
- 원활한 입고와 출고 업무의 수행
- 자산의 보존

2) 저장관리의 원칙

저장기간 중 발생하는 물품의 유지비용을 최소화하기 위해 담당자는 다음의 저장관리 원칙을 반드시 고려해야 한다.

① 위치 표식화의 원칙

표식화는 물품을 찾을 때 용이하고 재고조사 시에도 혼란과 복잡함을 줄여주며 시간과 노력을 최소화할 수 있다. 저장해야 할 물품은 품목별, 규격별, 품질 특성별로 분류하고 일정한 위치에 표식화하여 저장한다.

② 분류저장의 원칙

저장고에 물품을 저장할 때에는 품목별로 분류한 후 입출고의 빈도수, 가나다순, ABC순, 숫자순 등으로 정렬하여 저장한다.

③ 선입선출의 원칙

선입선출(first-in-first-out : FIFO)의 원칙이란 저장시설에 먼저 입고된 물품이 먼저 출고되어야 한다는 원칙으로 물품 적재 시 관리자는 저장식품의 유통기한을 고려해서 나중에 입고된 물품은 현재 보관 중인 물품의 뒤쪽에 보관하고 유효일자나 입고일을 기록함으로써 선입선출에 따라 출고관리가 이루어지도록 한다. 선입선출의 원칙을 지키면 식품의 낭비를 최소화하고 선도를 유지하여 양질의 음식생산에 도움을 준다.

④ 품질 보존의 원칙

식품은 품질과 수량의 변화 없이 납품된 상태 그대로 보존해야 한다는 원칙이다.

저장실은 온도, 습도, 통풍 등을 세심하게 관리하고 방서 · 방충 등의 기능을 갖춘 시설을 활용하여 품질변화를 최소화해야 한다. 또한 물품의 도난이나 부정유출을 방지하기 위해 저장창고에 잠금장치를 설치하고 출입을 제한한다.

⑤ 공간활용 극대화의 원칙

물품을 저장하기 위해서는 물품의 양과 부피를 수용할 수 있는 공간과 물품을 운반할 수 있는 이동공간 등을 충분히 확보하는 것이 필수적이다. 하지만 과도한 공간확보는 업장의 관리비용을 상승시킨다. 따라서 경제적 효과를 높이기 위해서는 공간의 활용을 극대화해야 한다.

2. 저장시설

저장시설은 식품이나 물품을 보관하는 시설로서 물품에 따라 건조창고, 냉장저장시설, 냉동저장시설로 구분한다.

1) 저장시설의 조건

① 위생성

저장고는 청결과 정리 · 정돈이 기본적으로 이루어져야 하고, 쥐 · 바퀴벌레 · 곤충 · 세균 · 곰팡이 등 위생관리에 만전을 기해야 한다. 특히 적절한 온도 및 습도, 통풍, 채광 등을 위한 시설을 갖추고 관리가 되어야 한다.

② 안전성

저장고의 안전성은 주로 시설관리가 중점이며 안전사고에 대비한 인원이 상주하여야 한다.

물품을 적당한 높이와 무게로 안전하게 적재하고 냉동실과 냉장실의 개폐장치를 반드시 설치하는 등 안전관리에 세심한 주의를 기울여야 한다.

③ 보안성

저장고의 책임자는 열쇠관리, 출입자의 제한, 비상용 열쇠 등의 관리에 만전을 기해야 한다.

④ 배열성

저장고 내의 물품을 구획별로 배치하고 진열 및 적재를 하며, 사용빈도에 따라 분리 저장하여 합리적이고 효율적인 관리를 한다.

⑤ 접근성

식품저장고의 위치는 취급품목, 거래량, 입출고 빈도수 등에 따라 다르지만, 일반적으로 다음과 같다.

- 입 · 출고관리가 편리한 장소
- 신속한 저장이 가능하고 부서 간의 업무협조가 용이한 위치
- 검수구역 · 생산구역 · 저장고가 같은 층에 있으면 유리
- 납품장소와 저장고가 단거리에 위치하여 운반동선 최소화

2) 저장시설의 종류

① 건조창고

건조창고는 보관식품의 성격에 따라 양곡창고, 마른 채소창고, 조미료창고, 가공식품 창고, 세제류 등의 비품 및 주방용 소기구와 식기창고로 분류한다. 비슷한 품목은 함께 보관해야 공간을 절약할 수 있다.

건조창고는 해충의 침입을 막기 위해 방충시설, 방서시설, 온도, 습도를 유지할 수 있는 환경조건을 갖추어야 한다. 건조창고는 온도 15~25℃, 습도 50~60%가 적당하다. 각 공간의 온도와 습도를 관리하기 위해 온도계와 습도계를 설치하고, 공기순환을 위해 환풍시설을 구비한다. 채광과 통풍상태를 잘 유지하기 위해 창문은 천장으로부터 30~50cm 떨어진 위치에 설치하고 방충망 및 잠금장치를 단다. 또한 직사광선 투과를 최소화한다.

선반은 스테인리스스틸의 재질을 사용하여 벽면에서 15cm, 바닥에서 25cm 떨어진 곳에 설치한다. 선반의 폭은 60cm 이내가 사용하기 편리하며 1단에는 무거운 식품을 저장하고 2단과 3단에는 비교적 가볍고 자주 사용하는 식품을 저장한다. 설탕 및 밀가루 등 습기를 잘 흡수하는 식품은 선반에 보관하고 창고 바닥에 방치하는 일이 없어야 한다. 벽면은 방수용 페인트로 도색하여 습기가 생기지 않도록 하고 바닥은 미끄럽지 않고 청소가 쉬운 재질로 한다.

식품의 유형별로 체계적으로 적재하며, 물품 정면에 라벨을 붙이면 재고조사나 출고 시에 시간을 단축하고 노동을 줄일 수 있다. 건조식품 외에 비누, 소독제, 살충제 등의 화학물질은 분리 저장한다.

② 냉장고

냉장고는 주로 냉장육류, 유제품류, 채소, 과일류 등을 짧은 시간 저장할 때 주로 이용한다. 온도 0~5℃, 상대습도 75~95%를 유지하며 해당품목들은 검수 즉시 냉장저장하고 사용 직전에 출고해야 한다. 냉장고의 규모와 종류는 업장의 규모와 구매방침 등에 따라 달라지며 일반적으로 업장에서 이용하는 냉장고에는 창고식 대형 냉장고, 편의형 소형냉장고, 양문형냉장고 등이 있다. 워크인 냉장고의 문은 안에서도 오픈이 가능해야 하고 조명이나 신호장치에 의해 냉장고 안에 사람이 있음을 알릴 수 있어야 한다. 냉장고의 온도계는 하루 2회 이상 정기적으로 온도를 점검한다.

③ 냉동고

냉동고는 저온저장을 요하는 식품에 이용되며, 내부온도는 항상 -18℃ 이하를 유지해야 한다. 냉동식품은 검수 즉시 냉동실로 옮기고 해동한 식품은 재냉동하지 말아야 한다. 냉동저장은 장기보관에 유리하나 저장기간이 길어질수록 품질저하의 우려가 있다. 냉장고와 냉동고는 가급적 열원과 멀리 떨어진 장소에 설치하며, 정기적으로 점검과 청소를 실시한다. 특히 냉동고는 정기적으로 성에를 제거하여 정상적으로 작동하는지 확인하며 냉동고의 온도계는 하루 2회 이상 정기적으로 온도를 점검한다.

3. 저장방법

구입한 물품은 식품과 소모품으로 구분하여 보관한다. 식품 중에서 이미 세척된 채소 및 가열식품은 별도로 관리하고 소모품 중에서 세척제, 소독제 등은 별도로 보관한다. 모든 식품은 반드시 소독된 보관용기에 뚜껑을 덮어 위생적으로 보관한다. 대용량 제품을 나누어 보관하는 경우 제품명과 유통기한을 반드시 표시하고 유통기한이 보이도록 진열한다. 또한 입고 순서대로 선입선출의 원칙이 잘 지켜지도록 한다.

가열한 음식은 즉시 냉각하여 냉장 또는 냉동 보관한다. 익힌 음식과 날음식을 별도의 냉장고에 보관하여 교차오염을 방지한다. 만약 냉장고를 1대만 사용한다면 익힌 음식과 채소, 가공식품 등은 냉장고 상단에 보관하고 생선 · 육류 등의 날음식은 냉장고 하단에 보관해야 한다. 보관 시에는 품목명과 날짜를 표시한 네임태그를 붙이고, 사용하고 남은 통조림은 깨끗한 용기에 담아 개봉한 날짜와 품목명, 원산지 등을 표시하여 냉장보관한다.

업소용 워크인 냉장고

일반 창고

제2절 재고관리

1. 재고 및 재고관리의 개념과 의의

재고(inventory)는 불확실한 수요와 공급을 만족시키기 위한 물품을 적당량 보관하는 기능을 의미한다. 항상 수요와 공급을 일치시킬 수 없기 때문에 재고를 적당량으로 유지하고 관리하는 과정인 재고관리가 필요하다. 재고관리는 발주시기 · 발주량 · 적정재고수준을 결정하는 업무수행의 전체과정까지 포함하는 것이다.

2. 재고관리의 기능 및 중요성

재고관리의 기능은 적정한 재고량을 유지 관리하여 상품생산과 판매가 원활히 이루어지도록 하는 데 있다. 요구량과 일치하는 수준을 유지함으로써 재고비용을 최소화하여 경제적 관리가 이루어져야 하며 도난 · 낭비 · 부패 · 변질 · 해충피해 등으로 인한 손실을 최소화해야 한다. 따라서 재고관리의 중요성이 강조되고 있다.

3. 재고조사방법

재고조사방법에는 정기적으로 현재 저장시설에 보유하고 있는 물품의 수량을 직접조사하여 기록하는 실사재고조사방법과 각 물품의 입고와 출고시점에서 재고자산의 증감을 계속해서 기록하는 방법인 영구재고조사방법이 있다. 두 방법의 장단점은 표 5-1과 같다.

표 5-1 실사재고조사와 영구재고조사의 장단점

구분	장점	단점
실사재고조사	• 재고자산의 총 가치를 평가함 • 재고금액의 확인이 가능함	• 많은 시간이 소요됨 • 신속하지 못함 • 부정확하게 재고량이 파악될 수 있음
영구재고조사	• 적절한 재고량 유지에 관한 정보를 제공함 • 특정시점의 재고량과 재고자산을 쉽게 파악할 수 있음 • 재고관리의 효율적 통제가 가능함	• 많은 경비가 소요됨 • 기록체계의 정확성에 문제가 발생함 (수작업 기록체계의 문제점)

제3절 식재료

1. 곡류

곡류는 탄수화물을 다량 함유한 열량공급원으로 소화 · 흡수가 쉽고 맛이 담백하다. 수분과 단백질이 적어 잘 부패하지 않고 운송하기도 편리하여 주로 인간의 식량과 가축의 사료로 이용된다.

표 5-2 곡류의 분류

미곡류	쌀
맥류	밀, 보리, 귀리, 호밀 등
잡곡류	옥수수, 조, 수수, 기장, 메밀, 율무

1) 쌀

쌀에는 단백질이 6~8% 정도 들어 있지만 질적인 면에서 밀보다 훨씬 우수하다.

라이신이 부족하지만 두류와 섭취하면 필수 아미노산을 골고루 섭취할 수 있으며 대부분 전분질로 되어 있고 단위중량당 열량은 다른 곡물보다 훨씬 높다.

지방질은 주로 쌀겨층이나 배아에 분포되어 있는데 올레산, 리놀레닉산, 팔미틱산 등의 불포화지방산으로 이루어져 있다. 현미의 경우 2~3%, 백미의 경우 0.5% 정도 함유하고 있다. 탄수화물은 그 비중이 78%로 가장 높은데, 대부분이 전분으로 되어 있다. 또한 비타민 B와 E, 인, 마그네슘 등을 함유하고 있으며 무기질은 인이 많고 칼슘이 적다.

쌀을 이용하는 방법으로는 옛날부터 밥을 지어 일상식으로 하였고, 가루로 가공하여 떡을 만들어 명절이나 제사 때 별식으로 섭취하였다. 또한 발효를 통해 술이나 식초로 만들어 사용하였으며 각종 장류에 이용하기도 하였다.

(1) 쌀의 종류

쌀은 도정 정도에 따라 1~12분도로 나뉘는데, 숫자가 높을수록 도정이 많이 된 것이다.

현미	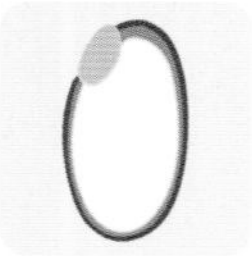	벼에서 왕겨만을 벗겨낸 것으로 0분도에 해당한다. 쌀겨와 쌀눈을 그대로 갖고 있어 영양이 우수하다.
5분도미	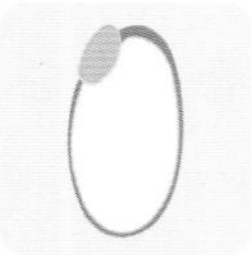	5분도 도정을 한 쌀. 현미와 백미의 중간단계로 쌀겨와 쌀눈이 남아 있다.
백미		백미는 12분도에 해당한다. 밥맛이 좋으나 쌀겨와 쌀눈이 깎여나가 영양소의 손실이 있다.

세계에서 생산되는 쌀은 크게 일본형과 인도형으로 나눈다. 인도형은 일본형에 비하여 쌀알이 길고 밥을 지었을 때 끈기가 없으므로 한국인의 기호에는 적당하지 않다.

쌀은 멥쌀[粳米]과 찹쌀[糯米]로 구분한다. 보통 쌀밥을 지어서 먹는 것은 멥쌀이다. 멥쌀은 배젖이 반투명하고 광택이 있다.

찹쌀은 배젖이 희고 불투명한 것이 많으며 주로 인절미나 찰밥을 만들어 먹는다. 찹쌀은 100% 아밀로펙틴으로 되어 있으나 멥쌀은 약 80% 정도의 아밀로펙틴으로 되어 있고 나머지 20% 정도는 아밀로오스로 구성되어 있다. 멥쌀의 아밀로오스 함량은 품종에 따라 차이가 있는데 한국인이 좋아하는 쌀은 아밀로오스가 16~20% 정도인 것이다. 요오드 용액으로 염색시키면 멥쌀은 청람색으로, 찹쌀은 적갈색으로 변하므로 구별이 쉽다.

(2) 쌀을 고르는 방법

쌀을 고를 때는 강층이 완전히 제거되고 낱알의 윤기가 뛰어나고 통통하며 반색, 반투명한 것이 좋다. 냄새를 맡았을 때 묵은 냄새와 곰팡이 냄새가 없는 것을 고르고 낱알이 약간 작으면서 싸라기나 금이 간 쌀이 적고 쌀알의 중심부나 겉면에 백색부가 없는 것이 좋은 쌀이다.

자연상태(10~24℃)에서 보관하며 어둡고 통풍이 잘 되는 곳이 좋다.

쌀 등급표시제에 의해 쌀은 총 1~5등급으로 나뉘며 1등급이 가장 좋은 쌀이다. 단백질 함량이 6% 이하면 '수', 6.1~7%면 '우', 7.1% 이상이면 '미'로 표기한다. 품종과 중량, 생산연도, 도정연월일, 생산자 등을 확인할 수 있다.

<table>
<tr><td>품목</td><td>쌀</td><td>중량</td><td>20kg</td></tr>
<tr><td>품종</td><td>추청</td><td>단백질함량
(임의표시)</td><td>수, 우, 미</td></tr>
<tr><td>등급</td><td>특, 상, 보통</td><td colspan="2">단백질함량이 낮을수록 밥맛이 우수</td></tr>
<tr><td>생산연도</td><td>2014</td><td>도정연월일</td><td>2015.7.7</td></tr>
<tr><td rowspan="3">생산자
(가공자 또는 판매원)</td><td>주소</td><td colspan="2">○○도 ○○군 ○○로 ○○</td></tr>
<tr><td>상호명(성명)</td><td colspan="2">○○미곡종합처리장</td></tr>
<tr><td>전화번호</td><td colspan="2">○○○)○○○-○○○○</td></tr>
</table>

2) 밀

세계 곡물 생산량에서 옥수수에 이어 2위를 차지하는 밀은, 골이 깊어서 정백률이 떨어지므로 분쇄하여 가루로 만들어 사용한다. 밀가루는 빵 · 과자 · 국수 등에 이용한다. 소맥을 제분하면 입자가 작아지고 표면적이 넓어져 소화율이 높아진다.

밀가루는 보통 제빵용, 제과용, 제면용 등의 용도별로 구분하나 기본적으로 밀가루의 단백질 함량에 따라 강력분, 중력분 및 박력분으로 나눈다. 대체로 제빵용 밀가루는 단백질 함량이 높고, 과자용은 단백질 함량이 낮으며, 국수용은 중간의 것을 사용한다. 이때 단백질의 질도 함께 고려해야 한다.

표 5-3 밀가루의 종류

종류	글루텐 양	용도
강력분	13% 이상	빵, 마카로니
중력분	10~13%	국수류(면류)
박력분	10% 미만	튀김, 과자

밀가루는 색이 고르며, 가루형태가 균일한 것이 좋고 양질의 밀은 품종 고유의 색을 지니고 광택이 있다. 건전한 밀은 밀 특유의 냄새를 갖는데 이 냄새는 시간이 지나면서 점차 소멸된다. 일반적으로 밀가루를 포장하여 서늘하고 습기가 적고 직사광선이 들지 않는 곳에 보관하면 2~3년 정도 저장이 가능하다. 다만 통밀가루는 지방이 풍부한 배아를 함유하고 있어 산패되기 쉬우므로 냉장에서 약 3개월간 보관할 수 있다. 습기, 냄새 등이 잘 흡수되므로 화장품, 세제, 석유 등이 있는 장소에 보관하지 말아야 한다.

3) 보리

보리는 세계적으로 쌀, 밀, 옥수수 다음으로 많이 생산된다. 보리는 도정해도 쌀같이 속겨층이 완전히 제거되지 않고 중앙에 홈이 파여 있고 섬유소가 많아 소화가 느리다. 밥을 지었을 때 쌀과 같은 식감을 내고 소화율을 높이기 위해 홈을 기준으로 세로로 잘라 다시 도정한 할맥과 고열 증기를 가하여 부드러워진 보리를 기계로 눌러 압맥을 만든다. 최근에 β-글루칸 함량이 높아 건강식품으로 각광받고 있다. 보리는 식량 · 사료 · 공업원료용으로 구분된다. 밀을 재배하여 빵을 주식으로 하는 유럽이나 미국에서는 주로 사료용으로 보리를 재배한다. 반면에 쌀을 주식으로 하는 일본이나 한국 등 동양권에서는 식량으로 재배하고 있다. 식량으로 쌀과 혼합하여 밥을 지어 먹는 것이 일반적이며, 공업원료로는 주로 맥주 양조에 이용한다. 그 밖에 소주 · 위스키 · 된장 · 고추장 제조에도 이용된다. 엿기름을 만들어 엿, 식혜, 감주를 만들며, 갈색으로 볶아 구수한 보리차로 이용하기도 한다.

4) 옥수수

옥수수는 재배역사가 깊고 재배분포가 넓어 벼, 밀과 함께 세계 3대 화곡류(禾穀類) 식량작물에 속한다. 한국에서는 완숙되기 전에 수확하여 간식용으로 이용한다. 그러나 중부 산간지나 북부지방에서는 완숙된 옥수수를 수확하여 식량으로 이용하고 있다. 씨알은 물에 불려서 쌀이나 팥과 함께 밥을 짓거나 맷돌에 갈아서 쌀, 조와 섞어 섭취하기도 한다. 소화율이나 열량이 쌀, 보리에 떨어지지 않으나 단백질이 적으므로 주식으로 섭취하려면 콩과 섞어 먹거나 우유 · 고기 · 달걀 등과 함께 먹는 것이 영양상으로 좋다.

5) 기타 잡곡류

호밀은 글리아딘 함량이 적어 글루텐을 형성하지 않으므로 빵을 만들면 빵이 덜 부풀고 색이 검은 것이 특징이다.

수수는 오곡 중에 하나로 차수수와 메수수로 나뉘며 메수수는 가축의 사료나 공업용 원료, 술의 원료로 이용된다. 수수는 밥, 수수부꾸미, 전분, 문배주, 중국 고량주의 원료로 사용된다.

율무는 밥, 응이죽, 율무차 등에 이용된다.

2. 서류

서류는 식물의 땅속줄기나 뿌리가 발달한 작물로 감자, 고구마, 카사바, 돼지감자, 야콘, 히카마 등이 있다. 곡류와 같이 전분이 주성분으로 이루어져 있으며, 과거 곡류의 생산량이 부족하던 시절에 구황작물 또는 주식 및 대용품으로 섭취하였다. 감자와 고구마는 우리나라에서 가장 많이 생산 이용되고 있다.

1) 감자

감자는 수분함량이 80% 내외이고 탄수화물은 대부분 전분의 형태이다. 곡류에 비해 입자가 커서 빨리 호화되고 비타민은 비교적 많은데 특히 비타민 C가 많고 칼륨함량이 많은 무기질 식품이다. 감자는 점질감자와 분질감자로 나뉘는데 점질감자는 찌거나 삶아도 잘 흩어지거나 부서지지 않아 기름으로 볶는 요리에 적합하며 샐러드, 조림 등에 이용된다. 분질감자는 포실포실하여 찐 감자, 구운 감자, 매시트포테이토, 프렌치 프라이드포테이토 등에 적합하다.

감자의 껍질을 벗기면 표면이 갈색으로 변하는 것을 볼 수 있는데 이는 효소적 갈변으로 감자의 아미노산인 티로신이 산화되어 멜라닌 색소를 형성하기 때문이다. 갈변을 방지하려면 감자를 물에 담근다.

감자를 고를 때는 상처 부위를 통해 세균, 곰팡이 등이 쉽게 오염되기 때문에 껍질이 말라 벗겨지거나 상처, 긁힘이 있는 것은 피해야 한다. 또한 독성물질인 솔라닌에 중독되지 않도록 싹이 난 것, 표면이 햇빛에 의해 녹변된 것은 없어야 한다. 일반적으로 모양과 크기가 고르고 단단하며 짓무르지 않고 흙이 잘 제거되어 있고, 물기가 없는 것을 선택하고, 색택이 좋아 신선한 것을 고른다.

자연상태에서는 10~24℃에 보관하는 것이 좋고 씻은 상태라면 5℃ 이하로 냉장보관한다.

2) 고구마

고구마는 감서 · 단고구마로 불리기도 하며 우리나라 전체에서 널리 재배한다. 고구마는 조선시대 영조 39년(1783)부터 심기 시작했는데, 당시 일본에 다녀온 사신으로부터 들여온 것으로 알려져 있다. 성분은 수분 69.39%, 당질 27.7%, 단백질 1.3% 등이며 주성분은 녹말이다. 감자에 비해 당질과 비타민 C가 많고 칼로리는 낮다. 삶거나 굽는 것 외에 튀김이나 죽으로도 조리한다. 서양에서는 버터구이 · 파이 · 프라이 스위트포테이토 등을 만든다. 고구마의 β-아밀라아제는 전분을 가수분해하여 맥아당을 만들고 단맛을 내게 된다. β-아밀라아제는 50~70℃에서 활성화되어 이 온도에서 조리되므로 군

고구마의 단맛이 높아지게 된다. 고구마는 엿, 과자, 당면, 알코올 제조 등에 이용된다.

3. 두류

우리나라에서 주로 생산되는 두류로는 대두, 팥, 녹두, 동부, 완두, 강낭콩, 땅콩 등이 있으나 그중 가장 중요한 것은 대두, 팥, 녹두이다. 두류는 성분의 차이가 두드러지게 나타나므로 다음과 같이 나눈다.

- 단백질과 지방함량이 높은 것 : 대두, 낙화생
- 단백질과 전분함량이 높은 것 : 팥, 녹두, 동부, 강낭콩
- 채소적 성질을 띤 것 : 껍질콩, 풋완두

1) 대두

콩과식물 중 가장 영양분이 많고 소화하기 쉬운 식품으로 단백질이 가장 많고 값싸게 구매할 수 있는 단백질 공급원 중 하나이다. 대두는 단백질과 지질이 풍부하여 우수한 식품이나 조직이 단단하여 소화율이 낮다. 소화율을 높이고 맛있게 섭취하기 위하여 콩기름, 콩나물, 두부, 유부, 된장, 간장, 청국장, 콩고기 등으로 가공한다.

대두는 반드시 가열하여 섭취해야 한다. 콩은 산화효소인 리폭시게나아제에 의해 공기 중에 산화되어 콩비린내를 생성하며, 생대두는 단백질의 소화를 저해하는 트립신저해제나 적혈구를 응집시키는 헤마글루티닌이 들어 있어 생으로 먹을 수 없다. 하지만 가열하면 그 저해작용은 없어진다. 가열에 의해 단백질의 소화를 향상시키지만 볶은 콩은 60%, 삶은 콩은 70% 정도이다. 대두를 삶기 위해서는 물에 담가 6~7시간 정도 충분히 불린 후에 사용한다. 대두를 물에 담글 때 소금을 약 1% 정도 첨가하면 콩을 부드럽게 삶을 수 있다. 이것은 대두단백질인 글리시닌이 물만 있을 때보다 염류의 용액에서 쉽게 용해되기 때문이다. 또 사포닌은 거품을 형성하고 약한 용혈작용을 한다.

2) 팥

원산지는 동양으로 오랜 재배역사를 가지고 있으며, 중국 · 한국 · 일본 등에서 재배되는 작물이다. 소두(小豆) · 적소두(赤小豆)라고도 불리는 팥의 성분은 단백질 21%, 탄수화물 55%, 지질 0.7% 등이다.

씨껍질의 색소는 안토시안으로 알칼리성이나 철 냄비에 팥을 끓이면 검은색이 되고, 산이나 공기에 접촉하면 붉은색이 된다.

떡고물, 양갱, 팥빙수용으로 주로 사용되며 비타민 B_1의 함유량이 현미보다 많아 예로부터 각기병의 치료에 효과적인 것으로 알려져 있다. 그 밖에 비타민 A와 B_2, 니코틴산, 칼슘, 인, 철분, 식물성 섬유 등이 많이 들어 있고 전체적인 영양의 균형도 뛰어나다. 팥은 무엇보다 이뇨효과가 좋고 변통작용도 우수하다. 이것은 외피에 들어 있는 사포닌과 풍부한 식물성 섬유에 의한 것으로 부기와 변비 해소에 효과가 있다. 그러나 사포닌은 한꺼번에 많이 먹으면 설사를 한다. 팥은 해독작용이 뛰어나 체내의 알코올을 빨리 배설시킴으로써 숙취를 풀어준다. 붉은색이 짙고 윤기가 나며 껍질이 얇은 것이 좋은 팥이다. 팥은 벌레 먹기 쉽기 때문에 바람이 잘 통하는 서늘한 곳에 보관해야 한다.

3) 녹두

녹두의 주성분은 탄수화물과 단백질이며 특별한 맛이 있어 청포, 숙주나물, 떡고물, 녹두죽, 녹두묵, 빈대떡 등을 만들며 당면의 원료로 쓰이기도 한다. "녹두는 100가지의 독을 풀어준다"는 옛말이 있을 정도로 필수아미노산과 불포화지방산이 풍부하여 입술이 헐거나 몸이 피로할 때 효과를 볼 수 있다. 그러나 녹두는 몸을 차게 하는 성질이 있기 때문에 몸이 냉한 사람에게는 좋지 않다.

4) 두류 가공식품

① 두부

콩제품 가운데 가장 대중적인 가공품으로 양질의 식물성 단백질이 풍부한 가공품이다.

두부는 콩을 물에 불려서 분쇄하여 끓인 다음 불용성 성분을 제거하고 응고제를 넣어 응고 후 압착시킨 것이다. 소화율이 95%까지 증가된 식품으로 우리나라에서는 주로 순두부, 모두부, 연두부, 튀김두부, 동결두부, 전두부, 포장두부 등으로 생산, 판매되고 있다. 두부는 고형분이 12%, 연두부와 순두부는 6%, 경두부는 22% 이상이어야 한다.

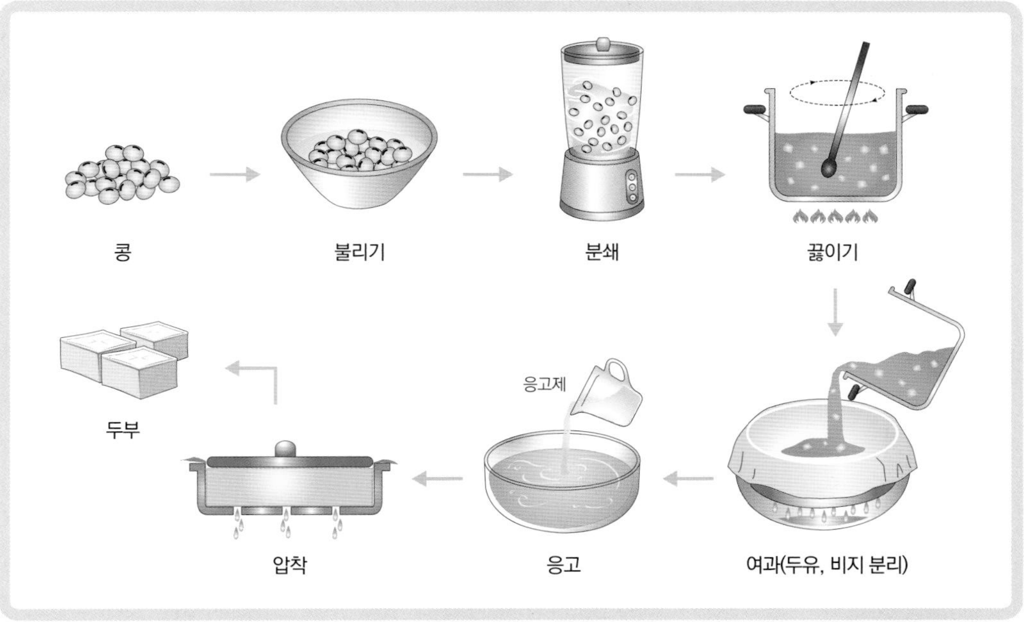

그림 5-1 두부 제조과정

② 콩나물

콩나물은 대두를 물에 충분히 불려 싹을 틔운 것으로 하루에 여러 번 물을 주며 햇볕을 차단하여 기른다. 장소와 계절에 관계없이 재배할 수 있어 경제적이며, 무기질을 많이 함유하고 있다. 콩나물은 발아과정에서 생성되는 비타민 C를 비롯해서 아스파라

긴산의 함량이 높아진다.

또한 숙주나물은 녹두를 발아시킨 것으로 콩나물과 재배조건이 비슷하다.

③ 간장 · 된장

대두 발효식품인 간장 · 된장은 예로부터 전해 내려온 발효식품으로 간장의 '간'은 '소금의 짠맛'을 의미하고 된장의 '된'은 '되다'의 뜻이다.

콩을 쪄서 메주를 만들어 건조 발효시킨 후에 소금물을 첨가하여 숙성시키고, 발효액은 간장으로 하고 그 나머지를 된장으로 한다. 하지만 간장을 많이 만들면 된장의 맛이 떨어지기 때문에 간장을 만들지 않고 전부 된장으로 만들기도 한다.

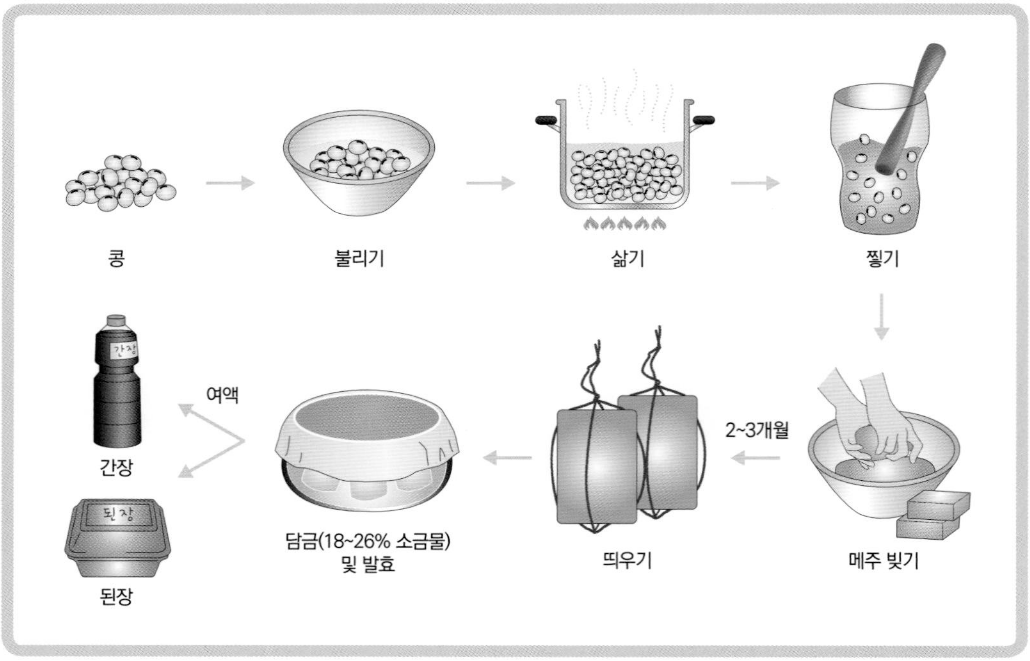

그림 5-2 재래식 간장 · 된장 제조과정

④ 고추장

고추장은 간장, 된장과 함께 대표적인 발효식품이다. 탄수화물의 가수분해로 생성된 당류의 단맛과 단백질이 분해되어 생성된 아미노산의 감칠맛, 고추의 매운맛과 소금의 짠맛 등이 발효되면서 맛이 어우러져 조화로운 맛을 낸다.

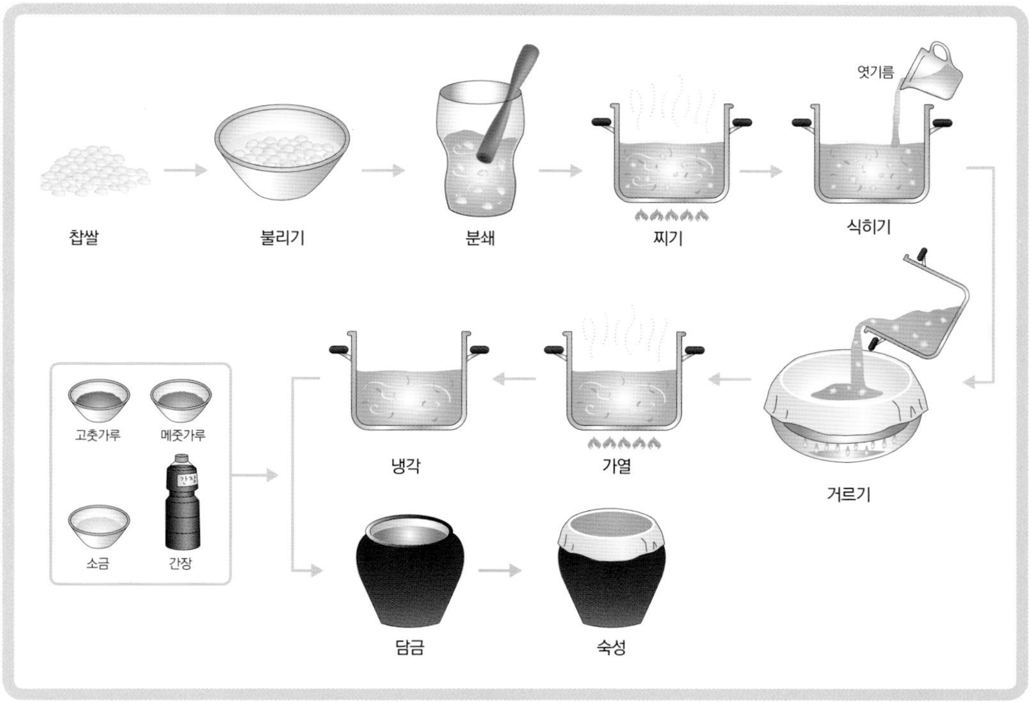

그림 5-3 재래식 고추장 제조과정

⑤ 청국장

청국장은 콩과 볏짚에 붙어 있는 고초균(Bacillus subtilis)을 이용하여 만든 것으로 독특한 향기와 감칠맛을 내며, 콩 단백질의 소화율이 65%인 반면 발효된 청국장은 소화율이 80% 이상으로 높아진다.

청국장은 끈끈한 실과 같은 점질물질이 있는 것이 특징인데 이 점질물질은 칼슘의 흡수를 촉진하는 효과가 있다.

4. 채소류

섭취하는 채소의 종류는 다양하다. 채소는 가식부위에 따라 엽경채류, 근채류, 과채류, 화채류로 나뉜다. 채소는 수분함량이 80~90%이고 지질함량은 거의 없으며, 비타민과 무기질이 풍부하다. 식이섬유를 많이 함유하고 있어 장을 건강하게 하고 배변활동을 돕는다.

1) 엽 · 경채류

채소류라 하면 잎을 먹는 엽채류가 가장 대표적이라고 할 수 있으며 배추, 양배추, 양상추, 상추, 시금치, 쑥갓, 미나리 등이 있다. 보통 잎을 먹는 엽채류는 줄기도 함께 먹는 경우가 많으므로 엽경채류라고도 한다. 경채류는 아스파라거스, 죽순, 두릅 등으로 줄기를 주로 먹는 채소이다.

2) 근채류

근채류란 땅속뿌리나 줄기 등을 섭취하는 채소류를 말한다. 당근은 뿌리를 먹는 근채류이고 감자는 땅속줄기의 끝부분에 영양성분이 저장된 괴경(塊莖)이며 토란은 지하줄기가 비대해져서 공모양이 된 구경(球莖)이다. 양파, 마늘 역시 땅속줄기의 일종인 비늘줄기(인경) 근채류이다. 이들 근채류는 온도와 습도만 잘 조절하면 신선하게 저장할 수 있다.

3) 과채류

오이, 호박, 토마토, 가지, 고추 등의 열매를 과채류라 하며, 과일로 분류되는 열매에 비해 수분함량이 높고 당질은 적은 편이다.

4) 화채류

꽃을 먹는 화채류는 콜리플라워, 브로콜리, 아티초크, 식용꽃 등이 있다.

진달래, 국화 등은 화전을 부쳐서 먹기도 한다.

채소의 주된 영양소인 비타민과 무기질에는 수용성 성분이 많아 씻거나 물에 담그기, 데치거나 끓이기 등의 습열조리 시 손실되는 영양소가 많다. 하지만 시금치, 쑥갓 등도 데쳐서 헹군 다음 물에 담가두면 떫은맛인 수산을 제거할 수 있고, 생죽순이나 토란의 경우 쌀뜨물을 부어 삶으면 질감도 연해지고 떫은맛을 제거할 수 있다. 양배추나 배추류를 가열조리하면 배추 중에 함유되어 있는 유황화합물이 분해되어 불쾌취를 내게 된다.

채소는 수확한 후에도 세포 내의 효소에 의해 생리적 변화가 계속되며, 호흡작용과 일부 생화학적 반응이 진행된다. 채소는 보관하기 전에 상한 부분이나 먹지 않는 부분을 다듬어서 냉장보관하는 것이 좋다.

5. 과일류

비타민이 풍부한 과일은 플라보노이드, 타닌, 카테킨 등의 폴리페놀 성분뿐만 아니라 비타민 C, 토코페롤, 카로티노이드 등의 항산화 성분 등이 많이 들어 있다. 수분함량은 70~95%로서 열량, 지방, 단백질 함량이 낮다. 다른 식품과 달리 신선한 것을 그대로 섭취하는 과일은 주스, 잼, 통조림, 과실주 등의 가공품에도 이용한다.

과일은 꽃의 일부가 성장하여 변화하는데 종류에 따라 식용부위가 다르다.

표 5-4 과일의 분류와 특징

분류	특징	종류
인과류	꽃받침이 발달하여 결실한 과일	사과, 배, 감, 감귤류 등
핵과류	과육의 중간에 씨방이 발달하여 단단한 핵을 이루고 그 안에 종자가 들어 있는 과일	복숭아, 자두, 살구, 대추, 앵두 등
장과류	중과피와 내과피로 구성되어 있고 그 속에 즙이 많은 육질로 구성된 과일	포도, 딸기, 바나나, 오디, 무화과, 파인애플 등
견과류	과피가 경화되어 단단한 겉껍질처럼 되어 있는 과일	밤, 호두, 잣 , 은행 등

과일은 수분과 과당의 함량이 많고 저장과정에서도 화학적 변화가 계속 일어나기 때문에 과일의 특성에 맞는 온도와 습도로 저장해야 한다. 일반적으로 과일은 냉장보관하면 호흡률이 낮아져 부패가 지연되므로 마르지 않도록 비닐봉투나 뚜껑 있는 용기에 넣

어 냉장저장하는 것이 좋다.

최근 들어 CA저장(controlled atmosphere storage) 기술이 보급되면서 과일의 저장기간이 연장되고 있다. CA저장은 산소와 이산화탄소의 농도조절로 호흡률을 낮추어 채소나 과일의 신선도를 장시간 유지할 수 있는 저장법이다.

열대과일의 경우 냉장온도에서는 한랭장해를 받아 연부현상이 일어나므로 냉장온도보다 높은 온도에서 저장하는 것이 좋다.

6. 버섯류

버섯은 나무나 토양에 기생하는 균류로 균사체와 자실체로 되어 있다. 특유의 향과 감칠맛이 있으며 식이섬유가 풍부하고 독특한 질감을 가지고 있어 고대부터 식용되었다.

전 세계적으로 약 18,000여 종의 버섯 가운데 우리나라에는 약 100여 종이 기생하고 있으며 그중 약 20여 종이 재배되고 있다.

버섯은 90% 정도의 수분과 6% 정도의 당질, 1% 정도의 섬유소, 2~3%의 단백질, 0.2~0.3% 정도의 지질로 구성되어 있다. 버섯에는 에르고스테롤이 있어 자외선에 의해 비타민 D_2로 바뀐다.

1) 표고버섯

우리나라를 비롯하여 일본과 중국에서 많이 생산되는 표고버섯은 전국적으로 인공재배를 많이 한다. 사계절 재배가 가능하지만 3~5월, 10~12월이 제철이다. 뜨거운 물에 마른 표고버섯을 불리면 색이 검어지고 향기가 좋지 않으며, 급할 때는 미지근한 물에 설탕을 약간 넣고 버섯을 담그면 빨리 불릴 수 있다.

2) 석이버섯

석이는 다른 버섯과 달리 이끼류로 주로 화강암의 절벽에 붙어 있다. 마른 석이를 더운물에 불려서 양손으로 비벼며 씻으면 검은 물이 나오므로 여러 번 헹구어서 건진다. 안쪽의 막이 덜 벗겨졌으면 하늘빛이 나도록 칼등으로 긁어내고 돌기 부분을 떼어낸다.

3) 목이버섯

목이에는 검은색과 흰색이 있는데 혈액의 응고를 억제하는 작용을 하므로 요리에 조금만 사용해도 혈소판 응집을 예방하고 심장병이나 뇌졸중을 막을 수 있다.

나무뿌리가 아니라 줄기에 붙어서 나오는데 뽕나무나 버드나무에서 나는 것이 제일 좋다. 우리나라에서 나는 것은 대부분 진한 갈색을 띤다.

음식에 넣으려면 미지근한 물에 불려야 하는데, 불리면 20배 정도 불어난다.

4) 느타리버섯

느타리버섯은 주로 많이 조리해서 먹는 버섯 중 하나이다. 작으면서도 갓의 색이 진하고 줄기가 굵으며 단단하고 탄력 있는 것이 맛있다.

5) 팽이버섯

팽이버섯은 호두나무, 감나무, 버드나무의 그루터기나 뽕나무, 닥나무의 고목에서 나는 것으로 담백하면서 매끄럽고 향이 은은해서 국이나 찌개, 전골에 많이 넣어 섭취하며, 데쳐서 나물로 이용하기도 한다. 암 예방에 효과적이고 항바이러스 작용을 한다.

6) 새송이버섯

맛도 좋고 육질이 뛰어나며 다른 버섯에 비해 수분함량이 낮아 저장기간이 길다. 비타민 C가 풍부하며 칼슘과 철 등의 무기질 함량도 높은 편이다.

7) 자연 송이버섯

살아 있는 소나무 뿌리에서 기생하는 버섯으로 질감과 향이 우수하다. 9월 초부터 10월 중순까지 채취하여 가을 별미음식으로 이용된다. 일부는 냉동, 염장, 통조림으로 가공하여 저장 · 유통한다.

7. 해조류

해조류는 뿌리, 줄기, 잎 등의 구별이 명확하지 않고 서식하는 바다의 깊이에 따라 광합성을 하는 능력이 달라 녹조류, 갈조류, 홍조류로 구분한다. 해조류는 일반적으로 난소화성 점질 다당류를 많이 포함하여 소화율이 낮으나 비타민과 무기질의 급원으로써 식용가치가 높다.

1) 녹조류

해수면 가장 가까운 곳에 서식하는 조류로서 클로로필을 함유하고 있다. 파래, 클로렐라, 청각, 매생이 등이 있다.

2) 갈조류

갈조류는 카로티노이드인 β-카로틴과 푸코산틴 등의 색소가 함유되어 있다. 라미닌 성분이 혈압을 낮추고 알긴산은 변비예방에 효과가 있다. 갈조류의 종류로는 미역, 다시마, 톳, 모자반 등이 있다. 미역은 산모의 피를 맑게 해주고 혈액순환을 원활하게 해주며 다이어트에 효과적이다. 마른미역은 물에 불려서 씻은 후에 사용해야 하고, 염장미역은 물에 씻어 물에 담가 염분을 제거한 후에 사용해야 한다. 마른미역은 물에 불리면 7~8배로 불어나므로 사용량에 주의해야 한다. 다시마는 쌈으로 먹거나 국물을 낼 때 사용한다. 글루탐산 성분 때문에 감칠맛을 내지만 오래 끓이면 쓴맛을 내므로 주의해야 한다.

3) 홍조류

홍조류는 피코에리스린 등의 색소를 함유하고 있어 적색을 내며 종류로는 김과 우뭇가사리 등이 있다.

김은 수분함량을 5% 이하로 하여 보존한다. 광선, 수분, 산소에 의해 홍색이 발현되고 맛이 떨어지며 향과 윤기를 잃게 되므로 보관에 신경써야 한다. 우뭇가사리는 한천을 추출할 수 있으며 주로 양갱을 만드는 데 사용된다.

8. 육류

식용하는 육류의 종류에는 소고기, 돼지고기, 양고기 등의 수육류와 닭고기, 오리고기, 꿩고기, 칠면조고기 등의 가금류가 있다.

1) 소고기

가축인 소의 고기를 말하며 우육(牛肉)이라고도 하며 부위별로 다양한 요리의 재료로 이용된다. 소고기는 질 좋은 동물성 단백질과 비타민 A, B_1, B_2 등을 함유하고 있어 영양가가 높다. 선홍색을 띤 선명한 적색에 살결이 곱고 지방은 백색인 것이 좋다. 지방이 붉은 살 속에 곱게 분산된 것일수록, 즉 상강도(마블링)가 좋은 고기일수록 부드럽고, 가열조리하여도 단단해지지 않는데, 이유는 고기의 단백섬유는 급속히 가열될 때 수축되어 단단해지는 성질이 있으나, 지방은 열의 전달이 느려 붉은 살 부분의 급속한 온도 상승을 방지하기 때문이다.

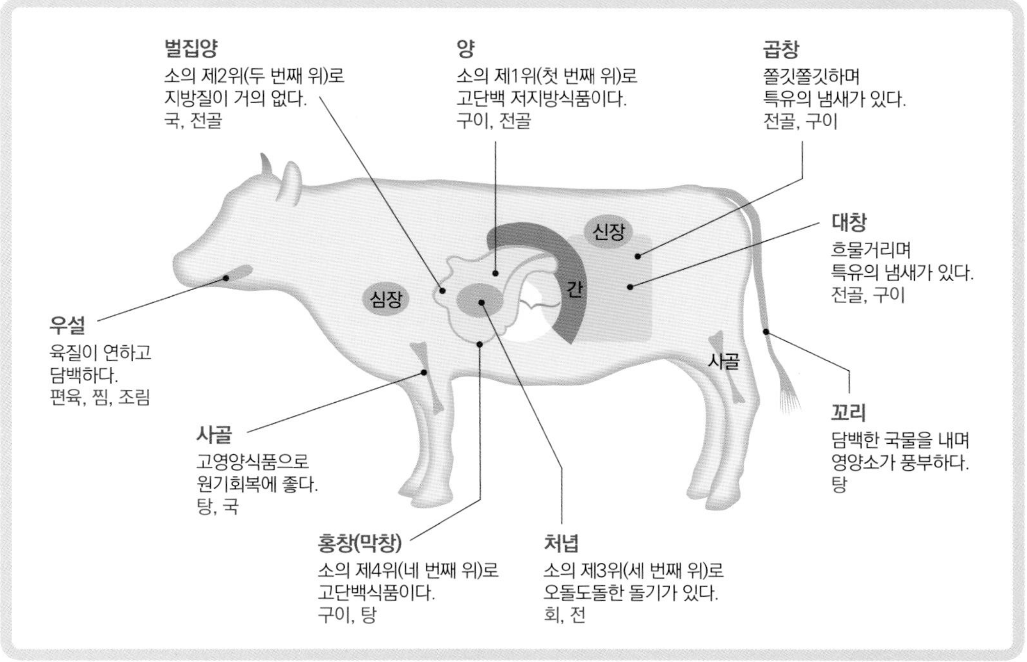

그림 5-4 소고기의 부위별 특징 및 용도

소고기의 구수한 맛은 주로 이노신산에서 나온다. 동물은 도살된 후 시간이 지나면 근육이 단단하게 굳어지는데 이를 사후경직(강직)이라 부른다. 따라서 숙성시킨 후 섭취하도록 한다. 이노신산은 소를 도살한 후 4~5℃ 정도에서 약 10일간 보존하는 숙성기간 중에 다량 생긴다. 숙성이 끝난 고기는 장기간 보존할 수 없으므로 급속냉동시켜 −20℃ 이하에서 보존한다. 또 소고기를 공기에 접촉시키면 적색의 육색소인 미오글로빈이 산화되어 갈색의 메트미오글로빈으로 변화되고, 지방도 산화되어 산패(酸敗)되므로 금방 사용하지 않을 경우 공기에 접촉되지 않도록 포장하여 냉장고에 보관해야 한다.

2) 돼지고기

돼지고기의 주성분은 단백질과 지방질이며, 무기질과 비타민류가 소량 함유되어 있다. 윤기가 나고 엷은 분홍빛을 띤 게 좋은 품질이다. 고기섬유가 가늘고 연하므로 소화율이 95%에 달한다. 지방은 고기 맛을 좌우하며, 희고 단단해야 육질이 좋다.

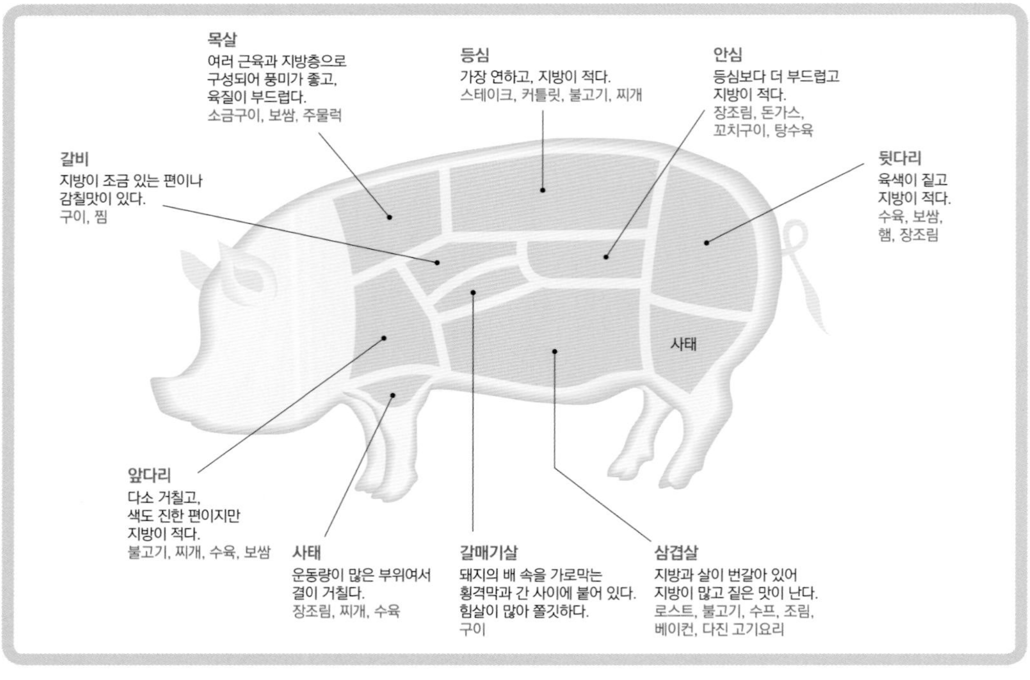

그림 5-5 돼지고기의 부위별 특징 및 용도

돼지고기는 소고기와 달리 보수력이 약하므로 상온에 방치해 두면 육즙이 쉽게 생겨 조리 시 양이 줄어 손실이 생기게 된다. 돼지고기에는 갈고리촌충 등의 기생충이 있을 염려가 많으므로 날로 먹는 일은 피하고 반드시 익혀서 먹어야 한다.

냉장에서 3~5일, 냉동에서 제조일로부터 1~3개월 동안 보관이 가능하다.

3) 닭고기

계육(鷄肉)이라고도 하는 닭고기는 수육에 비해 연하고 맛과 풍미가 담백하며 조리하기 쉽고 영양가도 높아 전 세계적으로 다양한 요리에 폭넓게 사용된다. 닭고기의 성분은 소고기보다 단백질이 많아 100g 중 20.7g이고, 지방질은 4.8g이며, 126kcal의 열량을 내는데, 비타민 B_2가 특히 많다. 또한 닭고기가 맛있는 것은 글루탐산(酸)이 있기 때문이며, 여기에 여러 가지 아미노산과 핵산성분이 들어 있어 담백한 맛을 낸다.

날개는 튀김 · 찜 · 죽 등에 쓰이고, 넓적다리살은 빛깔이 붉고 지방이 많아 로스트나 커틀릿 등에 알맞다.

닭고기는 다른 육류에 비해 빨리 상하기 때문에 구입하면 즉시 조리하여 먹는 것이 좋다. 보존기간은 냉장에서 1~2일, 냉동에서 15일~1개월이다.

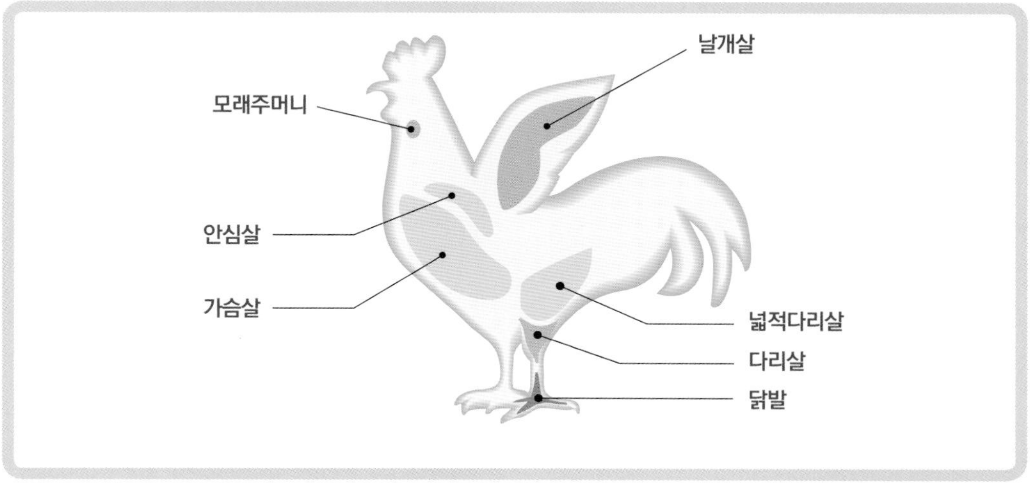

그림 5-6 닭고기의 부위별 명칭

9. 알류

달걀은 영양성분뿐만 아니라 조리 및 가공이 편리하여 식품으로써 이용가치가 높다. 알류에는 달걀, 오리알, 메추리알, 타조알 등이 식용으로 이용되고 있다.

달걀의 표면은 단단한 껍데기(난각)에 싸여 있고, 그 안에는 2겹의 속껍질이 있다. 겉껍데기에는 작은 구멍이 많아서 그 구멍을 통하여 호흡을 한다. 또 시간이 지나면 이 구멍을 통하여 이산화탄소와 수분이 증발하고, 미생물이 침투하여 내용물이 빨리 썩게 된다. 평균 중량은 48~60g 정도이며, 중량에 따라 소란(43g 이하) · 중란(44~51g) · 대란(52~59g) · 특란(60~67g) · 왕란(68g 이상)으로 나뉜다.

신선한 달걀은 표면이 깨끗하고 거칠거칠하다. 깨뜨려보았을 때 난황은 노른빛을 띠고, 난백은 맑고 투명하며 흰자의 높이가 높고, 노른자가 동그랗게 봉긋 솟아 있으며 탄력이 있고 이취가 없는 것이 좋다.

메추리알의 무게는 10~12g이다. 난각에는 황회색과 다갈색의 반점이 있다. 난각부의 비율은 8%이다. 영양성분은 달걀과 거의 같고 비타민 A, B_1, B_2가 풍부하며 맛이 좋다.

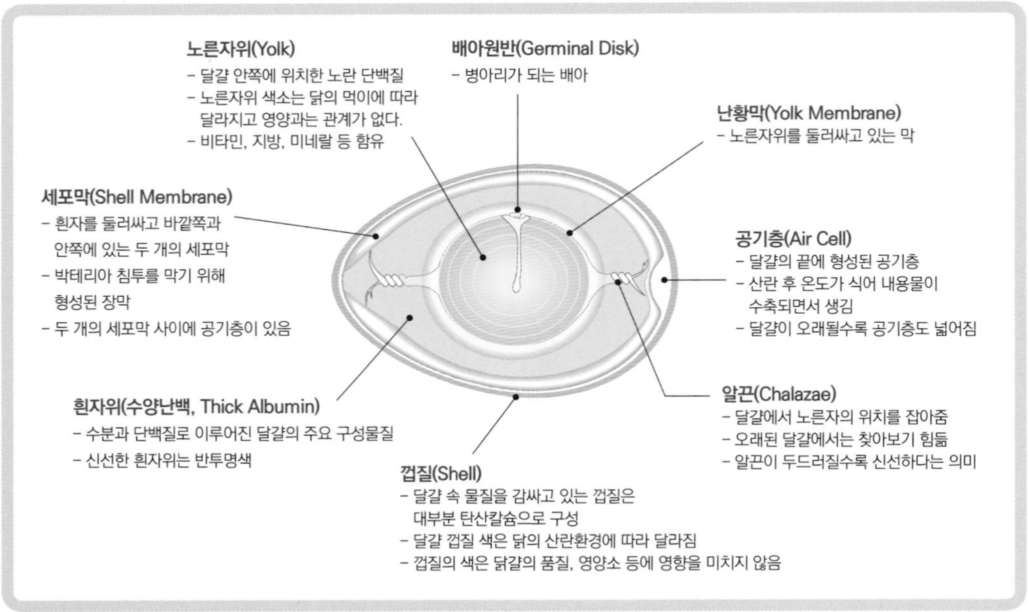

그림 5-7 달걀의 구성요소

10. 어패류

어패류는 삼면이 바다인 우리나라에서 중요한 단백질 급원식품이다. 식품으로 우리가 섭취하는 전체 단백질의 30%, 동물성 단백질의 80% 이상을 차지한다. 어패류는 살뿐만 아니라 알 · 내장까지도 섭취한다. 어패류는 육류에 비해 지질의 조성이 우수하나 불포화지방산 함량이 높아서 쉽게 산패하며, 조직이 연하고 세균에 오염되기 쉬워 신선도를 유지하기 어려우므로 유통과정에서 특히 주의를 기울여야 한다.

다음과 같은 기준으로 신선도를 판별하도록 한다.

① **비늘** : 신선한 생선은 비늘이 많고, 광택이 있으며 몸에 단단히 밀착되어 있고, 신선하지 않은 생선의 비늘은 광택이 없고 떨어져 있다.

② **눈** : 신선한 것은 눈이 툭 튀어나오고 유리알같이 맑고 투명하다. 신선하지 못한 것은 눈이 움푹 들어가 있고 빛깔도 흐리며 더 오래되면 빠져 있다.

③ **아가미** : 빛깔이 빨갛고 뚜껑이 꼭 닫혀 있는 것이 신선하다. 오래되면 빛깔은 갈색이 되고 아가미 뚜껑도 열리며 냄새가 심하게 난다.

④ **살** : 단단하고 탄력이 있으며 빛깔이 선명하고 광택 있는 것이 좋다. 또 뼈와 살이 밀착되어 잘 떨어지지 않는 것이 신선하다. 오래된 것은 살이 무르고 탄력이 적어 손가락으로 누르면 움푹 들어가거나 문드러지고 뼈에서 떨어진다. 생선을 통째로 물에 넣으면 신선한 것은 가라앉는데 오래된 것은 배에 가스가 생겨 배 쪽을 위로 향하고 뜬다. 또한 상한 것은 악취가 난다.

1) 어류

어류는 서식지에 따라 바다에 사는 해수어와 강, 호수, 저수지에 사는 담수어로 나뉜다. 일반적으로 해수어는 담수어에 비해 지방함량이 많으며 맛이 있다.

① **해수어** : 바다에서 잡히는 생선으로 종류는 수천 종에 달하며 어패류 중 가장 많이 먹는 중요한 식품이다. 고등어, 꽁치, 정어리, 삼치, 명태, 참치 등이 있다.

② **담수어** : 민물에서 자라는 생선으로 잉어 · 붕어 · 미꾸라지 · 메기 · 뱀장어 · 은어 · 가물치 등으로 종류가 다양하다.

2) 조개류

조개류는 딱딱한 껍질 속에 식용부분인 근육이 들어 있으며 대합, 모시조개, 전복, 소라, 굴, 홍합, 가리비 등이 있다.

3) 갑각류, 연체류 및 극피류

갑각류는 단단한 외피로 싸여 있고 마디가 있는 게, 새우, 가재 등을 말하며 연체류는 몸에 뼈가 없고 부드러우며 근육이 발달되어 있고 낙지, 문어, 오징어, 한치, 주꾸미 등의 두족류와 해파리 등이 있다. 극피류에는 성게, 미더덕, 해삼 등이 있다.

11. 우유 및 유제품

동물의 젖은 우유, 마유, 양유, 산양유, 낙타유 등이 있으나 이 중 우유가 가장 많이 이용된다. 우유는 완전식품으로 불리지만 철분, 비타민 C, 식이섬유는 부족하다. 원유는 살균 후 가공처리하여 여러 가지 유제품을 만드는데 시판되는 우유는 살균 후 균질화시킨 것이다. 전지분유, 탈지분유, 조제분유, 연유, 발효유, 버터, 치즈 등 여러 종류의 유제품이 있다.

우유의 성분조성은 다음과 같다.

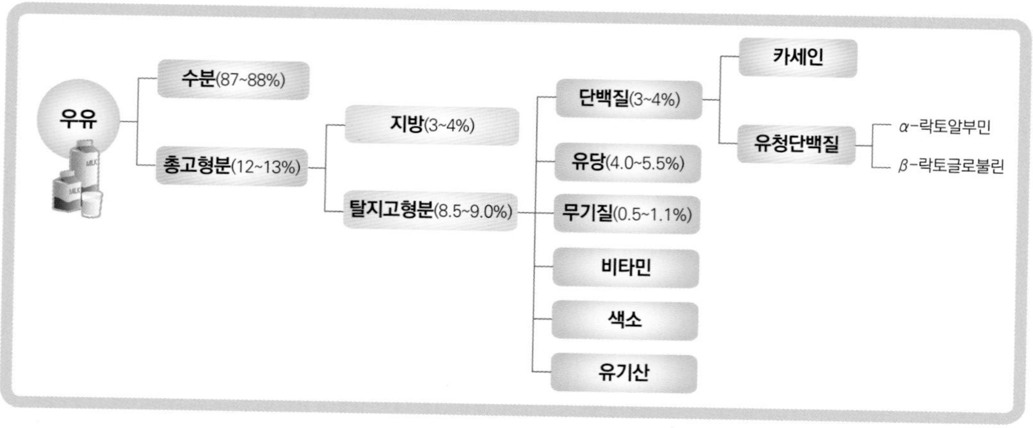

그림 5-8 우유의 성분조성

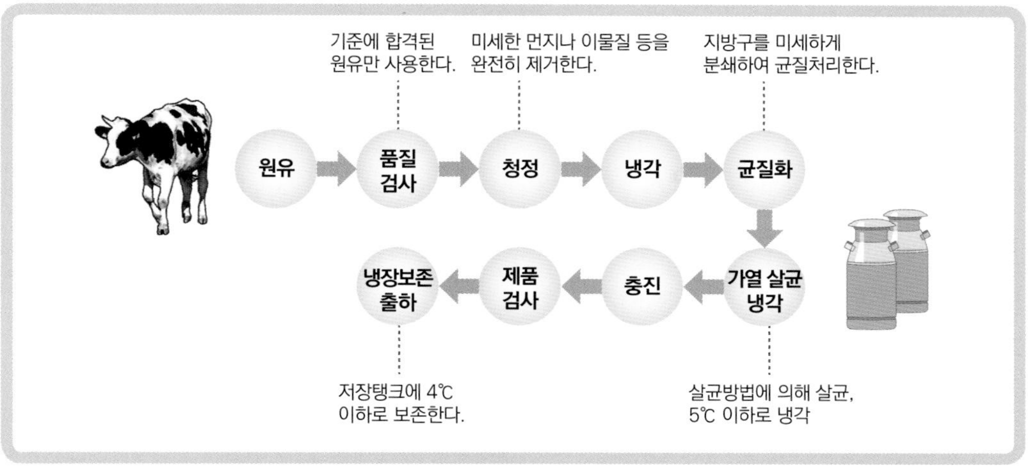

그림 5-9 우유의 제조공정

원유의 영양소 손실을 최소화시키며 오염된 미생물을 사멸시켜 보존성을 높이는 우유의 살균법은 온도와 시간에 따라 저온장시간살균법과 고온단시간살균법, 초고온 순간살균법으로 구분한다. 저온장시간살균법은 우유 본연의 풍미는 남아 있지만 보존성은 떨어진다. 초고온순간살균법은 살균효과를 극대화시킨 방법이나 우유의 풍미가 감소되는 단점이 있다.

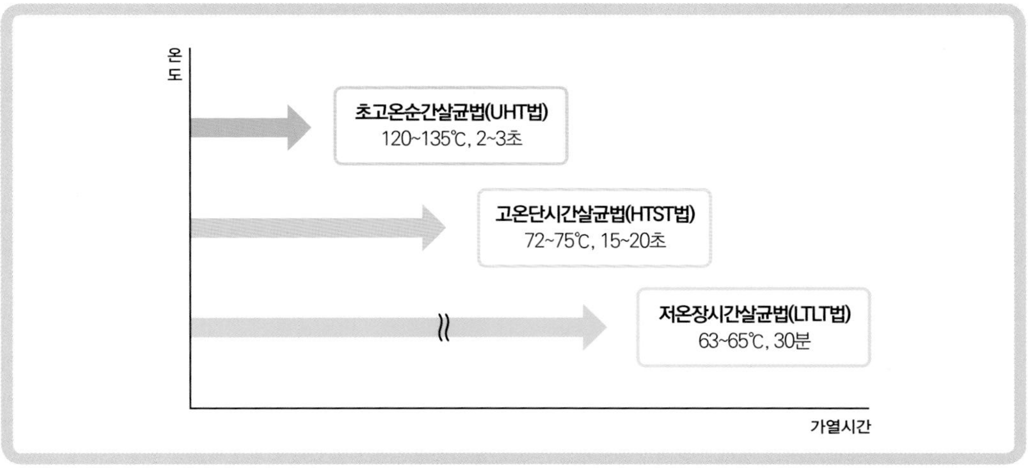

그림 5-10 우유살균법의 종류와 특징

1) 요구르트

발효유의 일종으로 우유류에 젖산균을 접종·발효시켜 응고시킨 제품이다. 요구르트에 들어 있는 유산균은 병원균이나 유해균의 발육과 번식을 막아 장을 깨끗하게 한다. 위암이나 직장암을 예방하고, 혈중 콜레스테롤을 감소시킨다. 유산균에 의해 유당이 분해되기 때문에 유당불내증 환자도 부담 없이 먹을 수 있다. 우유를 원재료로 사용해서 만들기 때문에 칼슘의 좋은 급원이기도 하다.

2) 치즈

원유 또는 유가공품에 유산균, 단백질, 효소, 유기산 등을 넣어 응고시킨 후 유청을 제거해서 만든 치즈를 자연치즈라 하고, 식품이나 첨가물을 넣고 유화시켜 만든 것은 가공치즈라 한다. 치즈는 단백질, 지방, 칼슘, 비타민 A, 비타민 B 등 영양이 풍부한 식품이다. 특히 칼슘함량이 높아 칼슘의 좋은 급원이 된다. 치즈가 응고될 때 유당은 유청으로 대부분 빠져나가기 때문에 유당불내증을 가진 사람도 섭취할 수 있다. 반면 지방함량이 높고, 특히 가공치즈의 경우 나트륨 함량이 높아 지방과 나트륨을 제한적으로 섭취해야 하는 사람은 주의해야 한다.

12. 유지류

유지류는 식물의 열매, 동물의 지방조직 등에 널리 분포되어 있으며 열량원으로 이용된다. 유지는 상온에서 액체인 기름과 고체나 반고체인 지방을 말한다. 유지를 이루는 지방산은 포화지방산과 불포화지방산으로 분리된다. 유지는 체내에서 대사되면 1g당 9kcal의 에너지를 발생시키기 때문에 좋은 열량원이 되는 외에 지용성 비타민의 흡수를 촉진시킨다.

식물성 기름은 건성유·반건성유·불건성유의 세 가지로 구분된다.

건성유는 공기 중에 내놓으면 산소를 흡수하여 산화하고, 점성도가 커지고 단단해져서 얇은 피막을 만들므로 페인트나 니스의 제조에 쓴다. 그 예로는 아마인유, 해바라기유,

양귀비유, 호두유 등을 들 수 있으며, 해바라기유와 양귀비유는 식용으로도 사용된다.

반건성유는 산화가 늦고 적으므로 공기 속에 오랫동안 놓아두면 부드러운 막이 생기는 것으로, 목화씨에서 얻는 면실유, 콩에서 얻는 콩기름, 참깨에서 얻는 참기름, 쌀겨에서 얻는 미강유(米糠油) 등이 있다.

불건성유는 공기 속에 내놓아도 막을 만들지 않는 것으로서 올리브유, 동백유, 땅콩유, 피마자유 등이 있다. 피마자유는 설사약, 항공기계의 감마유(減摩油)로 사용된다. 그 밖의 불건성유는 주로 식용으로 쓰인다.

식물성 유지로는 코코야자 과실의 배젖[胚乳]을 짜서 얻는 야자유, 기름야자의 중과피(中果皮)에서 얻는 팜유와 과일의 핵에서 얻는 팜핵유(核油), 카카오씨에서 얻는 카카오지(脂) 등이 있다.

동물은 과잉 화학에너지의 일부를 유지의 형태로 지방조직에 저장하는데, 피하(皮下)나 장간막(腸間膜), 장기(臟器) 주위, 근육 사이에서 많이 볼 수 있다. 동물성 유지는 우지(牛脂) · 돈지(豚脂) · 양지(羊脂) 등과 같은 육산동물유와 어유(魚油) · 경유(鯨油) · 정어리유 · 청어기름 · 상어 간유와 같은 수산동물유로 구별된다.

✻ 참고문헌

고기박사 필로 교수가 알려주는 82가지 고기수첩(주선태, 우듬지), 2012

건강한 식품선택을 위한 식품라벨 꼼꼼 가이드(김정원 외, 우듬지), 2012

과학으로 풀어 쓴 식품과 조리원리(이주희 외, 교문사), 2016

사진으로 보는 전문조리용어해설(염진철 외, 백산출판사), 2008

쌀(최선호, 김영사), 2004

식품과학기술대사전(한국식품과학회, 광일문화사), 2008

식품학(조신호 외, 교문사), 2008

쉽게 풀어 쓴 조리원리(남상명 외, 지식인), 2015

우리가 정말 알아야 할 우리 음식 백가지 2(한복진, 현암사), 2011

이해하기 쉬운 단체급식관리(윤지현 외, 파워북), 2016

이해하기 쉬운 조리과학(송태희 외, 교문사), 2011

조리원리(조영 · 김영아, 한국방송통신대학출판부), 2006

식품구매(백옥희 외, 파워북), 2015

콩(손미선, 김영사), 2004

식품접객업소 식품안전관리 매뉴얼(식품의약품안전처), 2014

농식품백과사전(농림수산식품교육문화정보원)

주요 식재료검수도감(식품의약품안전처), 2015

두산백과

농식품종합정보시스템(koreanfood.rda.go.kr)

Chapter 6

한식 기초조리실무

한식 기초조리실무(1301010116_16v3)

영역 (능력단위요소)	평가항목	평가수준				
		매우 미흡	미흡	보통	우수	매우 우수
기본 칼 기술 습득하기 (1301010120_16v3.1)	1.1 나는 칼의 종류와 사용용도를 이해할 수 있다.	①	②	③	④	⑤
	1.2 나는 기본 썰기방법을 습득할 수 있다.	①	②	③	④	⑤
	1.3 나는 조리목적에 맞게 식재료를 썰 수 있다.	①	②	③	④	⑤
	1.4 나는 칼을 연마하고 관리할 수 있다.	①	②	③	④	⑤
기본 기능 습득하기 (1301010120_16v3.2)	2.1 나는 한식 기본양념에 대한 지식을 이해하고 습득할 수 있다.	①	②	③	④	⑤
	2.2 나는 한식 고명에 대한 지식을 이해하고 습득할 수 있다.	①	②	③	④	⑤
	2.3 나는 한식 기본 육수조리에 대한 지식을 이해하고 습득할 수 있다.	①	②	③	④	⑤
	2.4 나는 한식 기본 재료와 전처리 방법, 활용방법에 대한 지식을 이해하고 습득할 수 있다.	①	②	③	④	⑤
기본 조리법 습득하기 (1301010120_16v3.3)	3.1 나는 한식 음식종류와 상차림에 대한 지식을 이해하고 습득할 수 있다.	①	②	③	④	⑤
	3.2 나는 조리도구의 종류 및 용도를 이해하고 적절하게 사용할 수 있다.	①	②	③	④	⑤
	3.3 나는 식재료의 정확한 계량방법을 습득할 수 있다.	①	②	③	④	⑤
	3.4 나는 한식 기본 조리법과 조리원리에 대한 지식을 이해하고 습득할 수 있다.	①	②	③	④	⑤
	3.5 나는 조리 업무 전과 후의 상태를 점검하고 정리할 수 있다.	①	②	③	④	⑤

진단영역	문항 수	점수	점수÷문항 수
기본 칼 기술 습득하기	4		
기본 기능 습득하기	4		
기본 조리법 습득하기	5		
합 계	13		

☞자신의 점수를 문항 수로 나눈 값이 '3점' 이하에 해당하는 영역은 업무를 성공적으로 수행하는 데 요구되는 능력이 부족한 것으로 교육훈련이나 개인학습을 통한 개발이 필요함.

그림 6-1 여러 종류의 칼

1) 칼의 종류와 용도

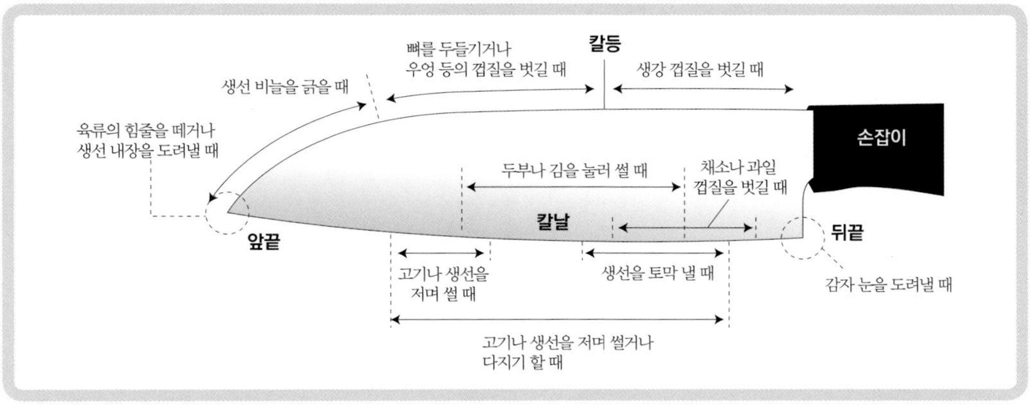

한국음식 조리 시 가장 보편적으로 사용하는 칼로 채소, 육류, 생선 등에 다양하게 사용한다.

- 칼날은 재료를 썰거나, 채소, 과일의 껍질을 벗기고 다지기를 할 때 그 용도에 따라 칼날의 부위를 선택하여 사용한다.

- 칼등은 생선 비늘을 긁거나 육류를 두드려 부드럽게 할 때 사용한다.
- 앞끝은 생선 내장을 도려내거나 생선, 육류의 힘줄을 손질할 때 사용한다.
- 뒤끝은 감자, 고구마 등 싹이 있거나 흠집, 파인 곳 등을 손질할 때 사용한다.

손잡이는 나무, 플라스틱, 스테인리스 등에 다양하게 사용되고 있으며 손목의 피로를 줄이기 위해서는 손에 꼭 맞아야 한다.

육류에 뼈를 바르거나 살을 도려내거나 편으로 썰기를 할 때는 born knife(본나이프)를 사용한다.

꽃모양을 썰거나 각치기를 할 때는 Chateau knife(샤토 나이프)를 사용하면 편리하다.

장비명	사진	설명
베지터블 나이프		과일이나 채소용 칼이며 칼날이 작고 단단하다.
페어링 나이프		칼날이 날카롭고 얇은 칼로 껍질을 벗기거나 과일이나 고기를 얇게 저밀 때 사용한다.
유틸리티 나이프		스테이크, 샌드위치, 치즈 등을 자를 때 사용하는 다용도 칼로 칼날이 물결 모양이다.
셰프 나이프		가장 널리 쓰이는 조리용 칼로 칼날이 길고 넓으며 둥근 모양이다.
슬라이싱 또는 카빙 나이프		스테이크, 햄, 치즈 등을 자를 때 사용하는 다용도 칼로 칼날이 물결 모양이다.
브레드 나이프		빵이 부서지지 않고 깔끔하게 자르는 데 사용하는 칼로 칼날이 물결 모양이다.
클리버 나이프		고기를 자르는 데 사용하는 큰 칼이다.
필링 나이프 또는 샤토 나이프		가장 작은 칼로 작은 과일이나 채소의 껍질을 벗기거나 모양을 내서 다듬을 때 사용한다.

장비명	사진	설명
전기 나이프		물결 모양의 칼날이 부착되어 있으며 고기나 빵을 자를 때 손의 피로를 줄이고 쉽게 자를 수 있는 자동칼이다.
채칼	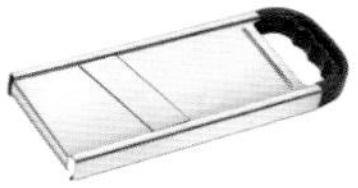	무나 당근 등의 채소를 채나 편으로 가늘게 써는 칼이다.
파채칼		파를 가늘고 길게 써는 채칼이다.
비늘칼		생선의 비늘을 벗기는 칼이다.
무늬칼		두부, 묵, 채소를 물결 모양 등으로 무늬를 내는 데 사용한다.

2) 칼질하는 자세

오른손잡이의 경우 왼손은 달걀을 쥐고 있는 형태를 해서 썰고자 하는 재료를 잡고 칼날 왼쪽과 왼손가락 두 번째 마디 부분이 마찰되도록 하며 썰기를 해야 안전하다. 손톱이 보이거나 엄지손가락이 펴져 있으면 손이 베일 수 있으므로 주의해야 한다.

3) 썰기

조리하기에서 썰기는 식품의 맛과 향을 살리면서 조리를 용이하게 하고 먹기 쉽고 소화가 잘 되도록 하며 음식의 모양을 좋게 하여 예술성을 높여준다.

① 통썰기

모양이 둥근 오이, 당근, 무, 연근, 호박 등을 원하는 두께의 통으로 써는 방법이다. 조림, 국, 절임, 초절임, 장아찌 등에 따라 두께를 조절하여 썬다.

② 반달썰기

무, 고구마, 감자, 호박, 오이 등을 길이로 반을 가른 다음 원하는 두께로 써는 방법이다. 주로 찜이나 조림 요리에 이용되며 두께는 조리시간을 고려하여 조절한다.

그림 6-2 기본 썰기

③ 은행잎썰기

재료를 길게 십자로 썰어 원하는 두께로 써는 방법이다. 감자, 당근, 무 등을 썰어 주로 찌개나 조림에 사용한다.

④ 얄팍썰기

재료를 원하는 길이로 자르고 고른 두께로 얇게 썰거나 재료를 있는 그대로 얄팍하게 써는데 0.5cm 이하의 두께로 썬다. 볶음이나 무침에 사용한다.

⑤ 채썰기

얄팍썰기한 것을 포개어 놓고 손으로 가볍게 누르고 가늘게 썬다. 생채나 숙채에 사용한다.

오이, 당근, 호박 등을 돌려깎기하여 재료를 포개어 놓고 가늘게 채썬다.

⑥ 어슷썰기

오이, 파, 고추 등 가늘고 길쭉한 재료를 적당한 두께로 어슷하게 써는 방법이다. 조림, 찜 등에 사용한다.

⑦ 골패썰기

둥근 재료를 네모지게 가장자리를 잘라내고 직사각형으로 얇게 써는 방법이다. 보통 1cm×4cm×0.3cm로 썰거나 1.5cm×5cm×0.5cm 크기로 썬다. 생채나 전골 등에 사용한다.

⑧ 나박썰기

둥근 재료를 네모지게 가장자리를 잘라내고 사각형으로 써는 방법이다. 보통 2.5cm×2.5cm×0.2cm 크기로 썬다. 김치나 국 등에 사용한다.

⑨ 깍둑썰기

무, 감자, 당근 등을 직사각형으로 써는 방법이다. 보통 2.5cm×2.5cm×2.5cm 크기로 썬다. 깍두기, 조림, 찌개 등에 사용한다.

⑩ 다져썰기

채썬 것을 잘게 써는 방법이다. 0.2cm~0.3cm 크기로 썬다. 파, 마늘, 생강, 양파 등을 다진다.

⑪ 막대썰기

재료를 원하는 길이로 토막낸 다음 원하는 굵기의 막대모양으로 써는 방법이다. 보통 0.5cm×0.5cm×5cm 또는 0.6cm×0.6cm×5cm 크기로 썬다. 무, 오이 등을 썰어 장과류에 사용한다.

⑫ 마구썰기

오이나 당근 등 가늘면서 길이가 있는 재료를 한 손으로 돌려가며 한입 크기로 각이 지게 써는 방법이다. 조림이나 찜 등에 사용한다.

⑬ 깎아썰기

당근, 우엉, 무 등의 재료를 돌려가며 연필 깎듯이 칼날의 끝부분으로 얇게 써는 방법이다. 김치, 생채 등에 사용한다.

⑭ 각치기

무, 당근, 호박 등의 재료를 깍둑썰기나 원통형으로 하여 모서리진 부분을 도려내어 찜 등에 사용한다.

학습자 완성품 사진

학습내용	사진	평가		
		상	중	하
무 채썰기 6cm x 0.2cm x 0.2cm				
당근 채썰기 6cm x 0.2cm x 0.2cm				
돌려깎기 5cm x 0.2cm x 0.2cm				
황 · 백지단 골패형, 마름모형, 지단채 썰기				

학습내용	사진	평가		
		상	중	하
석이버섯 채썰기 0.2cm 채썰어 볶기				
표고버섯 채썰기 0.3cm x 0.3cm				
소고기 채썰어 볶기 5cm x 0.3cm x 0.3cm				

4) 칼의 관리

(1) 숫돌에 칼 갈기

① 사용 전

숫돌은 사용하기 1시간 전에 물에 담가 충분히 물을 흡수시킨 다음 젖은 행주를 깔고 숫돌을 안정되게 하여 사용한다.

② 칼갈이 자세 및 칼갈이

- 다리는 어깨 넓이만큼 벌린다.
- 왼발을 오른발보다 한 발자국 앞으로 내민다.
- 상체를 15도 정도 숙이고, 시선은 숫돌과 칼에 둔다.
- 오른손은 칼손잡이를 잡고 왼손의 손가락 두 개만 칼날 왼쪽 면 칼끝에 가볍게 올린다.
- 숫돌 아랫부분에서 윗부분까지 전체를 사용하며, 반복적으로 밀고 당겨 칼의 왼쪽 면을 갈아준다.
- 숫돌의 왼쪽 끝에 칼날이 앞쪽으로 오도록 놓고 왼손 두 번째, 세 번째 손가락을 댄다.
- 칼을 숫돌에 대고 밀 때는 힘을 주고 당길 때는 가볍게 힘을 뺀다.
- 반복해서 해주며 칼갈이의 방법은 왼쪽 면은 80%, 오른쪽 면은 20% 정도의 비율로 갈아준다.

③ 사용 후

숫돌은 사용 후 숫돌 두 개를 마주해서 마찰을 주어 숫돌갈기를 한다. 평을 맞추어 갈고 물기를 닦아 지정된 장소에 보관한다.

(2) 샤프닝 스틸(sharpening steel)을 이용하여 연마하는 방법

업장에서 바쁜 시간에 칼이 잘 안 들 경우 급하게 칼날을 세울 수 있는 방법이다.

① 칼갈이 봉을 위로 세워서 갈 때는 봉을 약 45도로 기울여 왼손으로 잡고 칼을 봉에 10~20도 각도로 반원형을 그리며 3~4번 정도 문질러 사용한다.

② 칼갈이 봉을 아래로 향해서 갈 때에는 봉을 밑으로 향하게 해서 직각이 되도록 잡고, 왼손으로 봉을 잡고 칼은 10~20도 정도의 각도로 반원형을 그리며 3~4번 정도 문질러 사용한다.

(3) 칼 보관방법

세척, 소독 후 물기를 제거하고 자외선 소독기에 보관한다.

(4) 칼의 안전한 사용

① 칼을 사용할 때는 안정된 자세로 작업하고 정신을 집중한다.

② 주방에서는 칼을 들고 뛰지 않는다.

③ 주방에서 칼을 들고 장소를 이동할 때에는 칼끝을 아래로 향하게 하여 칼날이 보이지 않도록 하며 몸에 최대한 붙여 이동한다.

④ 칼은 식재료 손질 이외에 캔을 따거나 하는 작업을 하지 않는다.

⑤ 칼을 보이지 않는 곳에 두거나 싱크대 등에 담가두지 않는다.

⑥ 칼을 떨어뜨렸을 때에는 잡으려 하지 말고 한 걸음 물러선다.

⑦ 칼은 잘 갈아 날카롭게 유지해서 사용해야 손을 다치지 않고 안전하게 사용할 수 있다.

⑧ 칼자루는 손으로 꽉 잡는다.

⑨ 절단, 다듬기, 뼈 발라내기 등의 작업을 할 때에는 자신의 몸 바깥쪽을 향해서 절단한다.

⑩ 칼을 사용하지 않을 때에는 날카로운 끝을 멀리하여 뒤편의 작업대에 놓는다.

⑪ 쇠 그물 앞치마나 베임 방지용 장갑과 같은 보호장구를 사용한다.

⑫ 칼을 손에 쥐고 다른 행동을 하지 않는다.

⑬ 다른 물건을 운반할 때 칼을 같이 운반하지 않는다.

⑭ 주머니에 칼을 넣지 않는다.

⑮ 칼을 사용하는 동안 동료와 잡담하지 않는다.

제2절 기본 기능 습득하기(1301010120_16v3.2)

1. 한식의 기본 양념

양념은 한자로 약념(藥念)으로 표기하는데 '먹어서 몸에 약처럼 이롭기를 바라는 마음으로 여러 가지를 고루 넣어 만든다'는 뜻이다.

우리나라의 양념은 주로 조미료와 향신료로 나누며 조미료에는 짠맛, 신맛, 단맛의 소금, 장(간장, 고추장, 된장), 식초, 꿀, 설탕 등이 있고, 향신료에는 들깻잎, 미나리, 신미료(辛味料, 고추, 후춧가루, 겨자) 등이 있다.

음식을 만들 때에는 식품이 지닌 고유한 맛을 살리면서 음식마다 특유한 맛을 내는 5~6가지 조미료를 넣어 만들기 때문에 다른 나라 음식과 비교하여 보면 독특한 맛을 낼 수 있다.

1) 소금

소금은 음식의 맛을 내는 가장 기본적인 조미료로 짠맛을 낸다.

소금의 종류는 암염, 천일염, 호수염, 정염, 자염, 정제염, 재제염 등으로 나눌 수 있다.

① 암염

바다였던 곳이 지각변동에 의해 육지로 변한 후 오랜 세월을 거치는 동안 물은 마르고 소금만 남아서 굳은 것이다. 미국, 유럽, 중국 등이 생산량이 많으며 식용하고 있다. 염화나트륨의 함량이 98~99%를 차지하므로 미네랄이 거의 없는 소금이다.

② 천일염

바닷물을 가둬두고 햇빛과 바람으로 수분을 증발시켜 만든 소금이다. 갯벌을 개조한 염전에서 만들어진 소금은 자동화가 어려워 가격은 비싸나 미네랄 함량이 높고 풍미가 뛰어나다.

③ 호수염

'호염'이라고도 부르는 호수염은 바다였던 땅이 지각변동에 의해 호수로 변한 후 그 안에 갇힌 바닷물이 증발하면서 만들어진 소금이다. 호수염에는 남미 볼리비아의 약 3,600m 고지에 있는 유유니 소금사막이 유명하다. 우리나라에 널리 알려진 안데스 소금도 호수염의 한 종류이다.

④ 정염

소금기가 녹아 있는 지하수를 증발시켜 만든 소금이다. 주로 바닷가의 우물에서 짠맛 나는 함수가 나오기 때문에 함수정염이라고도 한다. 중국에서 생산되는 소금 가운데 바닷가의 염도 15~16% 되는 지하수를 이용해 만든 것이 많다.

⑤ 자염

바닷물을 끓여서 소금을 얻는 것으로 우리나라에서 전통적으로 행하던 소금 채취법이다. 갯벌에서 구덩이를 판 다음 마른 갯벌을 넣어두고 가운데는 짚으로 짜 만든 통자락을 둔다. 밀물 때 들어온 바닷물이 마른 갯벌을 통과하면서 염도가 더욱 높아지면 이것을 통자락 안에 모은 후 끓여서 소금으로 만들었다. 미네랄 함량이 높고 풍미가 좋은 것이 특징이며 태안 자염이 유명하다.

⑥ 정제염

이온교환수라는 특별한 장치를 써서 해수로부터 염화나트륨을 분리하여 만드는 소금으로 일본에서 개발한 것이다. 기계장치를 이용하여 생산했다고 해서 기계염이라 불리기도 한다. 염화나트륨의 함량이 보통 99% 이상 되며 미네랄 함량은 거의 없다.

⑦ 재제염

천일염이 비위생적이라고 생각해서 만들기 시작한 소금이다. 천일염을 물에 녹여 한 번 씻어낸 후 재결정을 만드는 소금으로 흔히 '꽃소금'이라 부른다. 미네랄이 거의 없는 호주산이나 멕시코산 등이 재제염이다.

2) 간장

간장은 음식의 맛을 내는 데 있어 중요한 조미료이다. 감칠맛, 단맛 등과 함께 향미도 가지고 있다. 간장은 메주를 소금물에 담가 일정기간 숙성하여 특유한 맛과 향기가 나며 검은색의 액즙을 걸러서 달이면 간장이 된다.

간장의 종류로는 수년 묵은 진간장과 물을 많이 잡거나 그해에 담근 맑은 청장(국간장)이 있다.

음식에 따라 간장의 종류를 구별해서 써야 하는데 국, 찌개, 나물 등에는 색이 옅은 청장(국간장)을 쓰고 조림, 포, 초 등의 조리와 육류의 양념은 진간장을 쓴다.

3) 된장

콩으로 메주를 쑤어서 알맞게 띄운 다음 적당량의 소금물에 담가 충분히 맛이 들면 40일쯤 뒤에 간장을 떠내는데 이때 남은 건더기는 으깨어 소금으로 간을 맞추고 발효시키면 된장이 된다. 이때 콩이나 밀을 섞기도 한다. 지방에 따라 여러 종류의 된장이 있고 간장을 빼지 않고 만든 막장, 계절의 감각을 살린 별미 된장인 청국장이 있다.

된장은 국이나 찌개에 이용되며, 단백질이 부족한 우리나라의 식생활에 중요한 단백질 공급원이 되고 있다.

4) 고추장

고추장은 매운맛, 구수한 맛, 단맛, 짠맛을 가지며 한문으로는 고초장(苦椒醬)이라 한다. 재래식 고추장은 메주, 고춧가루, 찹쌀, 엿기름, 소금 등이 원료이다. 찹쌀은 가루로 반죽하여 쪄서 메줏가루를 혼합하여 저어 당화되어 묽어지면 고춧가루를 섞고 소금으로 간을 맞추어 숙성시킨다. 지방에 따라 멥쌀, 밀가루, 보리 등도 사용한다. 소금 대신 청장(국간장)으로 간을 하기도 한다.

경상도와 전라도 지방에서는 메줏가루를 넣지 않고 초정을 고아서 고춧가루를 섞고 소금으로 간을 한 엿꼬장도 있다.

고추장은 된장과 마찬가지로 토장국이나 고추장찌개에 맛을 내고, 생채나 숙채, 조림 등의 조미료로 쓰인다. 회에는 초고추장을 만들어 사용하고 비빔밥이나 비빔국수의 양념으로 고추장을 이용한다.

5) 파

파는 자극성 있는 냄새와 독특한 맛으로 향신료 중에 가장 많이 쓰인다. 조미료로 곱게 다져 사용하고 향신료로는 흰 부분을 굵게 썰어 사용하고 고명으로 사용할 경우에는 곱게 채썰어 사용한다.

파의 종류에는 대파, 중파, 실파, 쪽파 등이 있다.

6) 마늘

마늘에는 독특한 자극성의 맛과 향기가 있어 파와 더불어 많이 쓰이는 양념류이며, 특히 육류요리에서 빠지지 않는다. 나물이나 양념장에는 곱게 다져서 쓰고 동치미나 보쌈김치 등에는 채썰거나 납작하게 썰어 넣는다.

7) 생강

생강은 생선이나 돼지고기의 누린내를 제거하는 데 주로 쓰인다.

음식에 따라 강판에 갈아 즙만 넣기도 하고 곱게 다지거나 채로 썰거나 편으로 얇게 저며 사용하기도 한다.

8) 고추

한국 음식의 매운맛에는 주로 고추가 사용되며 임진왜란 이후 17세기 초에 일본을 통해 들어왔다는 설이 가장 유력하다.

고추의 매운맛은 품종이나 산지에 따라 차이가 많으며 완전히 성숙하기 전에 풋고추도 사용하며 붉은색의 말리지 않은 고추도 쓰고 말려서 가루로 쓰거나 실고추를 만들어 쓰기도 한다.

고추는 용도에 따라 굵은 고춧가루, 중간 고춧가루, 고운 고춧가루로 나누어 빻는다. 실고추로 썰어 나박김치에 사용하고, 굵은 고춧가루는 배추김치, 깍두기 등을 담그고,

고운 고춧가루는 일반 조미용과 고추장에 사용한다. 통으로 마른고추를 보관해 두고 여름철 열무김치 담글 때 물에 불려 분마기에 갈아서 사용하면 구수한 맛을 더욱 돋울 수 있다.

9) 후추

후추는 고려 때 수입한 기록이 남아 있다.

생선, 육류의 냄새를 제거하고 음식의 맛과 향을 좋게 하며 식욕도 증진시킨다.

검은 후춧가루는 후추 열매가 덜 여물었을 때 따서 건조시킨 것으로 색깔이 검고 매운맛이 강하여 육류요리에 적당하며, 흰 후춧가루는 잘 여문 열매를 물에 불려 껍질을 벗겨 만든 것으로 향이 부드럽고 매운맛은 약하여 생선, 채소류의 양념에 적당하다.

통후추는 고기를 삶거나 육수를 만들 때 넣고, 차를 달일 때나 배숙 등의 음료에 사용한다.

10) 겨자

겨자는 갓의 씨를 가루로 빻아서 만든 향신료이며 매운맛이 나는데 가루상태에서는 매운맛이 나지 않으나 따뜻한 물에 개어 공기와 만나면 매운맛이 난다.

겨자채나 냉채로 무치거나 냉면에도 넣고, 겨자장으로 회, 편육, 구절판 등을 찍어 먹는 데 사용한다.

11) 참기름

참깨를 볶아 짜낸 기름으로 한국인이 가장 널리 사용해 온 기름이다. 음식 중 고소한 향과 맛을 내는 데 다양하게 쓰이고, 특히 나물을 무치거나 약과, 약식을 만들 때에도 사용한다.

12) 들기름

들깨를 볶아 짜낸 기름이며 고소하고 독특한 냄새가 난다. 김에 발라 굽거나 나물을 볶거나 무칠 때 사용한다.

13) 깨

깨는 씻어 일어 불순물과 물기를 제거하고 은근한 불에 볶아 사용한다. 통으로 고명을 하기도 하고 가루로 만들어 나물 무칠 때나 고기 양념에 사용한다. 또한 깨엿강정 등을 만들어 후식으로 먹기도 한다.

깨의 종류에는 참깨, 들깨, 흑임자가 있다.

14) 설탕

설탕은 단맛을 내는 조미료로 가장 많이 쓰인다.

고려시대에 들어왔으나 귀한 재료여서 일반인들은 설탕 대신 꿀과 조청을 만들어 사용하기도 했다.

설탕은 가공에 따라 흰설탕, 황설탕, 흑설탕 등이 있다.

15) 꿀

꿀은 꿀벌이 꽃의 꿀과 꽃가루를 모아서 만든 천연 감미료로 구석기시대부터 이용한 가장 오래된 감미료이다. 과자, 떡, 정과 등에 사용하고 소화성이 좋은 대표적인 식품으로 노인이나 위장이 약한 사람에게 좋으며, 약재료로도 쓰인다.

죽이나 떡을 상에 낼 때 종지에 담아 함께 내었으며, 한문으로는 백청(白淸) 또는 청(淸)이라 하였다.

16) 조청

조청은 녹말을 당화효소 또는 산으로 분해해서 만든 점성 있는 물질인 묽은 엿을 말하며, 묽은 엿(조청)을 졸이면 갱엿을 만들 수 있다.

설탕에 비해 감미가 부드럽고 흡습성이 있으며 설탕과 함께 사용하면 뭉치는 것을 방지할 수 있다. 과자나 조림에 많이 사용하며, 정과를 할 때 사용하면 달지 않고 맛도 좋게 만들 수 있다.

17) 식초

식초는 음식에 신맛을 내는 조미료이다. 신맛은 음식에 청량감을 주어 식욕을 증가시키고 소화액 분비를 촉진시켜 소화를 돕는다. 또한 살균 방부의 효과가 있어 생선요리에 쓰면 단백질 응고작용으로 생선의 살이 단단해진다.

생채와 겨자채, 냉국 등 차가운 음식에 넣어 신맛을 내고 초간장, 초고추장 등을 만들어 음식에 곁들인다.

18) 계피

계수나무의 얇은 껍질 말린 것을 육계(통계피)라 하며, 수정과의 국물이나 계지차로 만들어 먹는다.

계피는 가루로 만들어 한과류, 떡류, 숙실과 등에 많이 사용한다.

19) 산초

산초는 한국, 일본, 중국 등지에 분포된 산초나무의 열매로 후추알만 한 크기인데 다 익으면 열매의 껍질이 갈라져 마치 꽃과 같은 모양이 된다. 혀를 톡 쏘는 자극적인 강한 매운맛이 특징이며 추어탕에 곁들여 먹는다.

20) 새우젓

새우젓은 작은 새우를 소금에 절인 젓갈로 김치에 가장 많이 쓰인다. 국, 찌개, 나물 등의 간을 맞추는 조미료로 쓰이며 소금보다 감칠맛이 난다. 돼지고기 편육에는 새우젓국, 식초, 파, 고춧가루 등을 섞어 초젓국을 만들어 반드시 곁들여 내고 젓국만 쓸 때에는 건지가 들어가지 않도록 국물만 꼭 짜서 쓴다.

2. 한식의 고명

고명은 웃기, 꾸미라고도 하며 완성된 음식 위에 얹어 겉모양을 좋게 하고 먹음직스럽게 하며 식욕을 자극하고 영양을 보충하는 역할을 한다. 고명은 오방색, 즉 검은색, 흰색, 적색, 노란색, 녹색을 기본으로 하며 3가지, 5가지, 7가지, 9가지 고명을 만들어 사용하기도 한다.

1) 달걀지단

달걀 흰자, 노른자를 분리하여 소금으로 간을 하여 지단을 부친다.

채썰기를 하여 잡채나 숙채나물에 사용하고, 골패썰기는 국, 찜, 전골 등에 쓰고, 마름모썰기는 만두, 찜, 면 등에 쓴다.

2) 알쌈

소고기를 곱게 다져 양념을 하고 콩알만 하게 완자를 빚어 팬에 익힌다.

달걀을 풀어 한 숟가락씩 타원형으로 떠 놓고 소고기 완자를 넣고 반달모양으로 접어 부친다. 이때 흰자와 노른자를 분리하여 만들기도 한다.

비빔밥, 떡국, 찜 등에 얹는다.

3) 삶은 달걀

달걀을 완숙으로 삶아서 2등분, 4등분으로 썰어 고명으로 올린다.

4) 줄알

국이나 탕의 마지막 조리과정에 국물이 끓을 때 원을 그리듯 부어주거나 줄을 긋듯이 부드럽게 엉기게 하는 것을 말하며 북엇국, 궁중닭찜, 육개장, 떡국 등에 쓰인다.

5) 다진 소고기 고명

소고기 살을 곱게 다져 양념하여 볶은 다음 비빔밥, 떡국 등에 사용한다.

6) 채썬 소고기 고명

소고기 살을 결대로 곱게 채썰어 양념하여 볶은 다음 국수나 떡국의 고명으로 사용한다.

7) 고기완자

소고기 살을 곱게 다져 양념하고 1cm 정도로 동그랗게 빚어 밀가루, 달걀을 묻힌 뒤 달구어진 팬에 식용유를 둘러 굴리면서 익힌다.

전골, 신선로, 도미면 등에 사용한다.

고기 양념으로 소금, 파, 마늘, 후춧가루, 깨, 참기름, 설탕 등을 넣는다.

8) 편육

육수를 만들기 위해 사용했던 고기를 편으로 얇게 썰어 그대로 혹은 양념하여 만둣국, 떡국, 국수장국 등의 고명으로 쓴다.

9) 미나리초대, 파초대

미나리나 파를 꼬치에 끼워 밀가루, 달걀을 묻히고 달궈진 팬에 식용유를 두르고 팬에 지진다. 흰자, 노른자를 따로 풀어서 하는 경우도 있다.

달걀이 익을 정도만 지져서 미나리나 파의 색이 예쁘게 유지되도록 지진다.

마름모형, 골패형으로 썰어 탕, 전골, 신선로 등의 고명으로 사용한다.

10) 버섯

마른 표고버섯, 마른 석이버섯, 마른 목이버섯은 물에 불려 사용한다.

표고버섯은 기둥을 떼어내고 곱게 채썰어 양념한 뒤 볶아서 고명으로 사용하고, 마름모형, 골패형으로 썰어 국이나 전골, 신선로, 찜 등의 위에 올려 사용한다.

석이버섯은 물에 불려 이끼를 말끔히 손질하고 곱게 다져 달걀 흰자와 섞어 석이지단을 부치기도 하고 곱게 채썰어 보쌈김치, 국수, 잡채, 떡의 고명으로 쓴다.

목이버섯은 물에 불린 다음 그대로 또는 채 썬 뒤 볶아 고명으로 쓴다.

11) 은행

은행은 기름 두른 팬에 소금을 넣고 볶다가 노란색의 은행 껍질이 들뜨면서 연두색이 되면 꺼내서 행주나 키친타월에 문질러 속껍질을 벗기고 신선로, 찜 등에 고명으로 사용한다.

12) 잣

실백이라고도 하며 마른행주로 닦아 고깔을 떼어내고 통잣, 비늘잣, 잣가루로 만들어 사용한다. 잣가루를 만들 때에는 한지를 도마 위에 놓고 잣을 다져야 보송보송하게 곱게 다질 수 있고 육회, 구절판, 육포, 전복초, 홍합초 등에 뿌리거나 초간장에 넣기도 한다.

13) 호두

호두는 뜨거운 물에 담가 불려서 이쑤시개로 속껍질을 제거하고 신선로, 찜 등에 쓴다.

14) 밤

밤은 껍질을 제거하고 통째로 찜에 사용하거나 편으로 납작하게 썰어 겨자채, 보쌈김치 등에 사용하고 채썰어 김장이찌, 유자청, 떡류 등의 고명으로 쓴다.

15) 대추

대추는 깨끗이 씻어 통째로 사용하거나 씨를 제거하고 돌돌 말아 썰어 꽃모양으로 만들어 화전이나 부꾸미 등 떡의 고명으로 사용한다. 채썰어 보쌈김치, 떡류, 음청류에 사용하고 3등분하여 찜 등의 고명으로 쓴다.

16) 실고추

마른 고추를 젖은 행주로 깨끗이 닦은 뒤 젖은 행주에 싸두어 고추가 말랑해지면 여러 개를 겹쳐 잘 드는 칼로 곱게 채썬다. 김치, 나물 등에 고명으로 쓴다.

17) 붉은 고추

붉은 고추(물고추)는 씨를 빼고 속을 발라낸 다음 곱게 채썰거나 골패형, 마름모형으로 썰어 사용한다.

18) 깨

깨는 볶아서 통째로 또는 가루를 내어 사용한다.

학습자 완성품 사진

학습내용	사진	평가		
		상	중	하
알쌈				
고기완자				
미나리초대				

학습내용	사진	평가		
		상	중	하
은행				
잣				
호두				
고추				

3. 한식의 기본 육수

1) 고기육수 만들기

① 고기는 소고기, 닭고기 등을 사용한다.

② 깨끗하게 씻어 찬물에 담가 핏물을 제거한다.

③ 끓는 물에 데친 뒤 끓는 물에 넣어 끓인다. 처음에는 센 불로 하여 물이 끓어오르면 중불로 줄여 1시간 이상 끓인다.

④ 뚜껑을 닫지 않고 끓인다.

⑤ 중간중간 거품을 걷어낸다.

⑥ 대파, 마늘, 통후추 등을 넣어 누린내를 제거한다.

⑦ 고운체에 거른다.

⑧ 빨리 식힌다.

⑨ 음식명, 날짜, 용량 등을 기록하여 뚜껑을 덮어 냉장고에 보관한다.

2) 멸치다시마 육수 만들기

① 멸치는 아가미와 내장을 제거한다.

② 달구어진 팬에 멸치를 노릇하게 볶는다.

③ 다시마를 흐르는 찬물에 빨리 씻거나 젖은 행주로 닦는다.

④ 찬물을 냄비에 담고 다시마를 넣어 끓인다.

⑤ 물이 끓으면 다시마를 건지고 볶아놓은 멸치를 넣어 15분 정도 끓인다.

⑥ 멸치를 건져내고, 대파, 마늘, 통후추 등을 넣어 10분 정도 끓인다.

⑦ 고운체에 거른다.

⑧ 빨리 식힌다.

⑨ 음식명, 날짜, 용량 등을 기록하여 뚜껑을 덮어 냉장고에 보관한다.

제3절 기본 조리법 습득하기(1301010120_16v3.3)

1. 한식의 조리법과 종류

1) 밥류

밥은 곡물과 물을 함께 넣고 끓여서 수분을 흡수시켜 익힌 후에 충분히 뜸을 들여서 완전히 호화시킨 것이다.

쌀의 종류, 건조도, 쌀과 물의 분량, 밥솥, 열원에 따라 밥 짓는 시간과 물의 양을 다르게 한다.

밥을 지을 때에는 쌀을 씻어 30분 정도 물에 불리는 것이 좋으며 밥물은 1.2~1.4배, 부피로는 1.0~1.2배가 적당하다. 처음에는 센 불에서 끓이다가 중불과 약불로 조절한다.

별식의 밥으로는 채소류, 어패류, 육류 등을 넣어 짓기도 하며 밥 위에 나물과 고기를 얹어서 비벼 먹는 밥도 있다.

밥의 종류에는 흰밥, 오곡밥, 영양잡곡밥, 김치밥, 곤드레밥, 팥밥(홍반), 보리밥, 채소고기밥, 감자밥, 콩밥, 콩나물밥, 비빔밥 등이 있다.

2) 죽류

죽은 곡물을 알곡 또는 갈아서 물을 넣고 끓여 완전히 호화시킨 것으로 곡물만을 이용하는 것이 아니라 어육류, 채소류, 한약재를 넣어 만든 죽도 있다. 죽은 주식뿐만 아니라 보양식, 환자식, 구황식, 별미음식 등으로 다양하게 이용되어 왔다.

죽을 쑤려면 곡물재료를 충분히 물에 담가 불린 다음 약 6~7배 정도의 물을 넣어 끓인다. 죽이 끓어오르면 불을 줄여 약불로 서서히 끓이고 중간중간 나무주걱으로 저어준다. 죽의 간은 먹기 직전에 하며 나박김치나 동치미를 함께 곁들이면 좋다.

죽의 종류에는 팥죽, 녹두죽, 행인죽, 잣죽, 밤죽, 흑임자죽, 아욱죽, 김치죽, 타락죽, 콩나물죽, 호박죽, 전복죽, 홍합죽, 호두죽, 옥수수죽, 호박범벅, 장국죽 등이 있다.

미음은 죽과 달리 곡물을 푹 고아서 체에 밭친 것이다. 쌀의 15~20배 정도의 물을 붓고 끓이며 쌀미음, 메조미음, 찹쌀미음, 차조미음 등이 있다.

응이는 곡물의 전분을 물에 풀어서 끓인 것으로 마실 수 있을 정도로 묽게 끓인다. 10~15배 정도의 물을 넣어 끓이고 설탕 또는 소금을 곁들인다. 종류로는 율무응이, 수수응이, 연근응이 등이 있다.

3) 면류

밀 · 메밀 · 감자 등의 가루를 반죽하여 얇게 밀어서 썰든가 국수틀로 가늘게 뺀 식품, 또는 그것을 삶아 국물에 말거나 비벼서 먹는 음식을 국수라 한다.

예부터 국수는 생일이나 혼인, 회갑 등 잔치 때의 손님 접대 음식으로, 평상시에는 점심 때의 별식으로 먹어 왔다. 우리는 국수를 한문으로 면(麵)이라 하지만 면은 원래 밀가루를 의미한다. 삶은 면을 물로 헹구어 건져 올린다고 해서 국수(掬水)라고 칭하였다.

국수의 종류에는 콩국수, 완두콩국수, 쟁반막국수, 잣국수, 회국수, 열무김치막국수, 비빔냉면, 물냉면, 회냉면, 팥칼국수, 닭칼국수, 바지락칼국수, 수제비, 비빔국수, 국수장국, 칼국수가 있고, 만두류에는 만둣국, 굴린만두, 편수, 규아상, 석류탕, 병시, 김치만두, 떡만둣국, 어만두, 배추만두, 물만두 등이 있으며, 떡국류에는 굴떡국, 생떡국, 조랭이떡국 등이 있다.

4) 국, 탕류

삼국시대부터 주 · 부식 분리형의 일상식이 행해졌고, 일상식의 부식 중 반찬으로 국이 기본으로 사용되어 왔다. 국은 식품의 좋은 맛이 국물에 많이 옮겨지도록 조리한 것으로 반상차림에서 필요한 음식의 하나이다.

국의 종류로는 육수나 장국에 간장 또는 소금으로 간을 맞추고 건더기를 넣어 끓인 맑은장국과 된장 또는 고추장으로 장국의 간을 맞추고 건더기를 넣어 끓인 토장국, 고기를 푹 고아서 고기와 국물을 같이 먹는 곰국, 설렁탕, 차게 해서 먹는 냉국이 있다.

다양한 종류의 국은 주재료나 조리법을 달리하며 계절이나 부식의 종류에 따라 적절하게 먹는데 이를 계절별로 살펴보면 다음과 같다. 봄에는 애탕국, 생선맑은장국, 생고사리국 등의 맑은장국과 냉이토장국, 소루쟁이토장국 등 봄나물로 끓인 국을 먹었으며, 여름에는 미역냉국, 오이냉국, 깻국 등의 냉국류와 보양을 위한 육개장, 영계백숙, 계삼탕 등의 곰국류를 먹었다. 가을에는 무맑은장국, 토란국, 버섯맑은장국 등의 주로 맑은장국류를 먹었으며, 겨울에는 시금치토장국, 우거짓국, 선짓국, 꼬리탕 등 곰국류나 토장국류를 먹었다.

5) 찌개, 전골류

찌개는 조치, 지짐이, 감정이라고도 하는데, 모두 건지가 국보다는 많고 간은 센 편으로 밥에 따르는 찬품이다. 조치란 궁중에서 찌개를 일컫는 말이고, 감정은 고추장으로 조미한 찌개이다. 지짐이는 국물이 찌개보다 적은 편이나 뚜렷한 특징은 없다.

찌개의 종류에는 감동젓찌개, 감정, 강된장찌개, 게감정, 게알조치, 게조치, 달걀조치, 골조치, 굴두부조치, 굴비찌개, 굴찌개, 김치순두부, 김치조치, 꽃게찌개, 닭젓국조치, 담뿍장찌개, 대구고니와 조개매운탕, 대구 명태이리찌개, 도루묵젓찌개, 도미찌개, 동아갱, 동태찌개, 되지비탕, 된장찌개, 두부고추장찌개, 두부새우젓찌개, 두부찌개, 마른대구찌개, 명란젓찌개, 명란조치, 명태조치, 무새우젓찌개, 무장찌개, 무젓국조치, 민어찌개, 밴댕이찌개, 북어찌개, 붕어찌개, 비웃찌개, 비지찌개, 새우젓시래기찌개, 새우젓찌개, 생선고추장찌개, 선지찌개, 송이찌개, 수잔지, 순두부찌개, 숭어조치, 알찌개, 양찌기찌개, 어복쟁반, 연어알찌개, 오이감정, 오이장, 왁저지, 우거지찌개, 웅어감정, 자반방어찌개, 잡탕찌개, 젓국찌개, 조연포갱, 준치찌개, 중탕, 처녑조치, 청국장찌개, 콩비지찌개, 표고버섯찌개, 풋고추찌개, 해갱, 호박오가리찌개 등이 있다.

전골이란 육류와 채소에 밑간하여 그릇에 담아 준비한 뒤 상 옆의 화로 위 전골틀에 올려놓고 즉석에서 만들어 먹는 음식이다.

전골의 종류는 각색전골, 갖은전골, 고기전골, 굴전골, 낙지전골, 돈육전골, 생굴전골, 생선전골, 생치전골, 송이전골, 소고기전골, 조개전골, 콩팥전골, 토끼고기전골, 노루전골, 대합전골, 두부전골, 버섯전골, 채소전골, 면신선로, 신선로 등으로 들어가는 주재료에 따라 다양하다.

6) 찜, 선류

찜은 육류, 어패류, 채소류를 국물과 함께 끓여서 익히는 방법과 증기로 쪄서 익히는 방법이 있는데 끓이는 찜은 소갈비찜, 소꼬리찜, 사태찜, 돼지갈비찜, 가지찜, 배추찜 등이 있다.

선은 채소나 생선, 두부를 이용하여 찜으로 끓이거나 찌는 방법이 있고 현대로 오면서 볶기도 한다. 선의 종류로 오이선, 호박선, 가지선, 동아선, 어선, 두부선, 배추선, 태극선, 무선, 고추선, 마늘선, 채란, 청어선, 겨자선, 달걀선, 배선 등이 있다.

7) 조림, 초, 볶음류

조림은 육류, 어패류, 채소류로 간을 약간 세게 하여 주로 반상에 오르는 찬품이다. 조리개라고도 한다. 소고기 장조림같이 오래 놓아두고 밑반찬으로 할 것은 간을 세게 한다. 대개 맛이 담백한 흰 살 생선은 진간장으로 조리고, 붉은 살 생선이나 비린내가 많이 나는 생선류는 고춧가루나 고추장을 넣어 조린다.

조림의 종류에는 가자미조림, 간조림, 갈치조림, 감자조림, 고등어조림, 광어조림, 꼬시락조림, 꼴뚜기조림, 꿩조림, 농어조림, 다시마조림, 달걀조림, 닭조림, 대구조림, 댕가지조림, 도루묵조림, 도미조림, 도미통조림, 동태조림, 돼지고기다시마조림, 돼지고기조림, 두부장조림, 두부조림, 마른조갯살조림, 멸치조림, 명태조림, 문어조림, 민어조림, 밤은행조림, 병어조림, 북어조림, 붕어조림, 미웃조림, 생선고추장조림, 생치장조림, 생치조림, 수라조림, 숭어조림, 약산적조림, 약포조림, 잉어조림, 장어조림, 제육조림, 전복조림, 전어조림, 정어리조림, 제육뼈조림, 조기조림, 준치조림, 천어잔생선조림, 편육조림, 표고조림, 호두조림 등이 있다.

초(炒)는 원래 볶는다는 뜻이지만 초는 습열(濕熱), 건열(乾熱)의 두 가지 뜻으로 쓰인다. 번철에 기름을 두르고 강화(强火)로 단시간 처리하는 간접 가열법이다. 가열 중에 교반이 쉽게 이루어질 수 있도록 큰 식품은 알맞게 썰어두어야 한다. 또 초법(鈔法)은 가열 중 조리가 가능하지만 재료가 유지의 박막(薄膜)에 싸여 있기 때문에 조미료의 침투는 늦다.

초 조리법은 이용되는 양념에 따라 장 볶기, 고추장 볶기 등의 명칭이 생기고, 또 주재료에 따라 양 볶기 등의 명칭이 생긴다.

우리 조리법에서는 조리다가 나중에 녹말을 풀어 넣고 국물이 엉기게 하며 대체로 간은 세지 않고 달게 한다. 초의 재료로는 홍합과 전복을 가장 많이 쓴다.

초의 종류로는 홍합초, 전복초, 해삼초 등이 있다.

볶음은 육류, 어패류, 채소류 등을 손질하여 기름에 볶아낸 것으로 기름에만 볶는 것이 아니라 양념하여 볶는 것 등이 있다. 건열 볶음에는 고추장볶음, 멸치볶음, 새우볶음, 조갯살볶음, 오징어채볶음, 쥐치채볶음 등이 있고, 습열 볶음에는 낙지볶음, 우엉볶음, 제육볶음 등이 있다.

8) 전, 적, 튀김류

전이라 함은 일반적으로 고기, 채소, 생선 등의 재료를 다지거나 얇게 저며서 밀가루, 달걀로 옷을 입혀 번철에 기름을 두르고 열이 잘 통하도록 납작하게 하여 양면을 지져 내는 것을 말한다.

전에 사용되는 주재료

- 수육류 : 소고기(업진육, 우심내육), 내장(간, 천엽, 양, 부아, 지라), 골(두골, 등골), 피, 혀, 돼지고기(간), 사슴고기, 토끼고기
- 조육류 : 꿩고기, 닭고기, 메추라기고기, 참새고기
- 생선류 : 가자미, 고래, 광어, 대구, 도미, 동태(명태, 북어, 명란), 미꾸라지, 민어, 밴댕이, 뱅어, 병어, 청어, 쏘가리, 숭어, 잉어, 정어리
- 패류 : 굴, 대합, 무명조개, 조개, 소라, 패주, 홍합
- 갑각류 : 게, 새우
- 연체류 : 낙지, 해삼, 오징어
- 채소류 : 가지, 감국잎, 감자, 깻잎, 고구마, 고사리, 고추, 달래, 당근, 더덕, 도라지, 마늘, 무, 박고지, 배추, 부추, 쑥갓, 숙주, 양파, 연근, 우엉, 인삼, 자충이(쪽파뿌리), 참나물, 토마토, 토란, 파(실파, 움파), 피망, 늙은 호박, 애호박
- 버섯류 : 느타리, 돌버섯, 석이, 송이, 양송이, 표고
- 해조류 : 김, 다시마
- 난류 : 달걀
- 두류 : 녹두, 흰콩
- 곡류 : 밀, 메밀, 옥수수, 수수
- 가공식품 : 김치, 묵, 두부
- 기타 : 비빔밥, 도토리

전에 사용된 부재료는 밤, 잣, 대추, 풋마늘, 실고추 등이고 연결제 역할을 하는 것은 밀가루, 메밀가루, 멥쌀가루, 찹쌀가루, 녹말 등이다.

전에 사용된 양념류는 묽은 장, 장, 초장, 식초, 잣가루, 겨자, 설탕, 마늘, 파, 깨소금, 소금, 통깨, 생강, 후춧가루, 소금, 고춧가루, 멸치국물 등이다.

적(炙)은 육류, 채소, 버섯 등을 양념하여 대꼬치에 꿰어 구운 것이다. 산적은 익히지 않은 재료를 꼬치에 꿰어서 지지거나 구운 것이고, 누름적은 재료를 양념하여 익힌 다음 꼬치에 꿴 것과 재료를 꼬치에 꿰어 전을 부치듯 옷을 입혀서 지진 것(지짐누름적) 등의 두 종류가 있다. 또한 꼬치에 꿰지 않으나 다진 소고기를 두부와 합하여 얇게 반대기를 한 장으로 만들어서 굽는 섭산적과 이를 간장에 넣어 조린 장산적이 있다.

적의 재료는 다양해서 고기뿐 아니라 파, 당근, 도라지, 두릅 등의 채소류, 송이, 표고 등의 버섯류, 민어, 광어 등의 생선류 등이 이용되고 김치, 떡 등도 적의 재료로 이용된다. 적은 채소, 고기, 버섯 등의 여러 식품들이 어우러져 영양적으로 우수한 음식이다. 또한 다양한 색상의 식품을 색색이 꿰었으므로 색감이 뛰어나 혼인 · 수연(壽宴)의 큰상에 쓰이고 제상의 제물로도 쓰인다.

튀김은 주재료에 가볍게 밀가루를 묻히고 튀김옷을 입혀 기름에 튀긴 음식이다. 한국 음식에서 흔하지 않은 고유한 튀김요리로는 튀각과 부각이 있다.

튀각은 다시마, 가죽나무순, 호두 등을 기름에 튀긴 것이다. 부각은 재료를 그대로 말리거나 찹쌀풀이나 밥풀을 묻혀서 말렸다가 튀긴 반찬으로 감자, 고추, 깻잎, 김, 가죽나무잎 등으로 만든다.

튀김은 본래 사찰에서 많이 쓰이던 조리법으로, 지금도 튀각은 사찰의 대표적인 음식으로 여겨지고 있다. 승려들은 식품의 사용에 많은 제한을 받았기 때문에 기름 사용이 많은 조리법이 발달한 것으로 보인다.

9) 구이류

구이는 인류가 불을 이용해서 가장 먼저 조리한 음식이다. 끓이거나 조리는 음식은 그릇이 생긴 후에 시작되었지만 구이는 특별한 기구가 없이 불에 쬐기만 해도 되기 때문이다.

양념에는 간장, 고추장, 소금양념이 있으며, 미리 양념하였다가 굽는 방법과 구우면서 양념하는 방법이 있다.

구이는 직화법과 간접법을 이용해서 조리할 수 있으며, 방자구이, 맥적, 삼겹살구이, 소갈비구이, LA갈비구이, 돼지갈비구이, 닭구이, 오리소금구이, 오리양념구이, 닭발구이, 간구이, 막창구이, 뱅어포구이, 장어구이, 꽁치구이, 고등어구이, 병어양념구이, 대합구이, 대하구이, 오징어솔방울구이, 김구이, 가래떡구이, 너비아니구이, 제육구이, 생선양념구이, 북어구이, 더덕구이 등이 있다.

10) 생채, 숙채, 회류

생채(生菜)는 계절마다 새로 나오는 싱싱한 채소를 익히지 않고 초장, 초고추장, 겨자장으로 무친 가장 일반적인 반찬이다. 설탕과 식초를 조미료로 써서 달고 새콤하며 산뜻한 맛을 낸다. 무, 배추, 상추, 오이, 미나리, 더덕, 산나물 등 날로 먹을 수 있는 채소로 만드는데 해파리, 미역, 파래, 톳 등의 해초류나 오징어, 조개, 새우 등을 데쳐 넣어 무치기도 한다. 겨자채나 냉채도 생채에 속한다.

생채의 종류는 무생채, 오이생채, 도라지생채, 오이노각생채, 갓채, 겨자채, 더덕생채, 초채 등이 있다.

나물은 가장 대중적인 찬품으로 원래는 생채(生菜)와 숙채(熟菜)의 총칭이나 지금은 대개 익은 나물인 숙채를 가리킨다. 나물 재료로는 거의 모든 채소가 쓰이는데, 푸른잎 채소는 끓는 물에 파랗게 데쳐 내어 갖은 양념으로 무치고, 고사리, 고비, 도라지는 삶아서 양념하여 볶는다. 말린 취, 고춧잎, 시래기 등은 불렸다가 삶아서 볶는다. 나물은 참기름과 깨소금을 넉넉히 넣고 무쳐야 부드럽고 맛있다. 신선한 산나물은 초고추장에 신맛이 나게 무치기도 한다.

냉채(冷菜)는 마무리된 상태가 차가운 음식을 통틀어 가리키는 말이다. 그 범위가 매우 넓고 더욱이 공간전개형의 우리나라 배선에서는 중요한 자리를 차지하며 평소의 밥반찬, 술안주로도 중요한 것이다. 냉채의 재료로서 차가워지면 맛이 나빠지는 것은 피해야 하고 또 차가워지면 변색하거나 변패되기 쉬운 것도 삼가야 한다. 잣즙냉채, 겨자채, 호두즙냉채 등 즙에 따라서 이름이 붙기도 한다.

숙채의 종류에는 죽순채, 탕평채, 오이나물, 가지나물, 도라지나물, 호박나물, 숙주나물, 무나물, 고비나물, 미나리나물, 잡채, 쑥갓나물, 파나물, 콩나물, 물쑥나물, 고사리나물, 풋나물, 시래기나물, 두릅나물, 고추잎나물, 취나물, 호박오가리나물, 씀바귀나물, 버섯나물, 시금치나물, 표고나물, 순채, 깻잎나물, 석이나물, 방풍채, 연근채, 상추동나물, 각색채, 냉이나물 등이 있다.

회는 〈시의전서〉에 "어회(魚膾)는 민어를 껍질을 벗겨 살을 얇게 저며서 살결대로 가늘게 썰어 기름을 발라 접시에 담고 겨자와 초고추장을 식성대로 쓴다"고 하였다. 또 작은 생선, 조개, 굴의 무리도 대개 날것 그대로 회로 하고 있다.

낙지, 생문어, 소라, 생복, 생해삼 등은 살짝 데쳐 썰어 회로 하는 경우가 있다. 낙지나 문어는 대개 데쳐낸다. 그러면 본디의 뜻인 회 곧 생회는 아니니, 〈주방문〉에서는 '낙지회'라 하였고 〈시의전서〉에서는 '숙회(熟膾)'라 하였다. 이와 같이 우리나라에서는 낙지, 문어를 약간 데쳐서 회로 한다.

회의 종류는 가자미회, 가지회, 간처녑회, 갑회, 갯장어회, 게회, 고등어회, 광어회, 굴회, 꼬막회, 꼴뚜기회, 낙지숙회, 대하회, 대합숙회, 대합회, 도미회, 두릅회, 멍게회, 물회, 미꾸라지회, 미나리강회, 민어회, 뱀장어회, 병어회, 북어회, 생굴초회, 생멸치회, 생미역초회, 생복회, 생오징어초회, 생해삼무침, 석화회, 소라회, 송이회, 숭어회, 어채, 오징어회, 우렁회, 육회, 잉어숙회, 잉어회, 자리회, 장어회, 전복숙회, 전어회, 조개어채, 조개회, 조기회, 죽순회, 짱뚱이회, 파강회, 피래미초회, 해삼초회, 향어회, 홍어회 등이 있다.

11) 김치류

김치는 우리 식생활에서 가장 기본이 되는 반찬으로서 대표적인 저장발효음식이다. 김치는 소금에 절여서 저장하는 동안 발효되어 유산균이 생겨서 독특한 신맛이 나며 고추의 매운맛과 잘 어우러져 식욕을 돋우고 소화작용도 돕는다.

김치의 종류는 깍두기, 배추김치, 백김치, 나박김치, 장김치, 열무김치, 총각김치, 얼갈이김치, 풋고추김치, 파김치, 부추김치, 오이물김치, 깻잎김치, 토마토김치 등이 있다.

12) 음청류

음청류는 술 이외의 모든 기호성 음료를 말한다. 우리나라는 예부터 산이 많아 깊은 계곡의 맑은 물과 샘물이 양질의 감천수였으므로 이런 물을 약수라 하여 좋은 음료로 사용할 수 있었다. 자연수와 함께 여러 가지 향약재, 식용열매, 꽃과 잎, 과일 등을 달이거나 꿀에 재우는 여러 가지 방법을 이용하여 음청류가 발달하였다.

음청류의 종류에는 수정과, 식혜, 원소병, 보리수단, 떡수단, 율무미수, 송화밀수, 녹두나화, 책면, 오미자화채, 산사화채, 딸기화채, 밀감화채, 수박화채, 안동식혜, 녹차, 현미차, 국화자, 모과차, 오미갈수, 배숙 등이 있다.

13) 한과조리류

한과는 쌀이나 밀 등의 곡물가루에 꿀, 엿, 설탕 등을 넣고 반죽하여 기름에 튀기거나 과일, 열매, 식물의 뿌리 등을 꿀로 조리거나 버무려서 굳혀서 만든 과자이다.

한과의 종류에는 모약과, 궁중약과, 만두과, 만주풍과자, 보리새우매작과, 채소과, 매작과, 계강과, 곶감쌈, 율란, 조란, 생란, 당근란, 밤초, 대추초, 연근정과, 도라지정과, 무정과, 감자정과, 편강, 깨엿강정, 호두강정, 잣박산, 오미자편, 레몬편, 콩다식, 송화다식, 흑임자다식, 진말다식, 양갱 등이 있다.

14) 장아찌류

장아찌는 제철에 흔한 채소를 간장, 고추장, 된장 등에 넣어 장기간 저장하는 음식이다. 사계절이 뚜렷한 우리나라는 계절마다 다르게 자라는 여러 가지 채소를 적절한 저장법으로 가공하여 비축하였다. 겨울철에는 김치와 함께 비타민을 공급해 주는 중요한 식품 중 하나였다.

장아찌의 종류에는 감자장아찌, 가지장아찌, 더덕간장장아찌, 더덕고추장장아찌, 마늘장아찌, 무장아찌, 새송이장아찌, 오이장아찌, 풋고추장아찌, 김장아찌, 매실장아찌, 산마늘장아찌, 통양파장아찌, 인삼장아찌, 무숙장아찌, 오이숙장아찌 등이 있다.

2. 한식의 상차림

우리나라 일상의 상차림은 독상이 기본이다. 밥을 주식으로 하고 어울리는 반찬을 부식으로 만들어 함께 먹는 것이 우리나라의 상차림이다.

상차림은 죽상, 면상, 주안상, 다과상 등으로 나눌 수 있고, 상차림의 목적에 따라 교자상, 돌상, 큰상, 제상 등으로 나눌 수 있으며 계절에 따라 구성이 다양하다.

상은 네모지거나 둥근 것을 썼으며, 음식을 놓는 위치가 정해져 있어 차림새가 질서정연하였고 음식예법을 중하게 여겼다. 그릇은 사기반상기를 여름에 사용하고, 은반상기나 유기(놋그릇)반상기는 겨울에 사용하였다.

상차림의 분류

- 주식에 따른 분류 : 밥상, 죽상, 국수상, 만두상
- 인원구성에 따른 분류 : 독상, 겸상, 두레상, 교자상
- 기호식에 따른 분류 : 술상, 다과상, 떡상

표 6-1 반상차림의 규범

<table>
<tr><th rowspan="3">내용
구분</th><th colspan="7">첩수에 들어가지 않는 음식(기본음식)</th><th colspan="11">첩수에 들어가는 음식(쟁첩에 담는 음식)</th></tr>
<tr><th rowspan="2">밥</th><th rowspan="2">국</th><th rowspan="2">김치</th><th rowspan="2">장류</th><th rowspan="2">찌개
(조치)</th><th rowspan="2">찜
(선)</th><th rowspan="2">전골</th><th colspan="2">나물</th><th rowspan="2">구이</th><th rowspan="2">조림</th><th rowspan="2">전</th><th rowspan="2">마른
반찬</th><th rowspan="2">장과</th><th rowspan="2">젓갈</th><th rowspan="2">회</th><th rowspan="2">편육</th><th rowspan="2">수란</th></tr>
<tr><th>생채</th><th>숙채</th></tr>
<tr><td>3첩</td><td>1</td><td>1</td><td>1</td><td>1</td><td></td><td></td><td></td><td colspan="2">택1</td><td colspan="2">택1</td><td></td><td colspan="3">택1</td><td></td><td></td><td></td></tr>
<tr><td>5첩</td><td>1</td><td>1</td><td>2</td><td>2</td><td>1</td><td></td><td></td><td colspan="2">택1</td><td>1</td><td>1</td><td>1</td><td colspan="3">택1</td><td></td><td></td><td></td></tr>
<tr><td>7첩</td><td>1</td><td>1</td><td>2</td><td>3</td><td>2</td><td colspan="2">택1</td><td>1</td><td>1</td><td>1</td><td>1</td><td>1</td><td colspan="3">택1</td><td colspan="2">택1</td><td></td></tr>
<tr><td>9첩</td><td>1</td><td>1</td><td>3</td><td>3</td><td>2</td><td>1</td><td>1</td><td>1</td><td>1</td><td>1</td><td>1</td><td>1</td><td>1</td><td>1</td><td>1</td><td colspan="2">택1</td><td></td></tr>
<tr><td>12첩</td><td>1</td><td>2</td><td>3</td><td>3</td><td>2</td><td>1</td><td>1</td><td>1</td><td>1</td><td>2</td><td>1</td><td>1</td><td>1</td><td>1</td><td>1</td><td>1</td><td>1</td><td>1</td></tr>
</table>

1) 반상차림

① 3첩 반상

구성

- 기본음식 – 밥, 국, 김치, 장
- 첩수음식 – 생채 또는 나물, 구이 또는 조림, 마른 찬, 장과 젓갈 중 한 가지

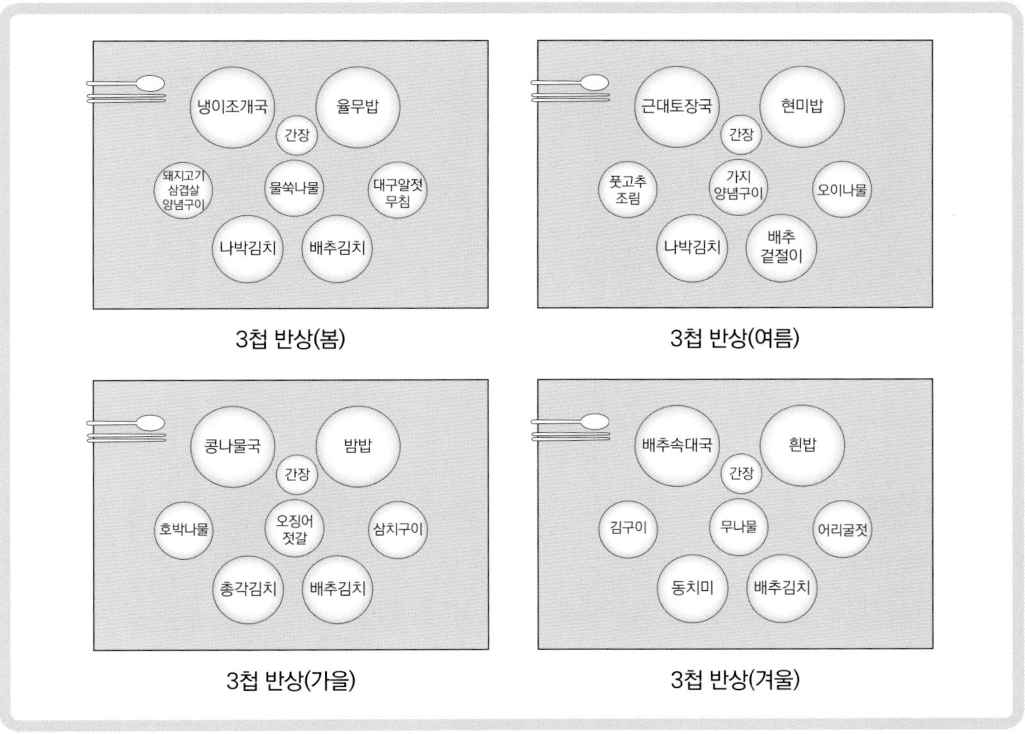

② 5첩 반상

구성

- 기본음식 – 밥, 국, 김치, 장, 찌개(조치)
- 첩수음식 – 생채 또는 숙채, 구이, 조림, 전, 마른 찬, 장과 젓갈 중 한 가지

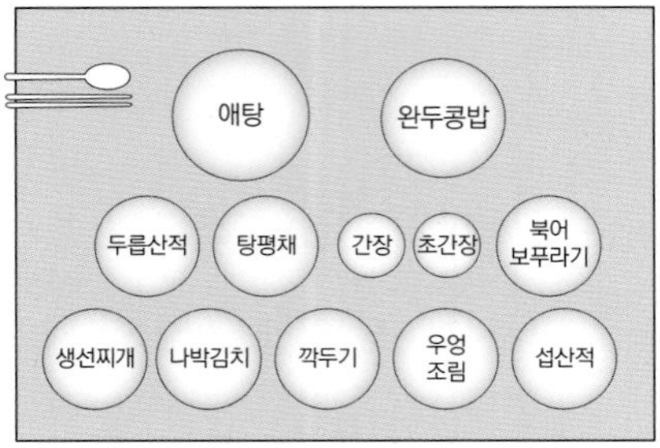

5첩 반상(봄)

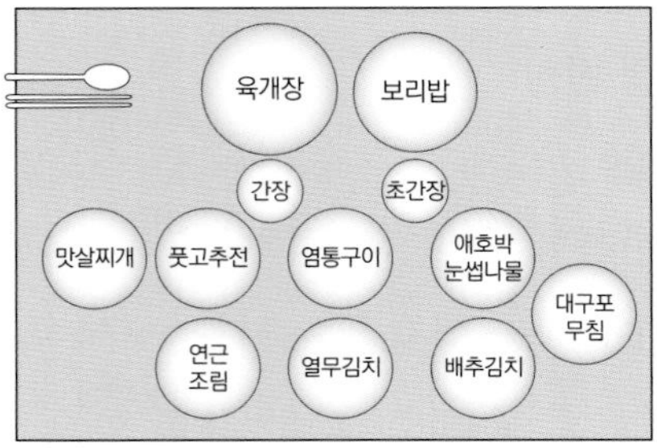

5첩 반상(여름)

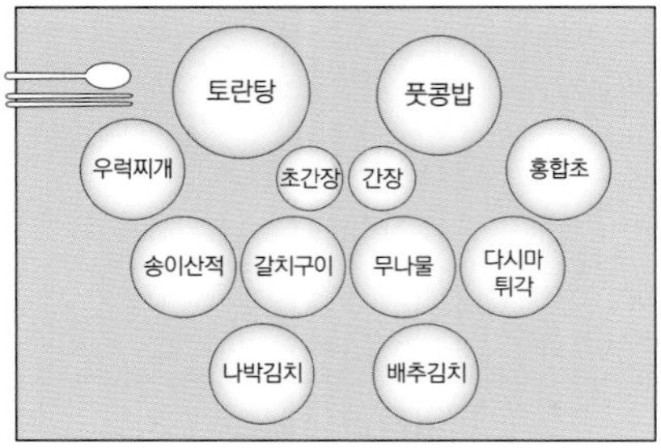

5첩 반상(가을)

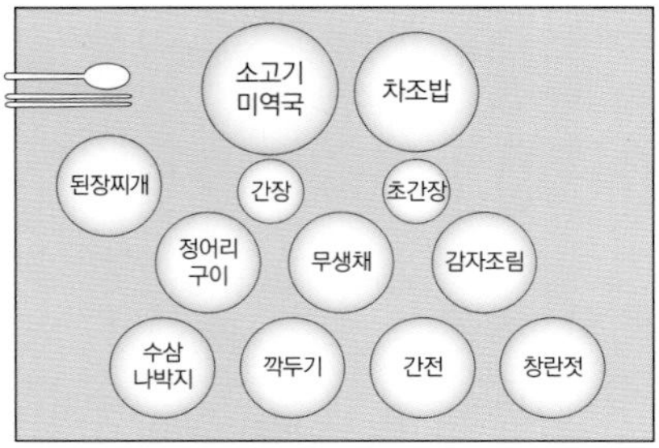

5첩 반상(겨울)

③ 7첩 반상

구성

- 기본음식 - 밥, 국, 김치, 장, 찌개, 찜(선) 또는 전골
- 첩수음식 - 생채, 숙채, 구이, 조림, 전,
  마른 찬 또는 정과 또는 젓갈 중에서 한 가지,
  회 또는 편육

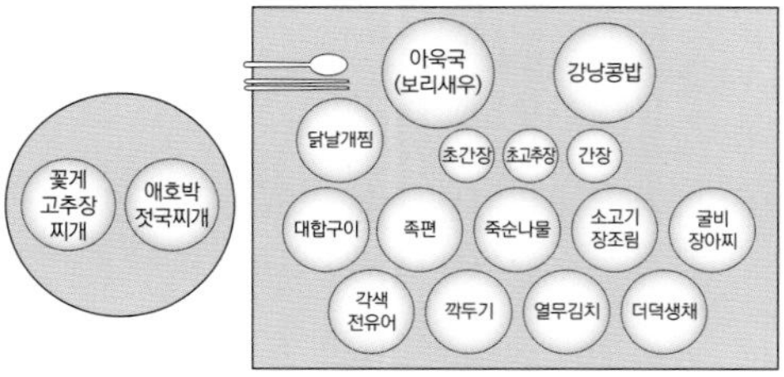

7첩 반상(봄)

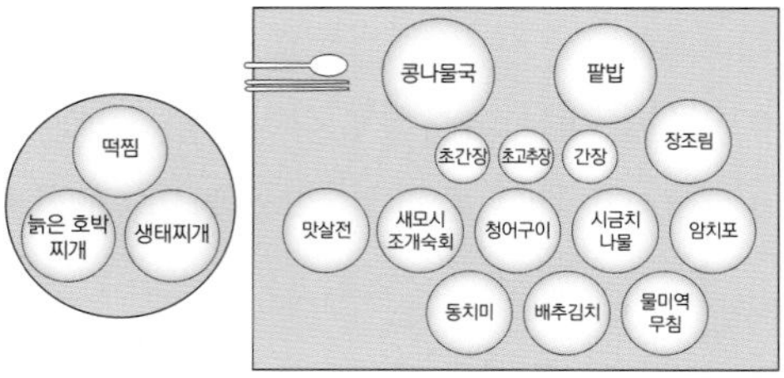

7첩 반상(겨울)

④ 9첩 반상

구성

- 기본음식 - 밥, 국, 김치, 장, 찌개, 찜, 전골
- 첩수음식 - 생채, 숙채, 구이, 조림, 전, 마른 찬, 장과, 젓갈, 회 또는 편육

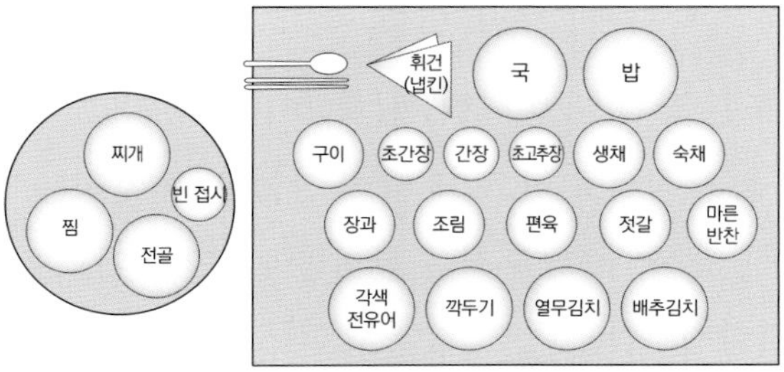

9첩 반상(봄)

⑤ 12첩 반상

구성

- 기본음식 - 밥, 국, 김치, 장, 찌개, 찜, 전골
- 첩수음식 - 생채, 숙채, 구이, 조림, 전, 마른 찬, 장과, 젓갈, 회 또는 편육

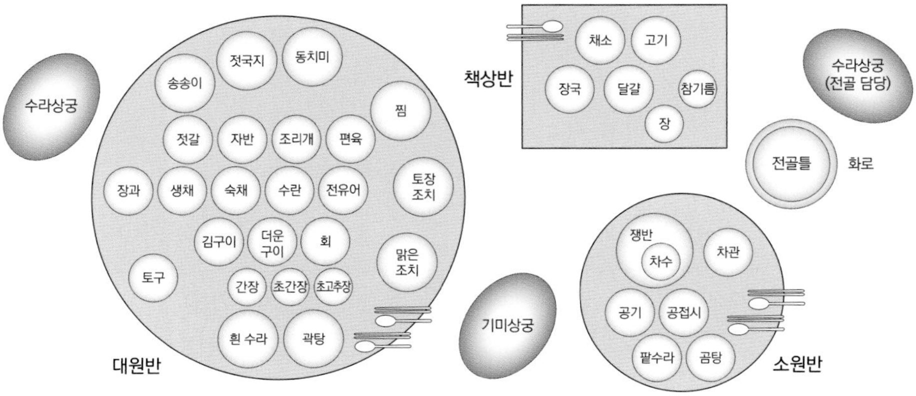

수라상 반배도

2) 죽상차림

이른 아침에 초조반 또는 간단한 낮것상으로 차린다.

죽을 주식으로 차릴 때는 국물김치, 맑은 찌개, 장이나 꿀을 기본으로 하고 마른 찬과 포나 자반 등을 함께 차린다.

3) 장국상

평상시의 점심식사 또는 잔치 때 손님께 내는 상이다.

국수, 만두, 떡국 등을 주식으로 하고 그 밖의 찬을 함께 차리는 상이다. 식사 후에는 떡이나 조과, 생과, 화채 등을 내고, 후식은 한꺼번에 차려내기도 하였으나 식사가 끝난 후에 따로 내는 것이 바람직하다.

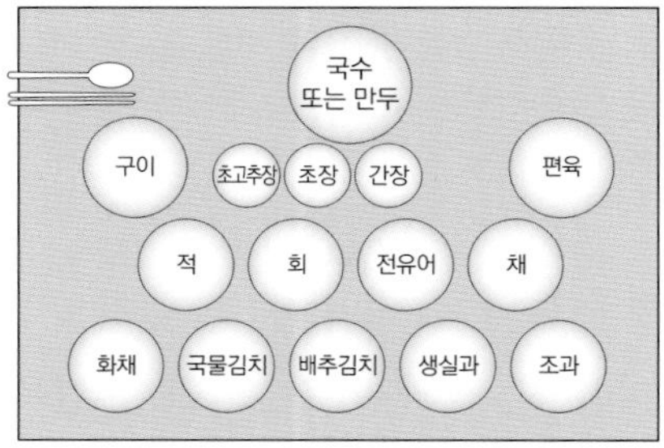

장국상 반배도

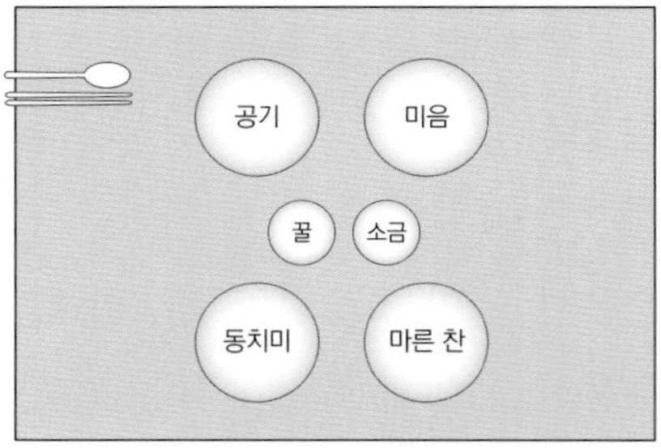

미음상 반배도

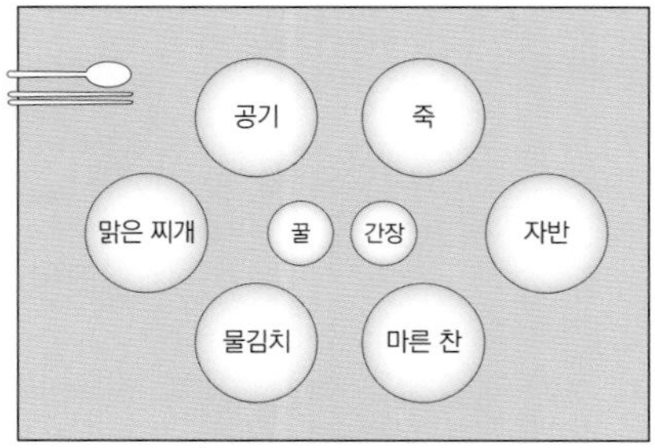

죽상 반배도

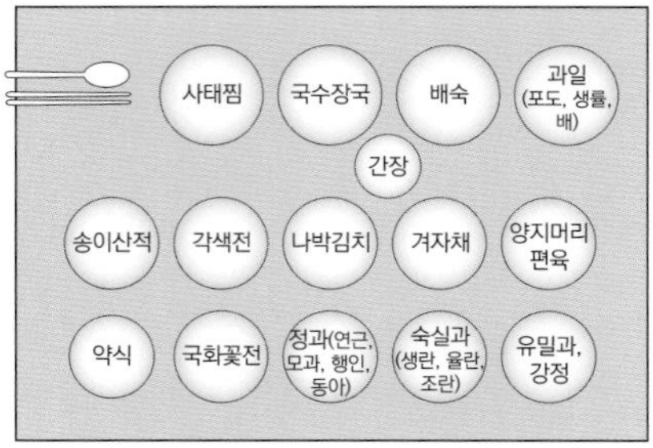

면상차림(가을)

4) 주안상

술을 대접하기 위해서 차리는 상이다.

안주는 술의 종류, 손님의 기호도를 고려하여 육포, 어포, 건어, 어란 등의 마른 안주와 전, 편육, 찜, 신선로, 전골, 찌개 같은 얼큰한 안주 그리고 나물, 김치 등이 오르며 떡과 한과류가 오르기도 한다.

5) 교자상

교자상은 4인을 기준으로 큰 사각형 상이나 대원반에 차린다. 집안에 잔치나 경사가 있을 때 상의 중심에 주된 음식을 놓고 국물 있는 음식은 1인분씩 작은 그릇에 담아 차린다. 국수, 만두, 떡국을 주식으로 하고 부식은 주안상에 차리는 음식들과 같으며 후식으로 다과를 낸다.

술도 마시고 밥도 먹도록 차리는 교자상을 얼교자상이라 하는데 술과 안주를 들고 나서 진지를 들 때는 다시 밥반찬이 되는 찬과 탕을 준비해야 한다.

6) 의례상차림

① 삼신상

〈조선여속고(朝鮮女俗考)〉에 따르면, 산모가 첫국밥을 받기 전에 산모방의 서남쪽 구석을 깨끗이 치우고 쌀밥과 미역국을 각각 세 그릇씩 장만하여 삼신(三神)상을 차려 산신(産神)에게 바쳤다고 한다.

② 백일상

출생 후 백일이 되는 날을 축하하기 위하여 차리는 상

- 백설기 – 신성함
- 수수경단 – 액운을 막음
- 오색송편 – 만물의 조화

③ 돌상

아기가 태어나서 만으로 한 해가 되는 날 차리는 상

- 음식 : 쌀밥, 미역국, 푸른 나물, 백설기, 인절미, 오색송편, 수수경단, 생과일, 국수, 대추, 흰 무명실, 돈
- 남자아이 상 : 칼, 화살, 책, 종이, 붓
- 여자아이 상 : 실, 바늘, 가위, 자

– 돌잡이 행사

- 무명실과 국수 : 장수
- 돈 : 부귀와 영화를 기원
- 쌀 : 먹을 복
- 대추 : 자손의 번영
- 종이, 붓, 책 : 학문의 탁월함
- 활 : 용감하고 무술에 능함
- 자, 청 · 홍실 : 여자가 바느질을 잘함

남아의 돌상차림

여아의 돌상차림

④ 생신상

어른 생신날에 축하드리는 마음으로 반상을 제대로 갖추어 차리는데 아침은 흰밥에 미역국을 곁들인 5첩 또는 7첩의 찬을 마련하여 반상차림을 하고 손님을 접대할 때에는 교자상 차림의 상차림을 한다.

⑤ 혼례(교배)상

혼례는 신랑, 신부가 주변 사람들의 축복을 받으며 부부로 결합하는 예식이다. 이때 차리는 상을 교배상이라 하는데 일생의 중대한 순간을 기념하는 상인 만큼 그 차림이 매우 특이했다.

상에는 촛불을 밝히는 한 쌍의 촛대, 송죽 가지를 꽂은 화병 두 개, 닭 한 쌍, 백미 두 그릇, 술과 잔, 밤, 대추, 은행 등을 올린다.

– 폐백음식

혼례식을 마친 신부가 신랑을 따라 시집에 와서 시댁 식구들에게 드리는 인사를 폐백이라 한다. 폐백을 드릴 때는 폐백상을 차리며, 음식은 신부가 친정집에서 미리 마련해 오는데 이는 지방마다 약간씩 다르다.

- 서울 : 편포, 육포, 밤, 대추, 엿, 술(시부모)
  닭, 대추, 밤(시조부)
- 전라도 : 대추, 꿩
- 충청도, 경상도 : 대추, 닭

⑥ 회갑수연상

만 60세가 되면 회갑(환갑)이라 한다. 혼례처럼 고배상을 차리고 자손들은 헌주하고, 손님들께 국수장국을 대접한다. 이때는 부모가 다 같이 입맷상을 따로 받고 고배상을 차려 놓은 앞에서 절을 받게 된다. 음식은 음복한다 하여 헐어서 모두에게 나누어 싸준다.

차리는 음식은 다음과 같다.

- 유밀과 : 약과, 만두과, 매작과, 다식과 등
- 강정 : 깨강정, 세반강정, 매화강정, 실백강정 등
- 다식 : 흑임자다식, 송화다식, 밤다식, 녹말다식, 콩다식 등
- 당속 : 옥춘, 팔보당, 국화당, 인삼당 등
- 생실과 : 사과, 배, 감, 귤, 생률 등

- 건과 : 대추, 호두, 은행, 실백, 곶감, 황률 등
- 정과 : 연근정과, 생강정과, 산사정과, 청매정과, 모과정과, 도라지정과 등
- 편 : 백편, 꿀편, 승검초편, 단자, 주악, 화전 등
- 건어물 : 문어오림, 어포, 육포, 건전복 등
- 편육 : 양지머리편육, 제육, 족편 등
- 초 : 홍합초, 전복초, 삼합초 등
- 적 : 육적, 어적, 봉적 등

나이	이칭	의미	나이	이칭	의미
15세	지학(志學)	학문에 뜻을 둠	77세	희수(喜壽)	희(喜)자의 초서가 칠십칠(七十七)과 비슷하다는 이유로, 나이 '일흔일곱 살'을 달리 이르는 말
20세	약관(若冠)	비교적 젊은 나이	80세	산수(傘壽), 팔순(八旬)	나이 80세를 이르는 말
30세	입지(立志)	뜻을 세우는 나이	88세	미수(米壽)	팔십팔(八十八)을 모으면 미(米)자가 되는 데서 생긴 말
40세	불혹(不惑)	사물의 이치를 터득하고 세상 일에 흔들리지 않을 나이	90세	졸수(卒壽)	나이 90세를 이르는 말
50세	지천명(知天命)	하늘의 뜻을 앎	91세	망백(望百)	백을 바라본다는 뜻
60세	이순(耳順), 육순(六旬)	천지만물(天地萬物)의 이치에 통달하고, 듣는 대로 모두 이해할 수 있다.	99세	백수(白壽)	백(百)자에서 일(一)을 빼면 백(白)자가 되는 데서 나온 말
62세	진갑(進甲)	환갑의 이듬해	111세	황수(皇壽)	황제의 수명 또는 나이
70세	칠순(七旬), 고희(古稀)	뜻대로 행하여도 도리에 어긋나지 않는 나이. 종심(從心)이라고도 한다.	120세	천수(天壽)	타고난 수명

⑦ 제사와 차례상

제사는 농경과 그 기원을 함께한다. 고대인들은 농사가 사람의 힘만으로 이루어지는 것이 아니라 절대적인 하늘의 힘, 자연의 혜택에 의해 좌우된다고 믿었다.

이것은 초기의 제천의식에서 비롯되었다. 이 같은 의식이 시간이 흐르면서 더욱 발전하게 되어 나를 있게 한 윗세대(조상)를 기리는 의례로 정착된 것이 제사이다.

– 사자밥

임종한 사람을 데리러 온다고 하는 저승사자를 대접함으로써 편하게 좋은 곳으로 모셔가 달라는 뜻으로 사자밥을 차린다.

– 조석상식

돌아가신 조상을 살아계신 조상 섬기듯 한다는 뜻에서 아침, 저녁으로 올리는 음식을 말한다. 상례 중에는 물론 장례를 치른 뒤 탈상 때까지 조석으로 올린다. 음식은 밥, 국, 김치, 나물, 구이, 조림 등의 찬으로 차린다.

– 제사와 차례상

진설법은 성균관을 참고하였다.

- 고비각설(考妣各設) – 내외분이라도 남자 조상과 여자 조상의 상을 따로 차린다.
- 고비합설(考妣合設) – 내외분을 함께 모시고 제사를 지낸다. 즉 아버지 기일 때 어머니도 함께 모시며 하나의 제상에 차린다. 고비합설로 모시는 것이 일반적이다.
- 반서갱동(飯西羹東) – 밥은 서쪽, 국은 동쪽, 이것은 산 사람과 정반대의 상차림이다.
- 시접거중(匙楪居中) – 수저를 담은 그릇은 신위의 앞 중앙에 놓는다.
- 잔서초동(盞西醋東) – 술잔은 서쪽에 놓고 초첩(醋揲)은 동쪽에 놓는다.
- 적전중앙(炙奠中央) – 적은 중앙에 놓는다.
- 어동육서(魚東肉西) – 생선은 동쪽이고, 고기는 서쪽에 놓는다.
- 두동미서(頭東尾西) – 제수의 머리는 동쪽이고 꼬리는 서쪽에 놓는다.
- 홍동백서(紅東白西) – 붉은 과일은 동쪽이고 흰 과일은 서쪽에 놓는다.
- 면서병동(麵西餠東) – 국수는 서쪽이고 떡은 동쪽에 놓는다.
- 숙서생동(熟西生東) – 익힌 나물은 서쪽이고 생채는 동쪽에 놓는다.

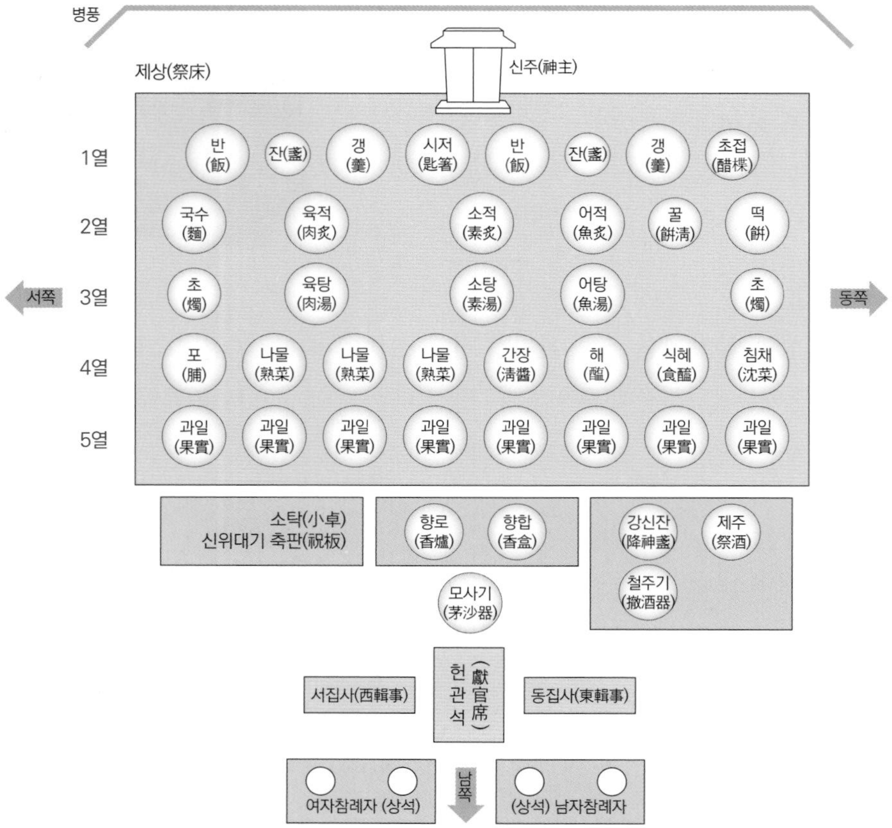
병풍
제상(祭床)
신주(神主)
1열
반(飯)
잔(盞)
갱(羹)
시저(匙箸)
반(飯)
잔(盞)
갱(羹)
초접(醋楪)
2열
국수(麵)
육적(肉炙)
소적(素炙)
어적(魚炙)
꿀(餠淸)
떡(餠)
서쪽
3열
초(燭)
육탕(肉湯)
소탕(素湯)
어탕(魚湯)
초(燭)
동쪽
4열
포(脯)
나물(熟菜)
나물(熟菜)
나물(熟菜)
간장(淸醬)
해(醢)
식혜(食醯)
침채(沈菜)
5열
과일(果實)
과일(果實)
과일(果實)
과일(果實)
과일(果實)
과일(果實)
과일(果實)
과일(果實)
소탁(小卓)
신위대기 축판(祝板)
향로(香爐)
향합(香盒)
강신잔(降神盞)
제주(祭酒)
철주기(撤酒器)
모사기(茅沙器)
서집사(西執事)
헌관석(獻官席)
동집사(東執事)
여자참례자 (상석)
남쪽
(상석) 남자참례자

3. 주방장비의 용도 및 사용법

조리장비의 발전은 수많은 자연 식재료들을 효과적으로 조리하여 식탁에 오르게 하며, 조리기술의 발전과 함께 안전하고 빠른 조리를 가능하게 하여 인력의 효과적인 관리가 경영의 효율성을 높인다. 그러나 아무리 기능성과 효율성이 높은 장비라 해도 정확한 이용법을 알지 못하면 무용지물이 된다.

1) 조리장비

장비명	사진	설명
가스오븐레인지 (Gas oven range)		가장 필요한 장비 중 하나이다. 윗부분은 레인지가 설치되어 있어 각종 냄비와 팬을 이용한 조리가 가능하고, 하단에 있는 오븐은 굽거나 익히는 요리를 할 때 사용한다.
가스테이블레인지 (Gas table range)		일반적으로 주방에 가장 많이 설치되어 있으며, 메뉴에 따라 버너의 개수와 크기가 정해지며 하단은 냄비, 팬 등을 보관하는 정리대로 사용한다.
가스낮은레인지 (Gas low range)		바닥으로부터의 버너 높이가 보통 40cm 정도이기 때문에 깊고 큰 용기와 낮으나 큰 용기에 조리하기 편리하며, 육수, 국, 음청류 등의 수분 조리를 대량으로 할 때 주로 사용한다.
인덕션레인지 (Induction range)		불꽃 없이 빠른 조리를 할 수 있고 청소에 용이하며 오픈 주방에서 주로 사용하며 냄비와 팬을 이용한 요리가 가능하다.
그리들 (Griddle)	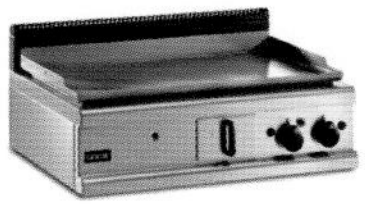	조리작업이 이루어지는 상판 1cm 이상의 주철, 강철 또는 알루미늄 재질로 만들어지며 사용하기 전에 예열하여 식용유로 코팅하면 각종 전류, 버거, 팬케이크 등의 요리에 사용한다.
틸팅팬 (Tilting pan)		브레이징 팬(braising pan)으로도 불리며 대량조리를 하는 주방에서는 굽고, 지지고, 삶고, 조리고, 끓이기 등을 할 때 사용한다. 앞으로 회전이 가능하여 음식을 옮겨 담는 데 편리하다.

장비명	사진	설명
그릴 (Grill)		석쇠 아래에서 불꽃이 올라오며 직화구이를 할 수 있는 장비로 육류와 채소류 등을 구울 때 주로 사용한다.
샐러맨더 (Salamander)		아래위에 불꽃이 있으며 생선, 빵 등을 굽고 그라탱(gratin)할 때 사용한다
컨벡션 오븐 (Convection oven)		전기를 이용하여 조리하는 오븐이다. 찌기, 삶기, 굽기 등이 가능하며 대량 조리 시 편리하게 사용할 수 있다.
전자레인지 (Microwave range)	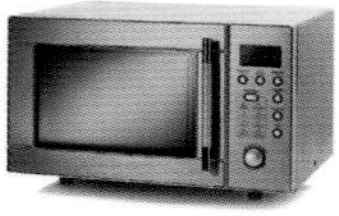	식품 자체의 수분을 이용한 조리가 가능하며 업장에서는 주로 해동하거나 음식을 뜨겁게 하는 용도로 사용한다.
튀김기 (Deep fryer)	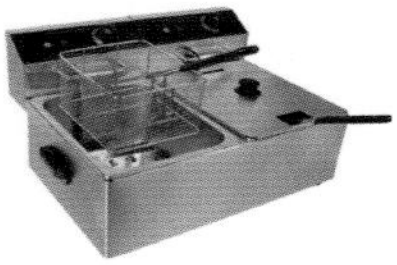	가스와 전기를 사용하며 자동 온도 조절이 되고 세척이 편리하여 대량으로 튀김을 하거나 튀기는 메뉴가 있는 업장에서는 사용하면 편리하다. 메뉴에 따라 튀김기의 종류, 크기를 결정한다.
스팀 포트 (Steam pot)		보일러의 증기압력을 이용해서 작동되는 장비로 대용량의 육수, 국, 찜, 볶기 등을 빠른 시간 안에 할 수 있으며, 회전이 가능한 솥으로 음식물을 옮기거나 솥 세척에 편리하다.
가스 솥 (Gas pot)		스팀 포트(steam pot)보다 조리시간이 더 소요되지만 설치비, 장소 등의 요건에 따라 선택되며, 대량 조리 시 보편적으로 사용한다.
조리용 밥솥 (Rice cooker)		밥을 많이 필요로 하는 업장에서 사용한다.

장비명	사진	설명
쿨링머신 (Cooling machine)		육수, 국, 찜, 음청류 등을 식힐 때 사용한다.
제빙기 (Ice machine)		주사위만 한 얼음과 작은 얼음을 만드는 것이 있으며, 주로 어패류, 해산물에 사용하며, 나물 등을 삶아 씻을 때, 재료 보관 시의 얼음물로 사용한다.
워크인 냉장고와 냉동고 (Walk in freezer & refrigerator)		주방 내 또는 별도의 위치에 설치하며 작업자의 출입이 가능하도록 대규모로 제작된다. 주방에서 사용하는 많은 재료들을 보관하기에 편리하다.
냉장고와 냉동고 (Freezer & refrigerator)		주방에 설치되어 식재료를 보관하며, 냉장, 냉동에 손쉽게 이용할 수 있다.
푸드커터 (Food cutter)	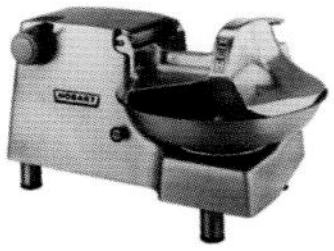	칼날로 식재료를 잘게 자르거나 갈아주는 용도로 사용된다.
슬라이서 (Slicer)		재료의 두께를 조절하여 일정하게 썰기를 할 수 있다. 고기, 채소, 햄류 등을 편으로 얇게 썰 때 사용한다.
푸드초퍼 (Food chopper)	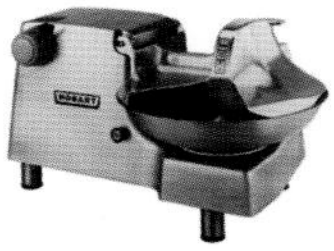	식재료를 균등한 크기로 잘게 다지거나 혼합할 때 사용한다.
육절기 (Bone saw)	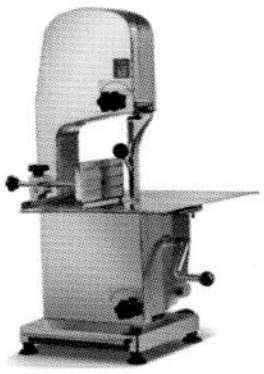	고기와 뼈를 절단할 수 있는 톱날이 수직으로 설치된 장비로 갈비, 꼬리, 뼈 등의 절단에 사용한다.

2) 조리용 소도구

명칭	사진	용도
소스 포트 (Sauce pot)		소스를 준비하거나 끓이는 용도로 사용한다.
소스 팬 (Sauce pan)		소량의 소스를 준비하기 위하여 사용되는 팬이다.
소테 팬 (Saute pan)		강한 불을 이용하여 조리하는 데 용이하도록 되어 있으며, 팬의 테두리가 둥글게 처리되어 있다.
소투아르 (Sautoir)		소테 팬과 똑같은 용도로 사용되나 테두리가 각져 있어 소스를 이용해서 조리를 하거나 보관하기에 용이하다.
오믈렛 팬 (Omelet pan)		달걀요리(오믈렛)을 쉽게 할 수 있도록 작고 가벼우며 코팅처리가 잘 되어 있다.
크레이프 팬 (Crepe pan)		크레이프 반죽이 고르게 익혀지도록 작고 코팅이 잘 된 팬이다.
피시 포처 (Fish poacher)		생선을 포칭(poaching)할 때 사용하도록 만든 기구이다.
스티머 (Steamer)		아래쪽에 물을 넣고 중간에 구멍이 있는 팬을 두어 수증기가 위로 올라와서 채소나 생선 등을 익히는 데 사용한다.
웍 (Wok)		중식에서 주로 사용되는 팬으로 팬이 얇아서 빠르게 열이 전달되도록 만들어졌다.
파엘라 팬 (Paella pan)		키가 낮으며 타원형의 형태로 무겁고 밑바닥이 두꺼워 팬 프라잉과 같은 요리를 할 때 유용하여 그리들(griddle)과 같은 역할을 한다.

명칭	사진	용도
그릴 팬 (Grill pan)		스토브 위에서 그릴을 할 수 있도록 팬에 홈이 파여서 스테이크나 생선에 그릴한 것과 똑같은 마크를 만들 수 있다.
스쿱 (Scoop)		아이스크림, 으깬 감자(mashed potatoes), 밥 등을 동그란 모양으로 뜰 때 사용한다.
스키머 (Skimmer)		스톡이나 수프를 조리할 때 떠오르는 불순물이나 거품, 기름 등을 제거할 때 주로 사용한다.
스파이더 (Spider)		채소 등을 삶을 때 또는 튀김요리를 할 경우 쉽게 요리를 건져 올릴 수 있도록 거미줄 모양으로 생겼다.
집게 (Tong)	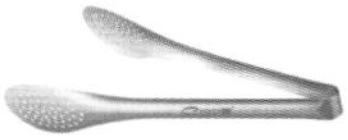	조리 시 흔히 사용되는 쇠로 된 집게이다.
휘퍼 (Whipper, whisk)		생크림이나 달걀 등을 쉽게 쳐올리거나 잘 섞이도록 해주는 거품기를 말한다.
우든 스푼 (Wooden spoon)		나무로 된 조리용 수저이다.
제스터 (Zester)		레몬, 오렌지, 라임 등의 껍질을 길이로 벗겨서 요리에 쓸 수 있도록 해준다.
숫돌 (Sharpening stone)		칼을 가는 목적으로 사용되는 숫돌
시누아 (Chinois)		스톡이나 수프 등을 거르는 목적으로 사용하는 스테인리스 재질의 원뿔형 체이다.
차이나 캡 (China cap)		중국 모자와 같이 생긴 원뿔 모양을 한 거르는 도구이다.
콜랜더 (Colander)		채소나 국수 등을 삶을 때 물기가 쉽게 빠지도록 구멍을 만들어 놓은 기구이다.
치즈 클로스 (Cheese cloth)	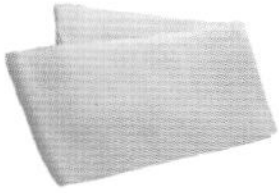	소스나 스톡을 곱게 거르거나 향신료를 사용할 때 감싸서 스톡에 넣도록 하는 용도 등으로 사용된다.

명칭	사진	용도
스톡 포트 (Stock pot)		육수(chicken stock, brown stock 등)를 뽑기 위해서 사용하는 커다란 냄비를 말한다.
애플 코어 (Apple core)		사과의 가운데 있는 씨 부분을 동그랗게 파낼 때 사용한다.
박스형 강판 (Box grater)		치즈나 감자와 같은 채소를 갈아낼 때 사용하며 네 가지 사이즈로 구멍이 나누어져 있다.
피시 스패출러 (Fish spatula)		생선을 그릴이나 팬에서 구울 때 쉽게 뒤집을 수 있도록 평편한 형태로 되어 있다.
키친 포크 (Kitchen fork)		로스팅(roasting) 또는 브레이징(braising)과 같은 아이템을 조리할 때 뒤집거나 꺼낼 때 유용하게 사용되는 커다란 포크이다.
키친 스푼 (Kitchen spoon) • slotted • solid		조리용 수저로 음식을 젓거나 뜰 때 등 다양한 용도로 사용되며, 수저의 면에 구멍이 있는 것과 없는 것 등 다양하다. 쇠수저의 경우 코팅팬이 긁히는 경향이 있으므로 주의한다.
레이들 (Ladle)		조리용 국자. 다양한 크기의 국자가 용도에 따라 알맞게 쓰인다.
멜론 볼러 (Melon baller)		멜론을 동그란 모양으로 도려내서 샐러드나 장식 등으로 사용한다.
파리지앵 (Parisienne)		멜론 볼러(melon baller)와 똑같은 용도로 사용되나 작은 크기로 무, 당근, 호박 등을 작은 구슬모양으로 도려내는 데 쓰인다.
오프셋 스패출러 (Offset spatula)		넓은 평면으로 음식을 팬 위에서 쉽게 뒤집는 용도로 사용한다.
루버 스패출러 (Rubber spatula)		고무로 된 재질로 쉽게 구부러지기 때문에 소스나 수프 등을 깨끗하게 덜어낼 때 주로 사용한다.
필러 (Peeler)		감자나 고구마 등의 껍질을 벗길 때 사용한다.
스케일러 (Scaler)		생선 비늘을 벗길 때 사용한다.

4. 계량

1) 계량기구

(1) 저울

무게를 측정하는 기구로 g, kg으로 계량한다. 수평으로 놓고 바늘을 0에 고정하고 정면에서 읽는다.

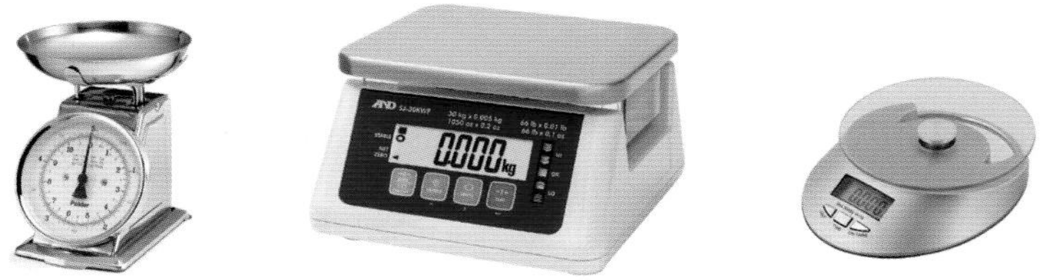

저울 전자저울(대용량) 전자저울(소용량)

그림 6-3 저울의 종류

(2) 계량컵

1컵, 1/2컵, 1/3컵, 1/4컵으로 계량한다.

우리나라와 일본의 경우는 1컵을 200ml로 하고, 미국 등은 1컵을 240ml로 사용한다.

(3) 계량스푼

1Ts, 1ts, 1/2ts, 1/4ts으로 계량한다.

(4) 온도

주방용 온도계는 비접촉식으로 표면온도를 잴 수 있는 적외선 온도계를 사용하며, 기름이나 당액 같은 액체의 온도를 잴 때는 200~300℃의 봉상 액체 온도계, 육류는 탐침하여 육류의 내부온도를 측정할 수 있는 육류용 온도계를 사용한다.

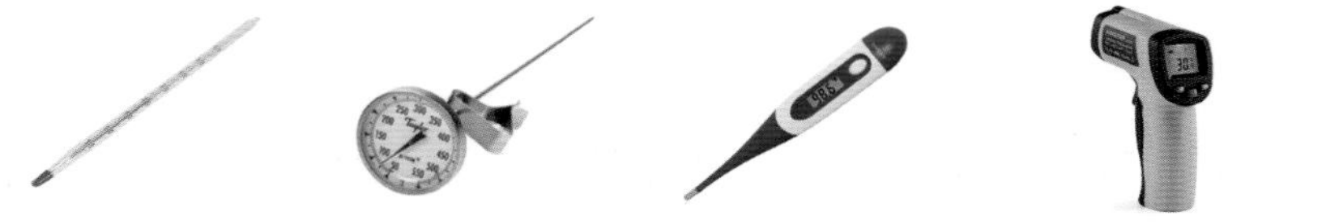

알코올 온도계　　탐침용 온도계　　포켓용 온도계　　적외선 비접촉식 온도계

그림 6-3 온도계의 종류

표 6-2 화씨와 섭씨 온도의 비교

구분	섭씨(℃)	화씨(℉)
계산식	$℃ = \frac{5}{9}(℉ - 32)$ $℃ = \frac{(℉ - 32)}{1.8}$	$℉ = \frac{5}{9}℃ + 32$ $℉ = (1.8 \times ℃) + 32$
냉동고	−18	0
냉장고	4	40

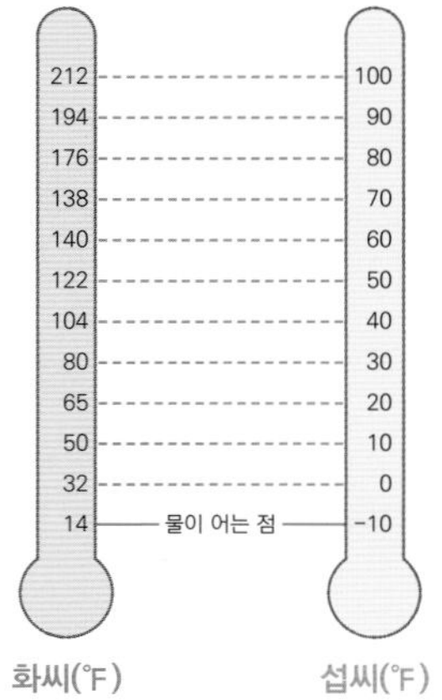

(5) 시계

시간의 계측은 작업능률을 높이고, 에너지 절약에 중요하다.

조리시간을 특정할 때에는 스톱위치(stop watch)와 타이머(timer)를 사용한다.

(6) 염도계

식품의 염도를 측정하는 데 사용한다. 일반 간장은 18%, 저염 간장은 12%의 염도를 나타내며, 김치를 절일 때의 염도는 계절과 절임시간에 따라 다르나 15% 정도이다.

(7) 당도계

식품의 당도를 측정하는 데 사용한다.

2) 계량법

(1) 가루상태의 식품

재료는 덩어리가 지지 않도록 계량도구에 수북이 채운 후 수평으로 깎아서 계량한다. 밀가루의 경우는 체에 한번 내려서 계량해야 정확하다.

그림 6-3 밀가루 계량법

(2) 고체식품

무게로 측정하는 것이 정확하나, 부피로 측정할 때에는 실온에서 계량기구에 눌러 담아 수평으로 깎아서 계량한다.

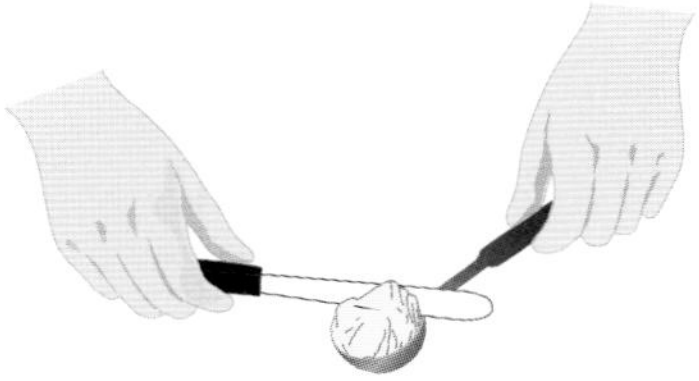

그림 6-4 고체지방 계량법

(3) 액체식품

기름, 간장, 물, 식초 등의 액체식품은 계량용기에 표면장력이 있으므로 약간 솟아오를 정도로 가득 채워서 계량한다.

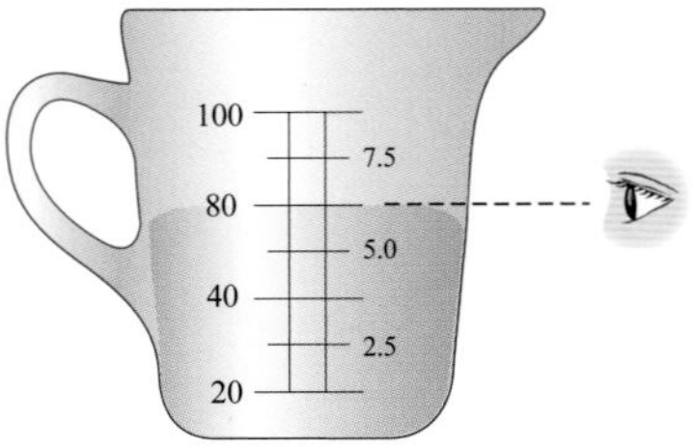

그림 6-5 액체의 눈금 읽기

(4) 알갱이 상태의 식품

쌀, 팥, 통후추, 깨 등의 알갱이는 계량용기 가득 담아 흔들어서 표면이 평면이 되도록 깎아서 계량한다.

3) 계량단위

– 한국음식에서 사용하는 계량단위

- 1작은술(ts, tea spoon) = 5ml
- 1큰술(Ts, Table spoon) = 3작은술(ts) = 15ml
- 1컵(C, cup) = 200ml = 13⅓Ts
- 1가마 = 10말 = 80kg
- 1말 = 10되
- 1되 = 물 1.8kg =1.8L
- 1관 = 4kg
- 1근= 소, 돼지고기 600g = 채소 · 과일, 개고기 = 400g

– 서양에서 사용하는 계량단위

- 1컵 = 16Ts = 240ml
- 1온스(oz, ounce) = 28.35g = 2Ts
- 1파운드(lb, pound) = 16온스 = 450g

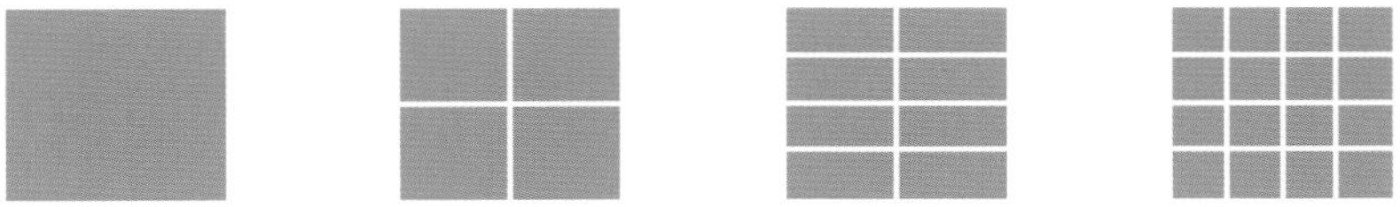

5. 한식의 기본 조리법

1) 한식 기본 조리법 관련 용어

표 6-3 조리법 관련 용어

구분	설명(조리법)
국 (끓임)	• 토장국 : 쌀뜨물에 된장이나 고추장으로 간을 맞추어 여러 가지 건더기를 넣고 끓인 국이다. • 냉국 : 끓여서 차게 식힌 물에 맑은 청장(국간장)으로 간을 맞추어 끓이지 않고 날로 먹을 수 있는 건더기를 넣어 차게 해서 먹는 국이다.
찌개 · 전골 (끓임)	• 찌개 : 일명 조치. 국보다 국물이 적은 국물 음식으로서 건더기와 국물을 반반 정도로 끓인다. 간은 국보다 좀 센 편이며, 간을 맞추는 주재료에 따라 된장찌개, 고추장찌개 등으로 나뉜다. • 전골 : 육류, 어패류, 채소류 등을 색 맞추어 담고 육수를 부어 즉석에서 끓이는 음식이다.
김치 (무침, 버무림)	• 채소, 해조류를 소금에 절이고 고추, 파, 마늘, 생강 등의 갖은 양념과 젓갈을 넣어 버무려 발효시킨 음식으로 주재료에 따라 배추, 무, 염채류, 근채류, 과채류, 해조류 등을 이용한 김치로 분류된다.

구분	설명(조리법)
나물 (무침)	• 생채 : 채소를 날것으로 혹은 소금에 절여 양념에 무친 것으로 고춧가루, 간장, 식초 등으로 무친 것, 초간장에 무친 것, 겨자즙에 무친 것 등으로 나뉜다. • 숙채 : 채소를 데쳐서 양념에 무치거나 식용유에 볶으면서 양념한 것으로 나뉜다. • 기타 : 생채와 숙채에 속하지 않는 음식으로 육류와 채소 등 여러 가지 재료를 섞어서 만드는 잡채, 탕평채 등의 음식이다.
구이	• 육류, 어패류나 더덕 등에 소금간 또는 갖은 양념을 하여 불에 구운 음식으로 너비아니, 생선구이, 더덕구이 등이 있다.
조림 · 지짐이	• 조림 : 육류, 어패류, 채소류에 간을 강하게 하여 재료에 간이 충분히 스며들도록 약한 불에서 오래 익히는 음식이다. 간은 주로 간장으로 하나 고등어, 꽁치같이 살이 붉고 비린내가 강한 생선은 간장에 된장, 고추장을 섞어서 조린다. • 지짐이 : 찌개와 조림의 중간쯤에 놓일 수 있는 음식으로 찌개보다는 국물이 적고 조림보다는 국물이 많게 조리한 음식이다. 대체로 일반 어패류가 많이 쓰이며 때로 전을 부친 것에 국물을 조금 넣고 지지는 경우도 있다.
볶음초	• 볶음 : 육류, 어패류, 채소 및 해조류, 콩 등을 기름에 볶음 음식의 총칭이다. 대체로 200℃ 이상의 고온에서 재료를 볶아야 물기가 흐르지 않으며, 기름에만 볶는 것과 볶다가 간장, 설탕 등으로 조미하는 것 등이 있다. • 초 : 볶음 음식의 하나로 전복초, 홍합초와 같이 간장, 설탕, 기름으로 국물이 없게 바싹 조린 음식이다.
전 · 적 (부침)	• 전 : 달걀 반죽 또는 밀가루 반죽과 섞거나 입혀 기름을 둘러 지져내는데, 종류에 따라 고기(소고기), 해물, 채소와 같은 재료로 만든다.
찜 · 선	• 찜 : 재료를 큼직하게 썰어 갖은 양념을 한 후 물을 붓고 오랫동안 끓여 푹 익혀서 재료의 맛이 충분히 우러나고 약간의 국물이 어울리도록 한 음식이다. 김을 올려서 찌거나 중탕으로 익히기도 하며, 수증기와 관계없이 그냥 즙이 바특하게 남을 정도까지 삶아서 익히는 방법도 있다. • 선 : 오이, 가지, 호박, 두부와 같은 재료에 소를 넣고 살짝 쪄서 초간장에 찍어 먹는 음식이다.
찜	• 채소류와 해조류로 밥과 반찬을 함께 싸서 먹는 음식이다. 쌈에는 재료를 생으로 쓰는 것(생쌈)과 데쳐서 쓰는 것(숙쌈)으로 나뉜다.
절임 (장아찌)	• 주로 채소류를 소금물, 간장, 된장, 고추장 속에 넣고 삭혀서 만든 음식으로 각종 육류, 어류도 살짝 익혀 된장, 고추장 속에 넣어 만들기도 한다.

출처 농촌진흥청 국립농업과학원(2006), 한국의 전통향토음식 1(상용음식), 교문사.

2) 조리온도

(1) 기초 조리온도

조리	온도
삶기	70~100℃
찌기	85~100℃
튀기기	120~200℃
구이	100℃ 이상
비가열조리, 발효	실온
젤라틴 이용 음식	0~10℃
아이스크림 등 빙과	0℃ 이하

(2) 식품과 식품성분이 변화하는 온도

온도 범위	작용
약 -20~0℃	• 아이스크림, 셔벗 등 만드는 온도
0~20℃(실온)	• 젤라틴 젤리가 굳는 온도 • 올리브유나 땅콩기름이 하얗게 굳는 온도
20~50℃	• 한천 젤리가 굳는 온도 • 육류와 조류의 지방 융점 온도 • 미생물이 잘 번식하여 음식물이 부패하기 쉬운 온도 • 발효온도
50~100℃	• 전분의 호화가 일어나는 온도 • 단백질의 열응고가 일어나는 온도 • 채소 조직의 연화가 일어나는 온도 • 육류 등 육색소의 변화가 일어나는 온도
100~200℃	• 구이, 튀김의 온도 • 아미노카보닐 반응이나 캐러멜화 반응 등으로 인한 향기와 갈변화가 일어나는 온도 • 캔디 제조 온도 • 잼 등 펙틴 젤리를 졸이는 온도 • 전분의 호정화가 일어나는 온도
200~300℃	• 단시간에 표면처리를 행하는 경우에 사용되는 온도 • 시간이 경과하면 표면이 흑색으로 타게 되고 내부까지 건조되어 부피가 줄어드는 온도

3) 조리법

(1) 비가열조리법

- 채소류 – 생채, 냉채, 샐러드
- 과일류
- 생선 및 조개류 – 회
- 육류 - 육회, 간회, 천엽회

– 생식 조리의 단점

가열에 의한 살균처리를 거치지 않으므로 신선한 재료의 선택과 위생적 취급이 필수적이며, 지체 없이 빨리 섭취하는 것이 좋다.

표 6-4 비가열조리와 가열조리의 특징 비교

비가열조리	가열조리
• 영양성분의 손실이 적음 • 식품 고유의 색, 맛, 향을 살림 • 조리방법이 간단하고, 시간이 절약됨 • 소화가 잘 됨	• 식품에 안전성 부여 • 식품조직의 연화 • 불미성분이 제거됨 • 각종 조미료, 향신료 등의 첨가로 풍미 증가

(2) 가열조리

① 습열조리

끓이기, 데치기, 삶기, 시머링(simmering), 물에 담가 익히기(poaching), 찌기, 조리기 등의 방법이다.

- 끓이기 : 물속에서 가열하여 조리, 대류, 가열시간, 조미, 화력조절이 매우 중요하다. 끓을 때 생기는 거품을 제거한다. 깊은 그릇을 사용하는 것이 좋다.
- 데치기 : 다량의 끓는 물에 재료를 넣어 조리한다. 채소 데치기, 튀하기
- 삶기 : 끓는 물에 재료를 넣어 익을 때까지 익힌다.
- 고기 : 물의 끓는점 이하에서 은근하게 끓여주는 방법으로 곰국, 백숙 등을 곤다.

- 찌기 : 수증기의 기화열을 이용한다. 식품 고유의 맛, 향, 모양을 그대로 유지하며 가열시간이 비교적 길고 연료소비가 많으며 찌는 도중 간이 안 된다.

그림 6-6 습열조리

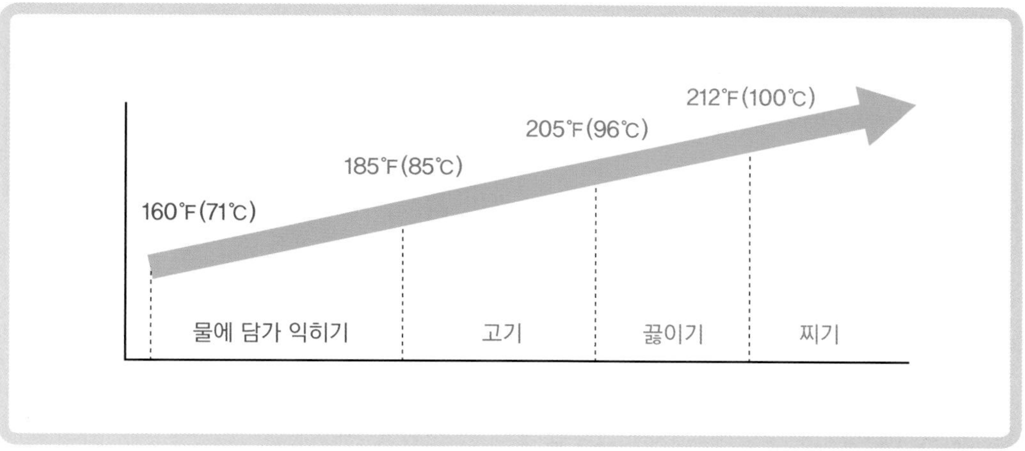

그림 6-7 습열조리법의 기본온도

② **건열조리**

건열조리는 직접구이, 간접구이, 오븐구이, 볶기, 지지기, 튀기기 등이다.

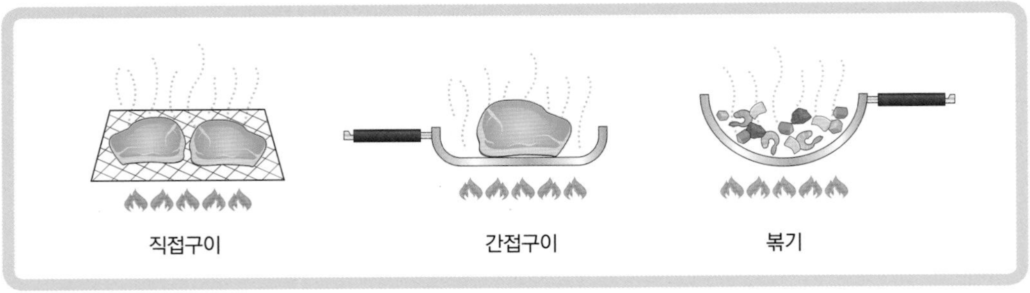

그림 6-8 **건열조리**

– 굽기

- 직접구이 : 직화구이, 브로일링
- 간접구이 : 팬 이용
- 오븐구이 : 베이킹

– 지지기

온도가 낮은 팬에 약간의 기름을 두르고 재료를 익혀내는 것

– 튀기기

기름을 넉넉히 사용하여 튀긴다.

기름에 재료가 튀겨질 때 수분이 증발하면서 주위로부터 열을 뺏는다. 이 '기화열'은 기름의 온도를 순식간에 낮추는 주범이다. 이 때문에 너무 많은 재료를 넣으면 기름의 온도가 순식간에 낮아져 맛있는 튀김을 만드는 데 방해가 된다.

이를 막기 위해 5cm 이상의 깊은 냄비에 기름을 충분히 넣어 사용하고 재료는 한꺼번에 많이 튀기지 않는다. 재료가 냄비 표면의 ⅓ 이상을 넘지 않는 것이 이상적이다. 수분이 많은 해산물은 더 많은 수증기를 뿜기 때문에 더 적은 양을 튀긴다.

표 6-5 튀김기름류의 물리적 성질

종류	비중	융점	발연점
옥수수기름	0.922	–	227
낙화생유	0.911	–	162
면실유	0.917	–	233
올리브유	0.918	0~6	199
참기름	0.919	3~6	–
대두유	0.927	–	–
야자유	0.924	25.1	138
라드	0.936	28~48	190
양기름	0.945	44~54	–
버터	0.911	28~38	208
소기름	0.948	40~50	–

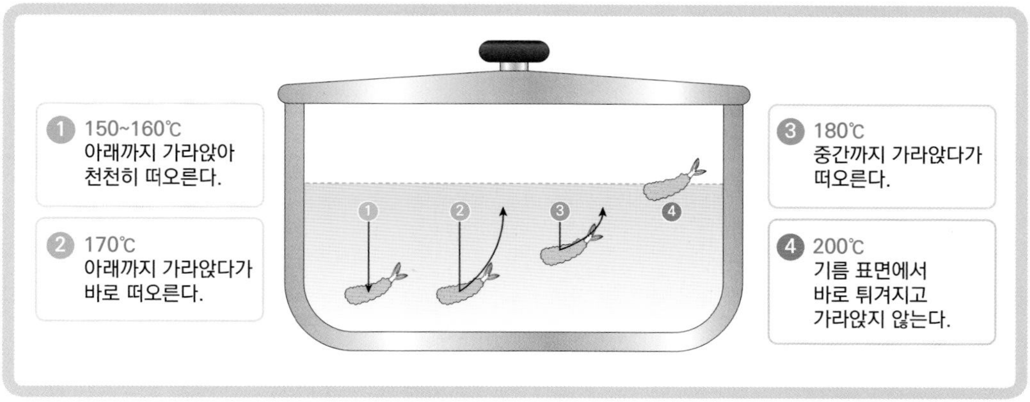

그림 6-9 기름의 온도와 떠오르는 속도의 관계

③ 복합조리

브레이징(braising)은 고기나 채소를 볶은 후 소량의 물을 붓고 뚜껑를 덮어 푹 끓이는 방법으로 건열조리와 습열조리가 함께 되는 복합조리이다.

조리기

④ 초단파조리

외부로부터 열이 전달되는 것이 아니라 식품 자체에 있는 물분자가 급속히 진동하여 열이 발생되는 원리를 이용한 조리법으로 유전가열조리라고도 한다.

표 6-6 기본조리방법(basic cooking skill)의 분류

조리법			예
생식조리법	열을 사용하지 않고, 생으로 먹는 것을 말함		샐러드, 생선회, 육회
가열조리법	습열조리법(moist–heat cooking)		시머링(simmering), 끓이기(boiling), 포칭(poaching), 찌기(steaming), 데치기(banching)
	건열조리법(dry–heat cooking)	기름을 사용하지 않는 건열조리법	로스팅(roasting), 그릴링(grilling), 브로일링(broilling), 팬브로일링(panbroilling), 베이킹(baking)
		기름을 사용한 건열조리법	소테잉(sauteing), 스터 프라잉(stir–frying), 팬 프라잉(pan–frying), 딥 프라잉(deep–frying)
	복합조리법(combination cooking)		브레이징(braising), 스튜잉(stewing)
	전자레인지(microwave)		
	훈연법(smoking)		
	기타 : 그라탱(gratin), 글레이즈(glaze), 파피요트(papillote), 파쿡(parcook), 프왈레(poèlé)		

✲ 참고문헌

메뉴관리론(김기영, 현학사), 2015
최신 조리기능사 시험총정리문제(노수정, 크라운출판사), 2011
한식 상차림 가이드(농림수산식품부 · 한식재단), 2010
한식양념장-한식양념장으로 간편하게 조리하기(농촌진흥청), 2014
한국의 전통향토음식(상용음식)(농촌진흥청 국립농업과학원, 교문사), 2008
아름다운 한국음식 300선((사)한국전통음식연구소, 도서출판 질시루), 2008
이해하기 쉬운 조리과학(송태희 외, 교문사), 2011
식품위생관계법규(식품영양학회, 문운당), 2014
「식품위생법」(http://www.law.go.kr/lsinfoP.do?lsiSeq=169531&efYd=20150928#0000)
집단급식소 위생 및 식중독 예방교육(식품의약품안전처), 2011
어린이 급식관리지침서(식품의약품안전처 · 어린이급식관리지원센터), 2015, p. 106
단체급식(양일선 외, 교문사), 2011
과학으로 풀어쓴 식품과 조리원리(이주희 외, 교문사), 2012
최신 조리기능사 이론편(조경련 외, 교문사), 2015
조리과학용어사전(조리과학용어사전, 교문사), 2002
Basic 조리실무론(최수근, 문왕사), 2006
한국인 영양섭취기준(개정판, 한국영양학회), 2010
김치안전관리(한국직업능력개발원), 2011
식생활관리(한기순 외, 교문사), 2003
한국의 전통음식(황혜성 외, 교문사), 1997
우리고유의 상차림(신승미 외, 교문사), 2010
한국의 상차림(강인희 외, 효일문화사), 1999
조선왕조궁중음식(황혜성 외, 사단법인궁중음식연구원), 2003
한국음식의 맛(김덕희 외, 백산출판사), 2007
한국조리(손정우 외), 2006
전통한국음식(김덕희 외, 형설출판사), 2005
주방관리론(김용문 외), 2012
주방관리론(김태형 외, 교문사), 2015
식품학 및 조리원리(윤계순 외, 수학사), 2012
조리과학(신말식 외, 파워북), 2011

▣ 저자 소개

한혜영

안동과학대학교 호텔조리과 교수
Lotte Hotel Seoul Chef
Intercontinental Seoul Coex Chef
숙명여자대학교 한국음식연구원 메뉴개발팀장

김경은

숙명여자대학교 한국음식연구원 연구원
세종음식문화연구원 대표
안동과학대학교 호텔조리과 겸임교수
세종대학교 조리외식경영학과 박사과정

김경자

대한민국조리기능장
경기도 향토요리명인
조리기능사, 기능장 감독위원
호원대학교 외식조리학부 겸임교수
김포대학교 강사

김현덕

대구미래대학교 호텔외식조리과 교수
호텔신라 서울조리팀 근무
대구그랜드호텔 조리부장
한국관광산업학회 부회장
영남대학교 대학원 조리학전공 박사

김호경

동의과학대학교 식품영양조리계열 교수
Grand Intercontinental Hotel Seoul Chef
두바이, 일본 특급호텔 초청 한식프로모션
고려대학교 대학원 이학석사
세종대학교 대학원 조리학박사

이정기

백석예술대학교 외식산업학부 교수
대한민국 조리명인 1호
대한민국 조리기능장
한국산업인력공단 조리기능장 심사위원
세종대학교 조리외식경영학과 조리학박사

저자와의
합의하에
인지첩부
생략

한식 기초조리실무

2017년 3월 15일 초판 1쇄 인쇄
2017년 3월 20일 초판 1쇄 발행

지은이 한혜영 · 김경은 · 김경자 · 김현덕 · 김호경 · 이정기
펴낸이 진욱상
펴낸곳 백산출판사
교 정 편집부
본문디자인 박채린
표지디자인 오정은

등 록 1974년 1월 9일 제1-72호
주 소 경기도 파주시 회동길 370(백산빌딩 3층)
전 화 02-914-1621(代)
팩 스 031-955-9911
이메일 edit@ibaeksan.kr
홈페이지 www.ibaeksan.kr

ISBN 979-11-5763-349-4
값 26,000원

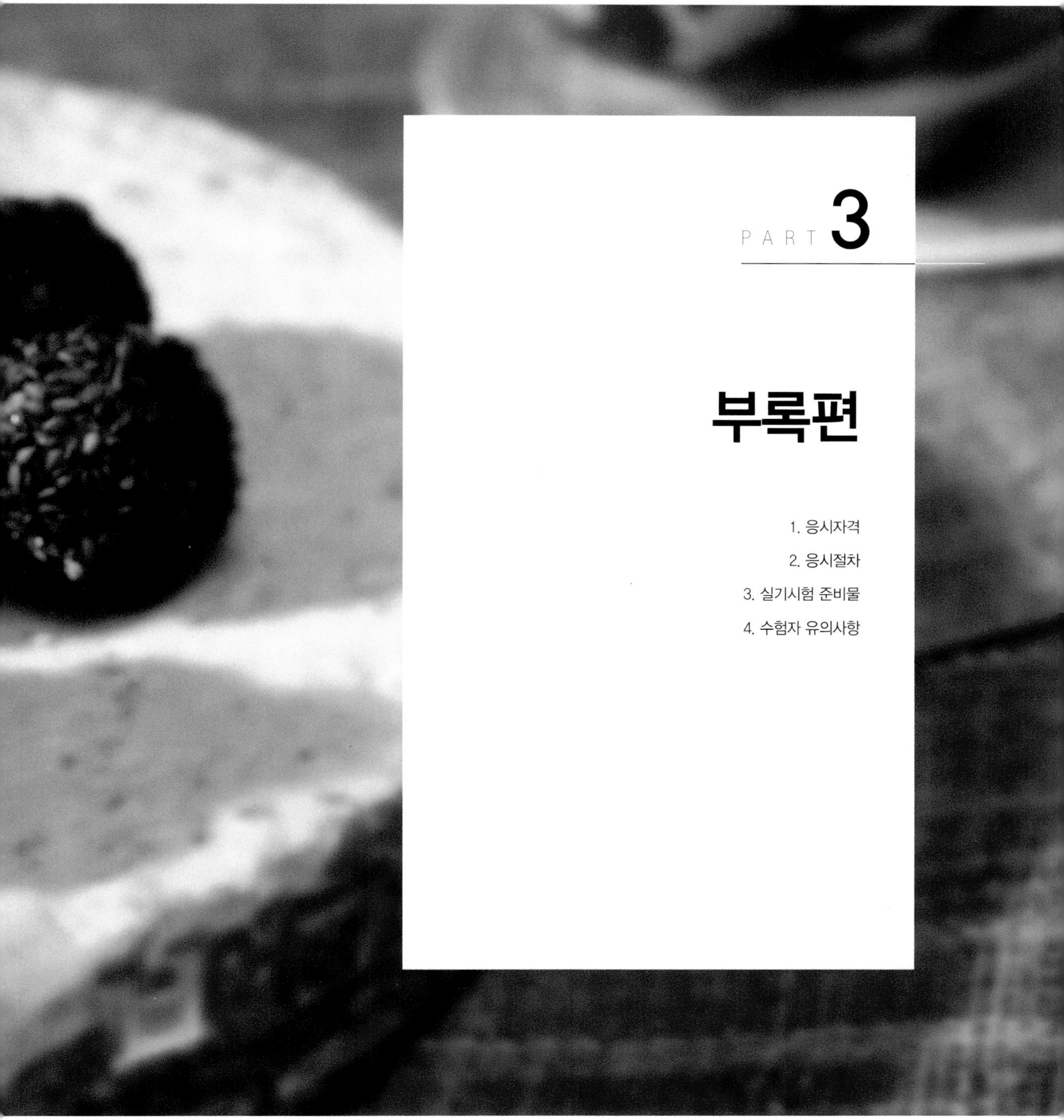

PART 3

부록편

1. 응시자격
2. 응시절차
3. 실기시험 준비물
4. 수험자 유의사항

1
응시자격

1. 기능사

응시자격에 제한 없음

2. 산업기사

다음 각 호의 어느 하나에 해당하는 사람

- 기능사 등급 이상의 자격을 취득한 후 응시하려는 종목이 속하는 동일 및 유사 직무분야에 1년 이상 실무에 종사한 사람
- 응시하려는 종목이 속하는 동일 및 유사 직무분야의 다른 종목의 산업기사 등급 이상의 자격을 취득한 사람
- 관련학과의 2년제 또는 3년제 전문대학 졸업자 등 또는 그 졸업예정자
- 관련학과의 대학졸업자 등 또는 그 졸업예정자
- 동일 및 유사 직무분야의 산업기사 수준 기술훈련과정 이수자 또는 그 이수예정자
- 응시하려는 종목이 속하는 동일 및 유사 직무분야에서 2년 이상 실무에 종사한 사람
- 고용노동부령으로 정하는 기능경기대회 입상자
- 외국에서 동일한 종목에 해당하는 자격을 취득한 사람

2 응시절차

1. 한식조리기능사

① 수검원서 접수방법

온라인 접수만 가능(인터넷 또는 모바일 웹, www.Q-net.or.kr)

접수가능한 사진 : 6개월 이내 촬영한(3.5×4.5cm) 컬러사진, 상반신 정면, 탈모, 무 배경

② 원서접수 기간(회차별 기간은 홈페이지 참고)

원서접수 첫날 09:00부터 원서접수 마지막 날 18:00까지

③ 접수확인 및 수험표 출력기간

접수 당일부터 시험 시행일까지 출력가능(이외 기간은 조회불가)

④ 필기시험

- 한식 재료관리, 음식조리 및 위생관리 객관식 4지 택일형, 60문항(60분)
- 수험표, 신분증, 필기구(흑색 사인펜 등) 지참
- 입실시간 준수
- **합격기준** : 100점을 만점으로 하여 60점 이상

*국가기술자격법 시행규칙 제18조에 의한 필기시험 면제 대상자

공공교육훈련기관 : 해당 교육훈련기관장이 확인한 서류

학원 등 사설교육훈련기관 : 해당 교육훈련기관장 및 위탁기관장이 확인한 서류와 감독기관 또는 지방노동관서장이 확인한 서류

우선선정직종 훈련기관 : 해당 교육훈련기관장 및 우선선정직종훈련을 관할하는 공단 소속기관장이 확인한 서류

⑤ 실기시험

- 작업형. 공개문제 중 2개 작품을 제한 시간 내에 완성하여 제출
- 수험표, 신분증, 실기시험 준비물 지참
- 입실시간 준수

– **합격기준** : 100점을 만점으로 하여 60점 이상

⑥ **합격자 발표**

인터넷 게시 공고, ARS를 통한 확인(단, CBT 시험은 인터넷 게시 공고)

조리기능사 채점기준(한식)

주요항목	세부항목	내용	배점	비고
위생상태	개인위생	위생복 착용 및 두발, 손톱상태	0~3	공통배점
	조리위생	재료와 조리기구의 위생적 취급	0~4	
	정리정돈	조리기구, 씽크대, 주위 청소상태	0~3	
조리기술	재료손질	재료다듬기 및 씻기	0~3	과제별배점
	조리조작	썰기, 볶기, 익히기 등	0~27	
작품평가	작품의 맛	너무 짜거나 맵지 않도록	0~6	
	작품의 색	너무 진하거나 퇴색되지 않도록	0~5	
	그릇담기	전체적인 조화 이루기	0~4	

과제별 배점의 합이 각각 45점, 공통 배점의 합이 10점, 2가지 과제를 만들었을 때 (45점×2+10점), 60점 이상 합격

2. 한식조리산업기사

① **수검원서 접수방법**

– 온라인 접수만 가능(인터넷 또는 모바일 웹, www.Q-net.or.kr)

– **접수가능한 사진** : 6개월 이내 촬영한(3.5×4.5cm) 컬러사진, 상반신 정면, 탈모, 무 배경

② **원서접수 기간(회차별 기간은 홈페이지 참고)**

– 원서접수 첫날 10:00부터 마지막 날 18:00까지

– 주말 및 공휴일, 공단창립기념일(3.18)에는 실기시험 원서 접수 불가

③ **접수확인 및 수험표 출력기간**

접수 당일부터 시험 시행일까지 출력가능(이외 기간은 조회불가)

④ **필기시험**

– 공중보건학, 식품위생 및 관련법규, 식품학, 조리이론 및 급식관리, 객관식 4지 택일형, 과목당 20문항(과목당 30분)

– 수험표, 신분증, 필기구(흑색 사인펜 등) 지참

– 입실시간 준수

– **합격기준** : 100점을 만점으로 하여 과목당 40점 이상, 전과목 평균 60점 이상(과락 있음)

⑤ **실기시험**

- 작업형. 공개문제 중 1개 유형의 작품을 제한 시간 내에 완성하여 제출
- 수험표, 신분증, 실기시험 준비물 지참
- 입실시간 준수
- **합격기준** : 100점을 만점으로 하여 60점 이상

⑥ **합격자 발표**

인터넷 게시 공고, ARS를 통한 확인(단, CBT 시험은 인터넷 게시 공고)

필기시험 합격예정자 및 최종합격자 발표시간은 해당 발표일 09:00

조리산업기사 채점기준(한식)

주요항목	내용	배점	비고
위생 및 작업관리	복장 및 개인위생	0~3	10점
	조리과정 위생	0~4	
	정리정돈 청소	0~3	
조리작업, 숙련	재료손질	0~7	70점
	재료분배	0~7	
	전처리 작업	0~6	
	썰기 작업	0~10	
	양념하기	0~5	
	가열하기	0~10	
	기구사용	0~5	
	조리순서	0~10	
	조리방법	0~10	
작품 평가	완성도	0~12	20점
	그릇담기	0~8	

모든 과제(5가지 과제)를 통합하여 채점(조리작업의 숙련도를 중심으로)

각 감독별로 100점 만점 채점 × 2인 = 200점 만점(평균 60점 이상 합격)

3 실기시험 준비물

1. 한식조리기능사

수험자 지참 준비물				
순번	재료명	규격	수량	비고
1	가위	–	1EA	
2	강판	–	1EA	
3	계량스푼	–	1EA	
4	계량컵	–	1EA	
5	국대접	기타 유사품 포함	1EA	
6	국자	–	1EA	
7	냄비	–	1EA	시험장에도 준비되어 있음
8	도마	흰색 또는 나무도마	1EA	시험장에도 준비되어 있음
9	뒤집개	–	1EA	
10	랩	–	1EA	
11	마스크	–	1EA	위생복장(위생복 · 위생모 · 앞치마 · 마스크)을 착용하지 않을 경우 채점대상에서 제외(실격)됩니다
12	면포/행주	흰색	1장	
13	밀대	–	1EA	
14	밥공기	–	1EA	
15	볼(bowl)	–	1EA	
16	비닐팩	위생백, 비닐봉지 등 유사품 포함	1장	
17	상비의약품	손가락골무, 밴드 등	1EA	
18	석쇠	–	1EA	

19	쇠조리(혹은 체)	–	1EA	
20	숟가락	차스푼 등 유사품 포함	1EA	
21	앞치마	흰색(남녀공용)	1EA	위생복장(위생복 · 위생모 · 앞치마 · 마스크)을 착용하지 않을 경우 채점대상에서 제외(실격)됩니다.
22	위생모	흰색	1EA	
23	위생복	상의–흰색/긴소매, 하의–긴바지(색상 무관)	1벌	
24	위생타월	종이휴지, 휴지 등 유사품 포함	1장	
25	이쑤시개	산적꼬치 등 유사품 포함	1EA	
26	접시	양념접시 등 유사품 포함	1EA	
27	젓가락	–	1EA	
28	종이컵	–	1EA	
29	종지	–	1EA	
30	주걱	–	1EA	
31	집게	–	1EA	
32	칼	조리용 칼, 칼집 포함	1EA	
33	호일	–	1EA	
34	프라이팬	–	1EA	시험장에도 준비되어 있음

※ 지참준비물의 수량은 최소 필요수량으로 수험자가 필요시 추가지참 가능합니다.

※ 지참준비물은 일반적인 조리용을 의미하며, 기관명, 이름 등 표시가 없는 것이어야 합니다.

※ 지참준비물 중 수험자 개인에 따라 과제를 조리하는 데 불필요한 조리기구는 지참하지 않아도 무방합니다.

※ 지참준비물 목록에는 없으나 조리에 직접 사용되지 않는 조리 주방용품(예, 수저통 등)은 지참 가능합니다.

※ 수험자 지참준비물 이외의 조리기구를 사용한 경우 채점대상에서 제외(실격)됩니다.

※ 위생상태 세부기준은 큐넷 – 자료실 – 공개문제에 공지된 “위생상태 및 안전관리 세부기준”을 참조하시기 바랍니다.

2. 한식조리산업기사

수험자 지참 준비물				
순번	재료명	규격	수량	비고
1	위생복	상의–흰색/긴소매 하의–긴바지(색상 무관)	1벌	• 위생복장(위생복 · 위생모 · 앞치마 · 마스크)을 착용하지 않을 경우 채점대상에서 제외(실격)됩니다. • 긴 소매는 손목까지 오는 길이를 의미합니다.
2	위생모	흰색	1EA	
3	앞치마	흰색(남녀 공용)	1EA	
4	마스크	–	1EA	
5	칼	조리용 칼, 칼집 포함	1EA	
6	도마	흰색 또는 나무도마	1EA	시험장에도 준비되어 있음
7	계량스푼	–	1EA	
8	계량컵	–	1EA	
9	가위	–	1EA	
10	냄비	–	1EA	시험장에도 준비되어 있음
11	프라이팬	–	1EA	시험장에도 준비되어 있음
12	석쇠	–	1EA	
13	쇠조리(혹은 체)	–	1EA	
14	밥공기	–	1EA	
15	국대접	기타 유사품 포함	1EA	
16	접시	양념접시 등 유사품 포함	1EA	
17	종지	–	1EA	
18	숟가락	차스푼 등 유사품 포함	1EA	
19	젓가락	–	1EA	
20	국자	–	1EA	
21	주걱	–	1EA	
22	강판	–	1EA	
23	뒤집개	–	1EA	
24	집게	–	1EA	
25	밀대	–	1EA	
26	김발	–	1EA	
27	볼(bowl)	–	1EA	
28	종이컵	–	1EA	
29	위생타월	종이휴지, 휴지 등 유사품 포함	1장	
30	면포	–	1장	

31	비닐팩	위생백, 비닐봉지 등 유사품 포함	1장	
32	랩	–	1EA	
33	호일	–	1EA	
34	이쑤시개	–	1EA	
35	상비의약품	손가락 골무, 밴드 등	1EA	

※ 지참준비물의 수량은 최소 필요수량으로 수험자가 필요시 추가지참 가능합니다.

※ 지참준비물은 일반적인 조리용을 의미하며, 기관명, 이름 등 표시가 없는 것이어야 합니다.

※ 지참준비물 중 수험자 개인에 따라 과제를 조리하는 데 불필요한 조리기구는 지참하지 않아도 됩니다.

※ 지참준비물에는 없으나 조리기술과 무관한 단순 조리기구는 지참 가능(예, 수저통 등)하나, 조리기술에 영향을 줄 수 있는 기구를 사용한 경우 채점대상에서 제외(실격)됩니다.

※ 위생상태 세부기준은 큐넷–자료실–공개문제에 공지된 "위생상태 및 안전관리 세부기준"을 참조하시기 바랍니다.

3. 위생상태 및 안전관리 세부기준 안내

위생상태 및 안전관리 세부기준 안내		
순번	구분	세부기준
1	위생복 상의	• 전체 흰색, 손목까지 오는 긴소매 – 조리과정에서 발생 가능한 안전사고(화상 등) 예방 및 식품위생(체모 유입방지, 오염도 확인 등) 관리를 위한 기준 적용 – 조리과정에서 편의를 위해 소매를 접어 작업하는 것은 허용 – 부직포, 비닐 등 화재에 취약한 재질이 아닐 것, 팔토시는 긴팔로 불인정 • 상의 여밈은 위생복에 부착된 것이어야 하며 벨크로(일명 찍찍이), 단추 등의 크기, 색상, 모양, 재질은 제한하지 않음(단, 핀 등 별도 부착한 금속성은 제외)
2	위생복 하의	• 색상 · 재질 무관, 안전과 작업에 방해가 되지 않는 긴바지 – 조리기구 낙하, 화상 등 안전사고 예방을 위한 기준 적용
3	위생모	• 전체 흰색, 빈틈이 없고 바느질 마감처리가 되어 있는 일반 조리장에서 통용되는 위생모(모자의 크기, 길이, 모양, 재질(면 · 부직포 등)은 무관)
4	앞치마	• 전체 흰색, 무릎 아래까지 덮이는 길이 – 상하일체형(목끈형) 가능, 부직포 · 비닐 등 화재에 취약한 재질이 아닐 것
5	마스크	• 침액을 통한 위생상의 위해 방지용으로 종류는 제한하지 않음 (단, 감염병 예방법에 따라 마스크 착용 의무화 기간에는'투명 위생 플라스틱 입가리개'는 마스크 착용으로 인정하지 않음)
6	위생화 (작업화)	• 색상 무관, 굽이 높지 않고 발가락 · 발등 · 발뒤꿈치가 덮여 안전사고를 예방할 수 있는 깨끗한 운동화 형태
7	장신구	• 일체의 개인용 장신구 착용 금지(단, 위생모 고정을 위한 머리핀 허용)
8	두발	• 단정하고 청결할 것, 머리카락이 길 경우 흘러내리지 않도록 머리망을 착용하거나 묶을 것
9	손/손톱	• 손에 상처가 없어야 하나, 상처가 있을 경우 보이지 않도록 할 것 (시험위원 확인 하에 추가 조치 가능) • 손톱은 길지 않고 청결하며 매니큐어, 인조손톱 등을 부착하지 않을 것
10	폐식용유 처리	• 사용한 폐식용유는 시험위원이 지시하는 적재장소에 처리할 것
11	교차오염	• 교차오염 방지를 위한 칼, 도마 등 조리기구 구분 사용은 세척으로 대신하여 예방할 것 • 조리기구에 이물질(예, 청테이프)을 부착하지 않을 것
12	위생관리	• 재료, 조리기구 등 조리에 사용되는 모든 것은 위생적으로 처리하여야 하며, 조리용으로 적합한 것일 것
13	안전사고 발생 처리	• 칼 사용(손 빔) 등으로 안전사고 발생 시 응급조치를 하여야 하며, 응급조치에도 지혈이 되지 않을 경우 시험진행 불가
14	부정 방지	• 위생복, 조리기구 등 시험장 내 모든 개인물품에는 수험자의 소속 및 성명 등의 표식이 없을 것(위생복의 개인 표식 제거는 테이프로 부착 가능)
15	테이프사용	• 위생복 상의, 앞치마, 위생모의 소속 및 성명을 가리는 용도로만 허용

※ 위 내용은 안전관리인증기준(HACCP) 평가(심사) 매뉴얼, 위생등급 가이드라인 평가 기준 및 시행상의 운영사항을 참고하여 작성된 기준입니다.

4. 위생상태 및 안전관리에 대한 채점기준 안내

위생상태 및 안전관리에 대한 채점기준 안내	
위생 및 안전 상태	채점기준
1. 위생복(상/하의), 위생모, 앞치마, 마스크 중 한 가지라도 미착용한 경우 2. 평상복(흰티셔츠, 와이셔츠), 패션모자(흰털모자, 비니, 야구모자) 등 기준을 벗어난 위생복장을 착용한 경우	실격 (채점대상 제외)
3. 위생복(상/하의), 위생모, 앞치마, 마스크를 착용하였더라도 • 무늬가 있거나 유색의 위생복 상의 · 위생모 · 앞치마를 착용한 경우 • 흰색의 위생복 상의 · 앞치마를 착용하였더라도 부직포, 비닐 등 화재에 취약한 재질의 복장을 착용한 경우 • 팔꿈치가 덮이지 않는 짧은 팔의 위생복을 착용한 경우 • 위생복 하의의 색상, 재질은 무관하나 짧은 바지, 통이 넓은 힙합스타일 바지, 타이츠, 치마 등 안전과 작업에 방해가 되는 복장을 착용한 경우 • 위생모가 뚫려있어 머리카락이 보이거나, 수건 등으로 감싸 바느질 마감처리가 되어있지 않고 풀어지기 쉬워 일반 조리장용으로 부적합한 경우우 4. 이물질(예, 테이프) 부착 등 식품위생에 위배되는 조리기구를 사용한 경우	'위생상태 및 안전관리' 점수 전체 0점
5. 위생복(상/하의), 위생모, 앞치마, 마스크를 착용하였더라도 • 위생복 상의가 팔꿈치를 덮기는 하나 손목까지 오는 긴소매가 아닌 위생복(팔토시 착용은 긴소매로 불인정), 실험복 형태의 긴가운, 핀 등 금속을 별도 부착한 위생복을 착용하여 세부기준을 준수하지 않았을 경우 • 테두리선, 칼라, 위생모 짧은 창 등 일부 유색의 위생복 상의 · 위생모 · 앞치마를 착용한 경우(테이프 부착 불인정) • 위생복(상/하의), 위생모, 앞치마, 마스크에 수험자의 소속 및 성명을 테이프 등으로 가리지 않았을 경우 6. 위생화(작업화), 장신구, 두발, 손/손톱, 폐식용유 처리, 안전사고 발생 처리 등'위생상태 및 안전관리 세부기준'을 준수하지 않았을 경우 7. '위생상태 및 안전관리 세부기준'이외에 위생과 안전을 저해하는 기타사항이 있을 경우	'위생상태 및 안전관리' 점수 일부 감점
※ 위 기준에 표시되어 있지 않으나 일반적인 개인위생, 식품위생, 주방위생, 안전관리를 준수하지 않을 경우 감점처리 될 수 있습니다. ※ 수도자의 경우 제복 + 위생복 상의/하의, 위생모, 앞치마, 마스크 착용 허용	

4

수험자 유의사항 (실기시험)

1. 시험당일 정해진 시간 내에 도착해서 수험자 대기실에서 출석을 확인한 다음 등번호를 받고 본부요원의 주의사항을 들으며 대기한다.
2. 대기실에서 실기시험장으로 이동하여 입실하여 각자의 등번호와 같은 조리대를 찾아 개인 준비물을 꺼내놓고 정돈한다.
3. 주어진 2가지(산업기사는 4항목) 요리명과 제한시간을 확인한다.
4. 감독관의 지시에 따라 시험 볼 주재료와 부재료를 확인하고 빠진 재료나 불량 재료, 지급량이 부족한 재료가 있으면 즉시 교환이나 추가지급을 신청한다.
5. 시험 시작을 알리면 바로 음식을 만든다.
6. 정해진 시간 내에 완성품 2가지(산업기사는 4항목)를 만들어 등번호와 같이 제출한다.
7. 작품을 제출한 다음 본인이 조리한 장소의 주변 등을 깨끗하게 청소하고, 조리기구 등을 정리정돈한 다음 본부요원의 지시에 따라 실기시험장에서 퇴실한다.

참고문헌

강인희, 한국의 맛, 대한교과서(주), 1990.

김복자 외 3인, 한국음식, 형설출판사, 2001.

봉하원, 한국요리해법, 도서출판 효일, 2000.

손정우 외 11인, 한국음식, 파워북, 2010.

윤숙자, 한국의 떡 · 한과 · 음청류, 지구문화사, 2000.

윤숙자 외 2인, 한국음식 기초조리, 지구문화사, 2008.

조신호 외 5인, 한국음식, 교문사, 2006.

정재홍 외 9인, 한국조리, 형설출판사, 2005.

정해옥 · 김재숙, 한국조리학, 교학연구사, 2004.

한복진, 우리 음식 백 가지, 현암사, 1998.

황혜성 외 2인, 한국음식, 교문사, 1997.

황혜성 외 3인, 한국의 전통음식, 교문사, 2002.

저자 프로필

차경옥 | 원광대학교 농화학과 박사(이학박사)
대한민국 조리기능장
현재, 완주군청 먹거리정책과 식품산업팀장

김명희 | 전남대학교 식품영양학과 졸업
동 대학원 석사, 박사(이학박사)
전, 목포과학대학교 식품영양과 교수

김희아 | 전남대학교 식품영양학과 졸업
동 대학원 석사, 박사(이학박사)
현재, 청암대학교 호텔조리과 교수

노희경 | 전남대학교 식품영양학과 졸업
동 대학원 석사, 박사(이학박사)
현재, 나주시어린이급식관리지원센터장
동신대학교 식품영양학과 교수

손주영 | 호남대학교 자연과학부 조리과학과 졸업
순천대학교 대학원 석사과정 수료
현재, 순천요리학원 원장
청암대학교 외래교수

이인옥 | 경기대학교 외식조리관리학과 관광학 박사
현재, 강진군 어린이급식관리지원센터장
동신대학교 식품영양학과 교수

장선필 | 중앙대학교 대학원 졸업
(사진)

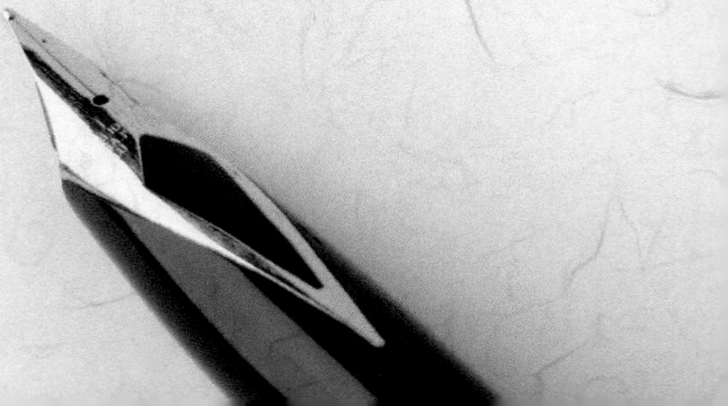

저자와의
합의하에
인지첩부
생략

한국조리

2022년 3월 5일 초판 1쇄 인쇄
2022년 3월 10일 초판 1쇄 발행

지은이 차경옥 · 김명희 · 김희아
노희경 · 손주영 · 이인옥
펴낸이 진욱상
펴낸곳 (주)백산출판사
교 정 박시내
본문디자인 신화정
표지디자인 오정은

등 록 2017년 5월 29일 제406-2017-000058호
주 소 경기도 파주시 회동길 370(백산빌딩 3층)
전 화 02-914-1621(代)
팩 스 031-955-9911
이메일 edit@ibaeksan.kr
홈페이지 www.ibaeksan.kr

ISBN 979-11-6567-468-7 93590
값 29,000원